"十三五"普通高等教育本科规划教材

U0393816

电路基础

主　编　章宝歌

副主编　田　莉　马铁信

编　写　汤旻安

主　审　朱常青

中国电力出版社

CHINA ELECTRIC POWER PRESS

内 容 提 要

本教材为"十三五"普通高等教育本科规划教材。

本教材依据高等学校电路课程教学基本要求和课程体系改革编写。本教材共分11章，主要内容包括电路的基本概念与基本定律、电路的等效变换、电路的一般分析方法、电路定理、正弦交流电路、耦合电感电路、三相电路、非正弦周期信号电路、动态电路的时域分析、二端口网络、NI Multisim 10 电路仿真等。在每章开头有教学概述和学习重点，章后还附有小结以及精选的难度适中的习题，以方便读者学习和巩固所学内容。

本教材内容精炼、重点突出，既可作为高等院校电类、非电类的专科生、本科生的电路课程教材或参考书，也可供有关科技、工程领域技术人员参考。

图书在版编目（CIP）数据

电路基础/章宝歌主编. —北京：中国电力出版社，2015.8
"十三五"普通高等教育本科规划教材
ISBN 978-7-5123-8041-7

Ⅰ.①电… Ⅱ.①章… Ⅲ.①电路理论-高等学校-教材
Ⅳ.①TM13

中国版本图书馆 CIP 数据核字（2015）第 158800 号

中国电力出版社出版、发行
（北京市东城区北京站西街 19 号　100005　http://www.cepp.sgcc.com.cn）
三河市航远印刷有限公司印刷
各地新华书店经售

*

2015 年 8 月第一版　2015 年 8 月北京第一次印刷
787 毫米×1092 毫米　16 开本　17.75 印张　427 千字
定价 **36.00** 元

敬 告 读 者

前　言

　　电路基础是工科电子信息类专业的一门重要专业基础课，目的是使学生理解电路的基本工作原理，掌握电路的基本分析方法，为学习"电子技术"和"信号与系统分析"等后续有关课程建立必要的电学基础。本教材为"十三五"普通高等教育本科规划教材，是依据高等学校电路课程教学基本要求和课程体系改革编写的。随着教学改革的发展，学时压缩，要求教材少而精，为此，本教材在编写过程中，参考了大量优秀的教材，并结合自身的教学实践经验，力求概念清晰，阐述简明，内容精炼，重点突出。

　　本教材写作过程中遵循先易后难、循序渐进的原则，在课程结构安排上采用先讨论直流电路分析，再讨论单相正弦稳态电路分析和三相正弦稳态电路分析，然后独立讨论暂态电路分析，最后介绍 NI Multisim 10 电路仿真分析的体系。本教材可作为大专院校电类、非电类的专科生、本科生的电路课程教材或参考书，也可作为实际工程领域工程技术人员的参考书。

　　本教材内容注重电路原理的基础性，以电路原理的基本内容和基本概念为重点出发，把基本概念放在第一位，力求够用、实用，突出理论与实际相结合，真正实现启迪思维、开拓能力、即学即用的目标。书中配有相关的思考题和例题，以加强电路的基本方法和基本定律的应用。同时为了强调技术应用能力与专业的紧密结合，精选了部分实际应用知识，以增强知识的延伸。为了提高教师的教学效果和学生的学习效果，本教材的各章开头有教学概述和学习重点，各章结尾还有小结，并精选了大量的配套习题，难度适中，有利于增强分析问题和解决问题的能力。

　　本教材共分 11 章，第 6、7、8、10 章和附录 B、附录 C 以及习题参考答案由章宝歌编写，第 2～5 章和附录 A 由田莉编写，第 1、9、11 章由汤旻安编写，在编写过程中，兰州工业学院马铁信提出了很多指导建议。本教材由章宝歌任主编并负责统稿。同时，在教材的编写过程中，得到了兰州交通大学自动化与电气工程学院电工学教研室的全体老师热情帮助和大力支持，山东大学朱常青老师在百忙之中审阅了本书的全稿，在此一并表示诚挚的感谢。

　　限于编者的水平和精力，本书难免还存在一些不当和不足之处，恳请广大同行和读者不吝赐教，给予批评指正。

编　者

2015 年 7 月

目　录

第 1 章　电路的基本概念与基本定律

电路是电工技术和电子技术的基础。本章从电路模型入手，通过电阻电路讨论电路的基本物理量、电压和电流及其参考方向、电路的基本定律、理想元件等，这些内容都是分析与计算各类电路的基础。

 学习重点

理解电路模型的概念；理解参考方向的概念；掌握基尔霍夫定律；掌握理想元件的特性；掌握元件性质的判断方法；会在参考方向下利用电路定律分析计算基本电路。

1.1　电路与电路模型

1.1.1　电路的组成与作用

电路即电流的通路，它是为了满足某种用途由某些电器设备或器件按一定的方式相互连接组成的。

电路一般包括电源、负载和中间环节三个组成部分。电源是将非电能量转换为电能量的供电设备，例如电池、发电机和信号源等，负载是将电能量转换为非电能量的用电设备，例如电动机、照明灯、信号灯和电炉等，负载的大小用负载取用的功率大小来衡量。中间环节则起着沟通电路、输送电能与电信号的作用，包括导线、开关和熔断器等一些实现对电路连接、控制、测量及保护的装置与设备。

电路的作用一般分为以下两类：

（1）实现电能的传输和转换。如电力系统，它将发电机产生的电能通过输电线输送到各用户，供给动力、电热、电解、电镀和照明用电，如图 1-1（a）所示。由于这类电路电压较高，电流、功率较大，常称为强电电路。

（2）用于进行电信号的传递和处理。如收音机和电视机，它们的接收天线（信号源）把载有语音、图像信息的电磁波接收后转换为相应的电信号，而后通过电路把信号进行传递和处理（调谐、变频、检波、放大等），送到扬声器和显像管（负载），还原为原始信息，如图 1-1（b）所示。这类电路通常电压较低，电流、功率较小，常称为弱电电路。

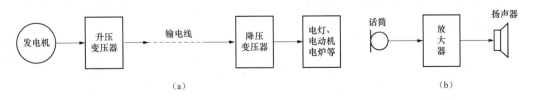

（a）　　　　　　　　　　　　　　　（b）

图 1-1　电路示意图

（a）电力系统示意简图；（b）扩音机电路

　　不论是电能的传输和转换，或者是信号的传递和处理，其中电源或信号源的电压或电流称为激励，它推动电路工作，而激励在电路各部分产生的电压和电流称为响应。

　　所谓电路分析，就是在已知电路结构和元件参数的条件下，讨论激励与响应之间的关系。

1.1.2　电路元件与电路模型

　　各种实际的电器设备和元件在工作时，其物理特性是比较复杂的。电路的电磁过程很难用简单的数学表达式来描述。例如，一个实际的电感线圈，当有电流通过时，不仅会产生磁通，形成磁场，而且还会消耗电能，即线圈不仅具有电感性质，而且具有电阻性质。不仅如此，电感线圈的匝与匝之间还存在分布电容，具有电容性质。

　　为了研究电路的一般规律，常常需要将实际元件理想化，忽略其次要因素，用反映它们主要物理性质的理想元器件来代替。这种由理想元器件组成的电路称为电路模型，它是对实际电路物理性质的抽象和概括。

　　理想电路元件（简称电路元件）分为两类：有源元件和无源元件。基本的有源元件有电压源和电流源，基本的无源元件有电阻元件、电感元件、电容元件，如图 1-2 所示。这些理想电路元件具有单一的物理特性和严格的数学定义。实际电气器件消耗电能的物理特性用电阻元件来表征，实际电气器件存储磁场能的物理特性用电感元件来表征，实际电气器件存储电场能的物理特性用电容元件来表征，等等。因此，根据不同的工作条件，可以把一个实际电气器件用一个理想电路元件或几个理想电路元件的组合来模拟，从而把一个由实际电气器件连接成的实际电路转化为一个由理想电路元件组合而成的电路模型。建立实际电路的电路模型是分析研究电路问题的常用方法。

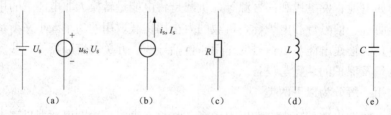

图 1-2　理想电路元件模型

(a) 电压源；(b) 电流源；(c) 电阻元件；(d) 电感元件；(e) 电容元件

 思　考　题

　　1. 电路由哪几部分组成？它们分别在电路中起什么作用？

　　2. 某负载为一可变电阻器，由电压一定的蓄电池供电，当负载电阻增加时，该负载是增加了还是减小了？

1.2　电路分析的变量

　　电流、电压、电荷、磁链、功率和能量是描述电路工作状态和元件工作特性的 6 个变量，一般都是时间的函数，其中电流和电压是电路分析中最常用的两个基本变量。本节着重讨论电流、电压的参考方向问题，以及如何用电流、电压表示电路功率和能量问题。

1.2.1　电流及其参考方向

把单位时间内通过导体横截面的电荷量定义为电流强度，用以衡量电流的大小。电流强度常简称为电流，用符号 i 表示，即

$$i = \frac{\mathrm{d}q}{\mathrm{d}t} \tag{1-1}$$

正电荷运动的方向或负电荷运动的反方向为电流的实际方向。

如果电流的大小和方向都不随时间变化，则称为直流电流，用大写字母 I 表示。在这种情况下通过导体横截面的电荷量 q 与时间 t 成正比，即

$$I = \frac{q}{t} \tag{1-2}$$

在国际单位制（SI）中，电流、电荷和时间的单位分别为 A（安［培］，简称安）、C（库［仑］，简称库）和 s（秒）。在通信和计算机技术中常用 mA（毫安）、μA（微安）作为电流单位。

在电路分析中，电流的大小和方向是描述电流变量不可缺少的两个方面。在简单直流电路中，可以根据电源的极性判别出电压和电流的实际方向，但在复杂直流电路中，电压和电流的实际方向往往是无法预知的；而在交流电路中，电压和电流的实际方向是随时间不断变化的。为此，引入电流参考方向的概念。

图 1-3 所示为电路元件接入电路 a、b 两点间，流经电路元件的电流 i 的参考方向用箭头表示，电流的参考方向可以任意选定，但一经选定，就不再改变。

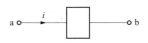

图 1-3　电流的参考方向

如经过计算其电流值为正值，表示参考方向与电流的真实方向一致；如电流值为负值，表示参考方向与真实方向相反。

电流是代数量，既有数值又有与之相应的参考方向才有明确的物理意义，只有数值而无参考方向的电流是没有意义的。所以在求解电路时，必须首先选定电流的参考方向。

今后，电路图中箭头所标电流方向都是电流的参考方向。

1.2.2　电压及其参考方向

单位正电荷由 a 点移到 b 点时电场力所做的功称为这两点间的电位差，即这两点间的电压，用符号 u 表示，即

$$u = \frac{\mathrm{d}W}{\mathrm{d}q} \tag{1-3}$$

习惯上把电位降落的方向（高电位指向低电位）规定为电压的方向。通常电压的高电位端标为"+"极，低电位端标为"－"极。

如果电压的大小和方向都不随时间改变，则这种电压称为恒定电压或直流电压，用大写字母 U 表示。在这种情况下，电场力做的功与电荷量成正比，即

$$U = \frac{W}{q} \tag{1-4}$$

在国际单位制（SI）中，电压、能量（功）的单位分别为 V，（伏［特］，简称伏）和 J（焦［耳］）。1V＝1J/C。在通信和计算机技术中常用 mV（毫伏）、μV（微伏）作为电压的单位。

像需要为电流选定参考方向一样，电压也需要选定参考方向（也称参考极性）。在电路图上用"＋"表示参考极性的高电位端，"－"表示参考极性的低电位端，如图 1-4（a）所示。电压的参考极性同样是任意选定的。如经过计算，电压值为正值，表示电压的参考极性与真实极性一致；如电压值为负值，则表示电压的参考极性与真实极性相反。

电压参考方向也可用 u 的双下标表示，如对于图 1-4（a）来说，可用 u_{ab} 表示 a 点为参考正极性端"＋"，b 点为参考负极性端"－"。当 $u>0$ 时，从 a 到 b 为电位降或电压降；当 $u<0$ 时，从 a 到 b 为电位升或电压升。有时也可用箭头表示电压的参考方向，如图 1-4（b）所示箭头的方向是电位降的方向。

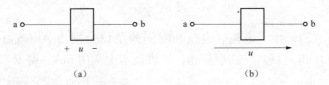

图 1-4　电压的参考方向
(a) 用 "＋" 和 "－" 表示；(b) 用箭头表示

与电流参考方向类似，不标注电压参考方向的情况下，电压的正负是毫无意义的，所以在求解电路时也必须首先选定电压的参考方向。

1.2.3　关联参考方向

在电路分析中，电流与电压的参考方向是任意选定的，两者之间独立无关。但是为了方便起见，对于同一元件或同一段电路，习惯上采用关联参考方向，即电流的参考方向与电压参考"＋"极到"－"极的方向选为一致，如图 1-5 所示。关联参考方向又称为一致参考方向。

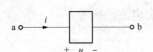

图 1-5　关联参考方向

当电流、电压采用关联参考方向时，电路图上只需标电流参考方向和电压参考极性中的任意一种即可。

1.2.4　功率和能量

电路的基本作用之一是实现能量的传输。能量对时间的变化率称为功率，用字母 p 表示，即

$$p = \frac{\mathrm{d}W}{\mathrm{d}t} \tag{1-5}$$

应用式（1-1）、式（1-3）和式（1-5），得

$$p = \frac{\mathrm{d}W}{\mathrm{d}t} \cdot \frac{\mathrm{d}q}{\mathrm{d}t} = ui \tag{1-6}$$

对于如图 1-6（a）所示的二端电路，当电压、电流采用关联参考方向时，可用式（1-6）求取其吸收功率。若求出的功率值为正值，表示该二端电路吸收了功率；若求出的功率值为负值，表示该二端电路供出了功率。

若二端电路的电压、电流采用非关联参考方向，如图 1-6（b）所示，则可把电压或电流看成是关联参考方向时的负值，故电路吸收功率的公式应改为

$$p = -ui \tag{1-7}$$

根据电压、电流是否为关联参考方向，可选用相应的功率计算公式。但不论是式（1-6）还是式（1-7）都是按吸收功率进行运算的。若计算出功率为正值，均表示吸收了功率；若计算出功率为负值，均表示供出了功率。

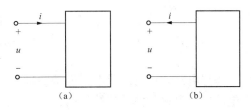

图 1-6　二端网络功率的计算方法
(a) 关联参考方向；(b) 非关联参考方向

若二端电路为直流电路，则电路吸收功率亦不随时间而改变。式（1-6）和式（1-7）可分别改写为

$$P = UI \tag{1-8}$$
$$P = -UI \tag{1-9}$$

在国际单位制（SI）中，功率的单位是 W（瓦［特］，简称瓦）。1W＝1J/s。

【例 1-1】　如图 1-7 所示二端电路，某时刻端子上的电压、电流值已知，求该时刻各电路的吸收功率

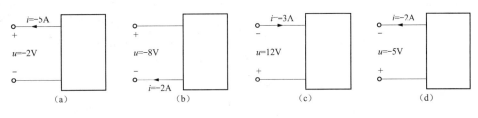

图 1-7　［例 1-1］图

解　(1) 图 1-7 (a) 中，电压、电流为非关联参考方向，故用式（1-7）求解，即

$$P = -ui = -(-2) \times (-5) = -10(\text{W})$$

图 1-7 (a) 所示电路吸收－10W，说明电路供出 10W 功率。

图 1-7 (b) 中，电压、电流为关联参考方向，故用式（1-6）求解，即

$$P = ui = (-8) \times 2 = -16(\text{W})$$

图 1-7 (b) 所示电路吸收－16W，说明电路供出 16W 功率。

图 1-7 (c) 所示电压、电流为非关联参考方向，故用式（1-7）求解，即

$$P = -ui = -12 \times (-3) = 36(\text{W})$$

说明图 1-7 (c) 电路吸收 36W 功率。

图 1-7 (d) 所示电压、电流为关联参考方向，故用式（1-6）求解，即

$$P = ui = (-2) \times (-5) = 10(\text{W})$$

说明图 1-7 (d) 所示电路吸收 10W 功率。

思　考　题

1. 有一元件接于某电路的 a、b 两点之间，已知 $U_{ab} = -5\text{V}$，试问 a、b 两点哪点电位高？

2. U_{ab} 是否表示 a 端的电位高于 b 端的电位？

1.3 电 路 元 件

理想电路元件是组成电路模型的最小单元，电路元件本身就是一个最简单的电路模型。在电路中，电路元件的特性是由它端子上的电压、电流关系来表征的，通常称为伏安特性，它可以用数学关系式表示，也可描绘成电压、电流关系曲线——伏安特性曲线。

电路元件分为两大类：无源元件和有源元件。无源元件是指在接入任一电路进行工作的全部时间范围内总的输入能量不为负值的元件。不满足这个条件的元件即为有源元件。

本教材涉及的无源元件有电阻元件、电感元件和电容元件、互感元件和理想变压器元件。有源元件有独立源、受控源。本节首先介绍无源元件中的电阻元件、电感元件和电容元件以及有源元件，其余元件将在后面有关章节分别介绍。

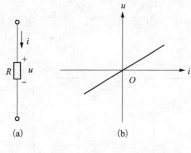

图 1-8　电阻元件
(a) 接入电路的图形符号；(b) 伏安特性

1.3.1　电阻元件

电气设备中不可逆地将电能转换成热能、光能或其他形式能量的特征可用"电阻"这个理想电路元件来表征，例如电灯、电炉等都可以用电阻来代替。

电阻的图形符号如图 1-8（a）所示。当电流通过电阻时将受到阻力，沿电流方向产生电压降，如图 1-8（a）所示。电压降与电流之间的关系遵从欧姆定律，在关联参考方向下，其表达式为

$$u = Ri \tag{1-10}$$

式中，R 是表示电阻元件阻碍电流变化这一物理性质的参数，电阻的单位是（欧姆 Ω）。电阻元件也可用电导参数来表征，它是电阻 R 的倒数，用字母 G 表示，即

$$G = \frac{1}{R} \tag{1-11}$$

电导的单位是 S（西门子）。

在直角坐标系中，如果电阻元件的电压-电流特性（伏安特性）为通过坐标原点的一条直线，［见图 1-8（b）］就定义为线性电阻。这条直线的斜率就等于线性电阻的电阻值，是一个常数。

如果电阻元件的电阻值随着通过它的电流（或其两端的电压）的大小和方向变化，其伏安特性是曲线，则称为非线性电阻。

电流通过电阻元件时电阻消耗的电功率在 u、i 的参考方向一致时为

$$p = ui = Ri^2 = \frac{u^2}{R} \tag{1-12}$$

由于电阻元件的电流和电压降的实际方向总是一致的，所以算出的功率任何时刻都是正值，消耗电能，因此电阻是一种耗能元件。

1.3.2　电感元件

电感元件是用来表征电路中储存磁场能这一物理性质的理想元件。当有电流流过电感线圈时，其周围将产生磁场。磁通是描述磁场的物理量，磁通与产生它的电流方向间符合右手

螺旋定则，如图 1-9（a）所示。

　　如果线圈有 N 匝，并且绕得比较密集，可以认为通过各匝的磁通相同，与线圈各匝相交链的磁通 Φ 总和称为磁链 ψ，即 $\psi = N\Phi$。ψ 与通过线圈的电流 i 的比值为

$$L = \frac{\psi}{i} = \frac{N\Phi}{i} \tag{1-13}$$

式中：ψ（或 Φ）的单位为 Wb（韦伯）；i 的单位为 A（安）；L 为线圈的电感，是电感元件的参数，单位为 H（亨）。

　　由式（1-13）可画出磁链与电流之间的函数关系曲线（电感的韦安特性）。

　　如果 ψ 与 i 的比值是一个大于零的常数，其韦安特性是一条通过坐标原点的直线，如图 1-9（b）所示。这种电感称为线性电感，否则便是非线性电感。

　　如果线圈的电阻很小可以忽略不计，而且线圈的电感为线性电感时，该线圈便可用图 1-9（c）所示的理想电感元件来代替。

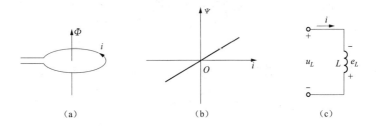

图 1-9　电感元件

(a) Φ、i 方向；(b) 韦安特性；(c) 接入电路图形符号

　　根据电磁感应定律，当线圈中的电流变化时，磁通与磁链将随之变化，并在线圈中产生感应电动势 e_L，而元件两端就有电压 u_L。e_L 的方向与磁链方向间符合右手螺旋定则，e_L 的值正比于磁链的变化律，即

$$e_L = -\frac{\mathrm{d}\psi}{\mathrm{d}t} \tag{1-14}$$

　　在图 1-9（c）中，关联参考方向采用下述规定：u_L 与 i 的参考方向一致，i 与 e_L 的参考方向都与磁链的参考方向符合右手螺旋定则，因而，i 与 e_L 的参考方向也应该一致。在此规定下，可得

$$e_L = -L\frac{\mathrm{d}i}{\mathrm{d}t} \tag{1-15}$$

根据基尔霍夫电压定律有

$$u_L = -e_L \tag{1-16}$$

　　由此可知电感电压和电流的关系为

$$u_L = L\frac{\mathrm{d}i}{\mathrm{d}t} \tag{1-17}$$

　　式（1-17）表明，电感电压与电流的变化律成正比。如果通过电感元件的电流是直流电流，则 $\frac{\mathrm{d}i}{\mathrm{d}t} = 0$，$u_L = 0$，因此，在直流电路中，电感元件相当于短路。

　　将式（1-17）等号两边积分并整理，可得电流 i 与电压 u_L 的积分关系式

$$i = \frac{1}{L}\int_{-\infty}^{t} u_L \mathrm{d}t = \frac{1}{L}\int_{-\infty}^{0} u_L \mathrm{d}t + \frac{1}{L}\int_{0}^{t} u_L \mathrm{d}t = i(0) + \frac{1}{L}\int_{0}^{t} u_L \mathrm{d}t \tag{1-18}$$

式中　i（0）——计时时刻 $t=0$ 时的电流值，又称初始值。

　　式（1-18）说明了电感元件在某一时刻的电流值不仅取决于 $[0,\ t]$ 区间的电压值，而且与电流的初始值有关。因此，电感元件有"记忆"功能，是一种记忆元件。

　　在电压、电流关联参考方向下，电感元件吸收的电功率为

$$p = u_L i = L i \frac{\mathrm{d}i}{\mathrm{d}t} \tag{1-19}$$

　　当 i 的绝对值增大时，$i\dfrac{\mathrm{d}i}{\mathrm{d}t}>0$，$p>0$，说明此时电感从外部输入电功率，把电能转换成了磁场能；当 i 的绝对值减小时，$i\dfrac{\mathrm{d}i}{\mathrm{d}t}<0$，$p<0$，说明此时电感向外部输出电功率，把磁场能又转换成了电能。可见，电感中储存磁场能的过程也是能量的可逆转换过程。

　　若电流 i 由 0 增加到 I 值，电感元件吸收的电能为

$$W = \int_{0}^{I} L i \,\mathrm{d}i = \frac{1}{2} L I^2 \tag{1-20}$$

　　若电流 i 由 I 值减小到 0，则电感元件吸收的电能为

$$W' = \int_{I}^{0} L i \,\mathrm{d}i = -\frac{1}{2} L I^2 \tag{1-21}$$

　　W' 为负值，表明电感放出能量。比较式（1-20）和式（1-21）可见，电感元件吸收的能量与放出的能量相等。电感元件既能吸收能量，又能释放能量，因此是储能元件。

　　实际的空心电感线圈，当它的耗能作用不可忽略且电源频率不高时，常用电阻元件与电感元件的串联组合模型来表示。

　　当电感线圈中插入铁心时，因电感的韦安特性不为直线，故电感不是常数，属于非线性电感。

1.3.3　电容元件

　　电容是用来表征电路中储存电场能这一物理性质的理想元件。凡用绝缘介质隔开的两个导体就构成了电容器。如果忽略中间介质的漏电现象，则可看作一理想电容元件，其接入电路图形符号如图 1-10（a）所示。

　　当电容元件两端加有电压 u 时，它的两极板上就会聚集等量异性的电荷 Q，在极板间建立电场。电压 u 越高，聚集的电荷 q 越多，产生的电场越强，储存的电场能也越多。q 与 u 的比值

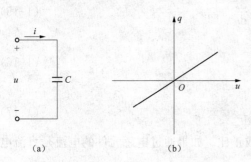

（a）

（b）

图 1-10　电容元件
（a）接入电路图形符号；（b）库伏特性

$$C = \frac{q}{u} \tag{1-22}$$

称为电容，为电容元件的参数。电容的单位为法［拉］（F），由于 F（法）的单位太大，使用中常采用 μF（微法）或 pF（皮法）。

　　由式（1-22）可画出一条电荷 q 与电压 u 之间的函数关系曲线（电容的库伏特性）。当 q 与

u 的比值是一个大于零的常数，其库伏特性是一条通过坐标原点的直线，如图 1-10 （b）所示。这种电容称为线性电容，否则便是非线性电容。

当电容元件两端的电压随时间变化时，极板上储存的电荷就随之变化，与极板连接的导线中就有电流。若 u 与 i 的参考方向如图 1-10 （a）所示，则

$$i = \frac{dq}{dt} = C\frac{du}{dt} \tag{1-23}$$

式 （1-23） 表明，线性电容的电流 i 与端电压 u 对时间的变化律 $\frac{du}{dt}$ 成正比。对于直流电压，电容的电流为零，故电容元件对直流来说相当于开路。

将式 （1-23） 两边积分并整理，可得电容元件上的电压与电流的关系，即

$$u = \frac{1}{C}\int_{-\infty}^{t} i\,dt = \frac{1}{C}\int_{-\infty}^{0} i\,dt + \frac{1}{C}\int_{0}^{t} i\,dt = u(0) + \frac{1}{C}\int_{0}^{t} i\,dt \tag{1-24}$$

式中：$u(0)$ 为初始值。

式 （1-24） 说明了电容元件在某一时刻的电压值不仅取决于 $[0，t]$ 区间的电流值，而且与电压的初始值有关，因此，电容元件有"记忆"功能，也是一种记忆元件。

在电压、电流关联参考方向下，电容元件吸收的电功率为

$$p = ui = Cu\frac{du}{dt} \tag{1-25}$$

当 u 的绝对值增大时，$u\frac{du}{dt} > 0$，$p > 0$，说明此时电容从外部输入电功率，把电能转换成了电场能；当 u 的绝对值减小时，$u\frac{du}{dt} < 0$，$p < 0$，说明此时电容向外部输出电功率，电场能又转换成了电能。可见，电容中储存电场能的过程是能量的可逆转换过程。

若电压 u 由零增加到 U 值，电容元件吸收的电能为

$$W = \int_{0}^{U} Cu\,du = \frac{1}{2}CU^2 \tag{1-26}$$

若电压 u 由 U 值减小到零值，则电容元件吸收的电能为

$$W' = \int_{U}^{0} Cu\,du = -\frac{1}{2}CU^2 \tag{1-27}$$

W' 为负值，表明电容放出能量。比较式 （1-26） 和式 （1-27） 可见，电容元件吸收的电能与放出的电能相等，故电容元件不是耗能元件，也是储能元件。

对实际电容器，当其介质损耗不能忽略时，可用一个电阻元件与电容元件的并联组合模型来表示。

对于电阻元件、电感元件和电容元件，需要注意以下几个问题：

（1）上面所列的电压、电流瞬时值的关系式是在 u 和 i 的参考方向一致的情况下得出的；当 u 和 i 的参考方向不一致时，各式前应加"—"号。

（2）本章所讲的都是线性元件。R、L 和 C 都是常数，即相应的 u 和 i、ψ 和 i 及 q 和 u 之间都是线性关系。

（3）比较电感元件和电容元件的特征可以看出，它们的表达形式完全相同，只是电感电流与电容电压或电感电压与电容电流的对换，这种现象或关系称为"对偶"。电感元件和电容元件是一对对偶元件。对偶现象在电路中随处可见，掌握对偶关系将对学习和掌握一些概

念及分析电路大有益处，可以达到事半功倍的目的。

【**例 1-2**】 有一电感元件，$L=0.2$H，通过的电流 i 的波形如图 1-9（a）所示。求电感元件中产生的自感电动势 u_L 和两端电压 u 的波形。

解 当 $0 \leqslant t \leqslant 4$ms 时，$i=1t$mA，所以

$$e_L = -L\frac{\mathrm{d}i}{\mathrm{d}t} = -0.2(\mathrm{V})$$

$$u = -e_L = 0.2\mathrm{V}$$

当 $4\mathrm{ms} \leqslant t \leqslant 6\mathrm{ms}$ 时，$i=(-2t+12)$ mA，所以

$$e_L = -L\frac{\mathrm{d}i}{\mathrm{d}t} = -0.2 \times (-2) = 0.4(\mathrm{V})$$

$$u = -e_L = -0.4\mathrm{V}$$

e_L 和 u_L 的波形如图 1-11（b）和图 1-11（c）所示。

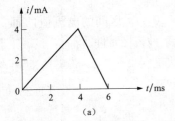
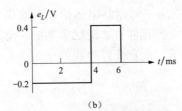
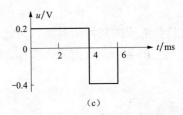

图 1-11 ［例 1-2］图
(a) 电流波形；(b) e_L 波形；(c) μ 波形

由图 1-11 可见：

（1）电流正值增大时，e_L 为负；电流正值减小时，e_L 为正。

（2）电流的变化率小，则 e_L 也小；电流的变化率大，则 e_L 也大。

（3）电感元件两端电压和电流的波形是不一样的。

【**例 1-3**】 在［例 1-2］中，试计算电感元件在电流增大的过程中从电源吸取的能量和在电流减小的过程中放出的能量。

解 在电流从 0 增大到 I 值的过程中电感元件所吸取的能量和在电流从 I 值减小到 0 的过程中所放出的能量是相等的，即

$$\frac{1}{2}LI^2 = \frac{1}{2} \times 0.2 \times (4 \times 10^{-3})^2 = 16 \times 10^{-7}(\mathrm{J})$$

1.3.4 独立源

独立电源元件（简称独立电源）能独立地给电路提供电压和电流，而不受其他支路的电压或电流的支配。独立电源元件即理想电源元件，它是从实际电源中抽象出来的。当实际电源本身的功率损耗可以忽略不计，而只起产生电能的作用时，这种电源便可用一个理想电源元件来表示。理想电源元件分理想电压源和理想电流源两种。

1. 理想电压源

理想电压源的基本性质如下：

（1）端电压总保持一恒定值 U_S 或为某确定的时间函数 $u_s(t)$，而与流过它的电流无关，所以也称为恒压源。

（2）理想电压源的电流由与其连接的外电路决定。电流可以从不同的方向流过理想电压源，因而电压源既可向外电路输出能量，又可以从外电路吸收能量。

理想电压源的一般图形符号如图 1-12（a），上面标明了其电压、电流的正方向。图 1-12（b）常用来表示直流理想电压源（如理想电池）。理想电压源伏安特性如图 1-12（c）所示，为平行于 i 轴且纵坐标为 U_S 的直线。伏安特性也表明了理想电压源的端电压与通过它的电流无关。

2. 理想电流源

理想电流源的基本性质如下：

（1）输出的电流总保持一恒定值 I_S 或为某确定的时间函数 $i_S(t)$，而与它两端的电压无关，所以也称为恒流源。

（2）理想电流源两端的电压由与它连接的外电路决定。其端电压可以有不同的方向，因此电流源既可向外电路输出能量，又可以从外电路吸收能量。

理想电流源的图形符号如图 1-13（a）所示，上面标明了其电压、电流的正方向。理想电流源的伏安特性如图 1-13（b）所示，为平行于 u 轴的直线。伏安特性也表明了理想电流源的电流与它的端电压无关。

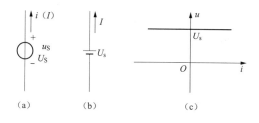
图 1-12　理想电压源
(a) 一般图形符号；(b) 直流理想电压源图形符号；
(c) 伏安特性

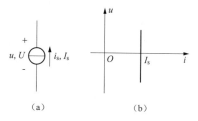
图 1-13　理想电流源
(a) 图形符号；(b) 伏安特性

无论是理想电压源还是理想电流源，都有两种工作状态。当它们的电压和电流的实际方向与图 1-12（a）和图 1-13（a）中规定的参考方向相同时，它们输出（产生）电功率，起电源的作用；否则，它们取用（消耗）电功率，起负载的作用。

【例 1-4】　如图 1-14 所示，一个理想电压源和一个理想电流源通过两种方式相串联，试讨论它们的工作状态。

解　由理想电压源和理想电流源的基本性质可知，在图 1-14 所示电路中，理想电压源中的电流（大小和方向）决定于理想电流源的电流 I，理想电流源两端的电压（大小和方向）决定于理想电压源的电压 U。

在图 1-14（a）中，理想电压源中电流从它的正端流出，故理想电压源处于电源状态，$P=-UI$，为供出；而理想电流源中电流从它的正端流入，故理想电流源处于负载状态，吸收功率 $P=UI$。

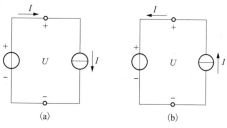
图 1-14　［例 1-4］图
(a) 方式 1；(b) 方式 2

在图 1-14（b）中，理想电压源中电流从它的正端流入，故理想电压源处于负载状态，吸收功率；而理想电流源中电流从它的正端流出，故理想电流源处于电源状态，供出功率。

1.3.5　受控电源

受控电源（简称受控源）向电路提供的电压和电流，是受其他支路的电压或电流控制的。受控源原本是从电子器件抽象出来的，与独立源在电路中的作用是完全不同的，独立源作为电路的输入，代表着外界对电路的作用；而受控源是用来表示在电子器件中所发生的物理现象，它反映了电路中某处的电压或电流能控制另一处的电压或电流的关系。

只要电路中有一个支路的电压（或电流）受另一个支路的电压或电流的控制，这两个支路就构成一个受控源。因此，可把一受控源看成一种四端元件，其输入端口为控制支路端口，输出端口为受控支路端口。受控源的控制支路的控制量可以是电压或电流，受控支路中只有一个依赖于控制量的电压源或电流源（受控量）。

根据控制量和受控量的不同组合，受控源可分为电压控制电压源（VCVS）、电压控制电流源（VCCS）、电流控制电压源（CCVS）和电流控制电流源（CCCS）四种类型。四种类型的理想受控源模型如图 1-15 所示。

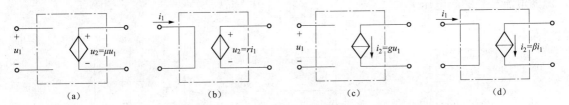

图 1-15　受控源模型

(a) VCVS；(b) CCVS；(c) VCCS；(d) CCCS

受控源的受控量与控制量之比，称为受控源的参数。图 1-15 中 μ、γ、g、β 分别为四种受控源的参数。其中，VCVS 中 $\mu=\dfrac{\mu_2}{\mu_1}$，称为电压放大倍数；VCCS 中 $g=\dfrac{i_2}{u_1}$ 称为转移电导；CCVS 中，$r=\dfrac{\mu_2}{i_1}$ 称为转移电阻；CCCS 中，$\beta=\dfrac{i_2}{i_1}$ 称为电流放大倍数。当受控源的参数为常数时，该受控源称为线性受控源。

思　考　题

1. 如果一个电感元件两端的电压为 0，其储能是否也一定等于 0？如果一个电容元件中的电流为 0，其储能是否也一定等于 0？

2. 电感元件中通过恒定电流时可视作短路，是否此时电感 L 为 0？电容元件两端加恒定电压时可视作开路，是否此时电感 C 为无穷大？

1.4　基尔霍夫定律

分析与计算电路的基本定律除了欧姆定律以外，还有基尔霍夫定律。基尔霍夫定律分为电流定律和电压定律。在讨论基尔霍夫两个定律之前，先介绍几个名词。

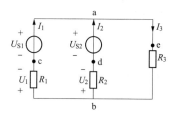

图 1-16 基尔霍夫定律

节点：三条或三条以上、含有电路元件的电路分支的连接点。如图 1-16 所示电路中的 a、b 两点。

支路：两个节点之间的每一条分支电路。支路中通过的电流是同一电流。在图 1-16 所示电路中有 adb、acb、aeb 三条支路。

回路：电路中任一闭合路径称为回路，如图 1-16 中有 adbca、abdea 和 aebca 三个回路。

网孔：未被其他回路分割的单孔眼回路，如图 1-16 中有 adbca、abdea 两个网孔。

1.4.1 基尔霍夫电流定律（KCL）

基尔霍夫电流定律说明了任何一电路中连接在同一个节点上的各支路电流间的关系。由于电流的连续性，流入任一节点的电流之和必定等于流出该节点的电流之和。例如对图 1-16 所示电路的节点 a 来说

$$I_1 + I_2 = I_3$$

或将上式改写成

$$I_1 + I_2 - I_3 = 0$$

即

$$\sum I = 0$$

这就是说，如果流入节点的电流取正，流出节点的电流取负，那么任何节点上电流的代数和就等于零。这一结论不仅适用于直流电流，而且适用于交流电流。因此基尔霍夫电流定律可表述为：在任何电路的任何一个节点上，同一瞬间电流的代数和等于零，用公式表示为

$$\sum i = 0 \tag{1-28}$$

基尔霍夫电流定律不仅适用于电路中任一个节点，而且可以推广应用于电路中任何一个假想的闭合面。一个闭合面可看做一个广义的节点。

如图 1-17 所示电路中，对点画线包围部分分别有

$$I_1 + I_2 + I_3 = 0$$
$$I_B + I_C = I_E$$

【例 1-5】 电路如图 1-18 所示，已知 $i_1 = -1\text{A}$，$i_2 = 2\text{A}$，$i_4 = 4\text{A}$，$i_5 = -5\text{A}$。求其余

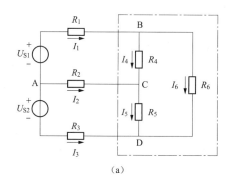

(a)

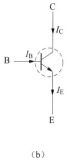

(b)

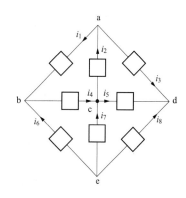

图 1-17 广义节点
(a) 形式一；(b) 形式二

图 1-18 ［例 1-5］图

所有支路电流。

解 图 1-18 有 5 个节点，应用 KCL 求取各支路电流。

节点 a：

$$i_1 - i_2 + i_3 = 0$$

$$i_3 = -i_1 + i_2 = -(-1) + 2 = 3(A)$$

节点 b：

$$-i_1 + i_4 - i_6 = 0$$

$$i_6 = -i_1 + i_4 = -(-1) + 4 = 5(A)$$

节点 c：

$$i_2 - i_4 + i_5 - i_7 = 0$$

$$i_7 = i_2 - i_4 + i_5 = 2 - 4 + (-5) = -7(A)$$

节点 d：

$$-i_3 - i_5 - i_8 = 0$$

$$i_8 = -i_3 - i_5 = -3 - (-5) = 2(A)$$

如果把上述 4 个 KCL 方程加起来，即得节点 e 的 KCL 方程。显然这个方程是多余的，或者说是不独立的。

在 KCL 方程的列写和计算过程中，要注意两类正负符号：一类是方程每项电流系数的正负号；另一类是电流自身的正负号。

1.4.2 基尔霍夫电压定律（KVL）

基尔霍夫电压定律说明了电路中任一回路中各部分电压之间的相互关系。由于电路中任意一点的瞬时电位具有单值性，所以在任一时刻，沿电路的任一闭合回路循环一周，回路中各部分电压的代数和等于零，用公式表示为

$$\sum u = 0 \tag{1-29}$$

其中与回路循环方向一致的电压前取正号，不一致的电压前取负号。

例如对图 1-16 所示电路的 adbca 回路，从 a 点出发，以顺时针方向（或逆时针方向）沿回路循环一周可列出

$$U_{S2} + U_1 - U_{S2} - U_2 = 0$$

基尔霍夫电压定律不仅适用于电路中任一闭合回路，而且还可推广应用于任何一个假想闭合的一段电路。例如在图 1-19 所示广义回路电路中，C、F 间无支路连通，开口处虽无电流，但有电压。可将 BCFEB 看作假想的回路（广义回路），根据 KVL 列出回路电压方程

$$U_{CF} - U_{S2} + R_2 I_2 = 0$$

由此可得 C、F 间的电压为

$$U_{CF} = U_{S2} - R_2 I_2$$

应该指出的是，在应用基尔霍夫定律时，要在电路图上标出各支路电流和各部分电压的参考方向，因为所列方程中各项前的正负号是由它们的参考方向决定的，参考方向选得相反，则会相差一个负号。基尔霍夫定律是电路的结构约束，与电路元件性质无关。

【例 1-6】 图 1-20 为某复杂电路中的一个回路，已知某时刻各元件的电压值为 $u_1 = u_6 = 6V$，$u_2 = u_3 = 3V$，$u_4 = -7V$，求 u_5 和 u_{ab}。

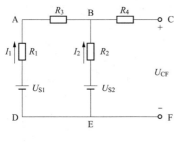

图 1-19　广义回路

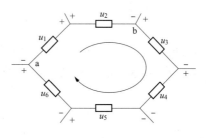

图 1-20　[例 1-6] 图

解　根据支路电压的参考方向及回路的绕行方向，应用 KVL 有

$$-u_1+u_2+u_3+u_4-u_5-u_6=0$$
$$u_5=-u_1+u_2+u_3+u_4-u_6$$
$$=-2+3+3-7-2$$
$$=5(V)$$
$$u_{ab}=-u_1+u_2=-2+3=1(V)$$

思　考　题

1. 图 1-21 所示电路中，有几个节点？几条支路？几个网孔？几个回路？列出各节点的 KCL 方程和网孔的 KVL 方程。

2. 试求图 1-22 电路中的 I。

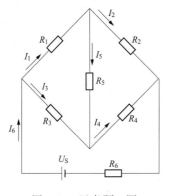

图 1-21　思考题 1 图

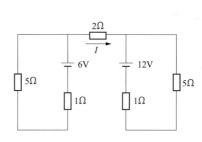

图 1-22　思考题 2 图

本　章　小　结

（1）电路包括电源、负载和中间环节三个组成部分。由理想电路元件所组成的电路，就是实际电路的电路模型，它是对实际电路电磁性质的科学抽象与概括。

（2）电压、电流的正方向（参考方向）是为分析计算电路而人为假定的。电路图中所标出的电压和电流的方向都是参考方向。如果电压、电流值为正，则正方向与实际方向相同；否则相反。在假定正方向时应尽可能采用关联正方向，对于有源元件采用非关联正方向。当电压、电流的正方向为非关联正方向时，电路元件的约束方程前应加"－"号。

（3）当元件的 u、i 正方向一致时，其功率用 $p=ui$ 计算；当 u、i 的正方向相反时，用 $p=-ui$ 计算。若 $p>0$，表明元件消耗功率，为负载；若 $p<0$，表明元件供出功率，为电源。

（4）理想电路元件有无源元件和有源元件两类。基本的无源元件有电阻元件、电感元件、电容元件，基本的有源元件有恒压源和恒流源。恒压源输出的电压恒定，输出的电流与功率由外电路决定；恒流源输出的电流恒定，其端电压及输出的功率由外电路决定。

（5）基尔霍夫定律是描述电路的拓扑结构对电路中的电压和电流的约束，是分析电路的基本定律，它包括：KCL（$\sum i=0$）和 KVL（$\sum u=0$）。KCL 是描述电路中与节点相连的各支路电流之间的约束关系，KVL 是描述回路中各支路电压之间的约束关系。

习　　　题

1. 选择题

（1）基尔霍夫电流定律反映的是电流的_____，电荷不会在电路中发生堆积或消失。

A. 增加　　　　　B. 减少　　　　　C. 连续性　　　　　D. 不连续性

（2）理想电压源与理想电流源并联时对外电路可等效为_____。

A. 理想电压源　　B. 理想电流源　　C. 电阻　　　　　D. 无法等效

（3）一个理想电流源和电阻并联的网络，可以等效为一个理想电压源和电阻_____的网络。

A. 串联　　　　　B. 并联

（4）在图 1-23 中，$I=-1$A，则电流 I 的实际方向为_____。

A. 从 a 向 b　　　B. 从 b 向 a

（5）在图 1-24 中，$U_{ab}=-2$V，则 a、b 两点中，_____点的电位高。

A. a　　　　　　B. b

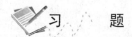

图 1-23　题 1（4）图　　　　　图 1-24　题 1（5）图

2. 在图 1-25 中，5 个元件分别代表电源或负载，电流和电压的参考方向如图所示，通过实验测量得知：$I_1=-4$A，$I_2=6$A，$I_3=10$A；$U_1=140$V，$U_2=-90$V，$U_3=60$V，$U_4=-80$V，$U_5=30$V。试完成：

（1）标出各电流和各电压的实际方向。

（2）判断哪些元件是电源，哪些元件是负载。

（3）计算各元件的功率，电源发出的功率和负载取用的功率是否平衡？

3. 在图 1-26 中，已知 $I_1=3$mA，$I_2=1$mA，试确定电路元件 3 中的电流 I_3 和其两端电压 U_3，并说明它是电源还是负载。校验整个电路的功率是否平衡。

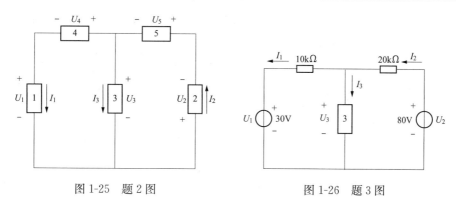

图 1-25　题 2 图　　　　　　　　　　　　图 1-26　题 3 图

4. 试求图 1-27 中 A 点和 B 点的电位。如将 A、B 两点直接连接或接一个电阻，对电路工作有无影响？

5. 在图 1-28 中，已知 $U_{S1}=15\text{V}$，$U_{S2}=5\text{V}$，$I_s=1\text{A}$，$R=5\Omega$，求各元件的功率值，并说明各元件是吸收功率还是供出功率。

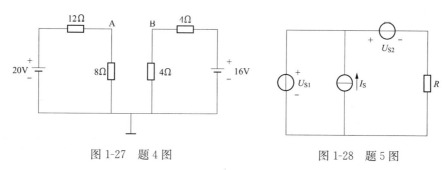

图 1-27　题 4 图　　　　　　　　　　　　图 1-28　题 5 图

6. 在图 1-29（a）电路中，若将一恒压源与恒流源串联或并联，如图 1-29（b）和图 1-29（c）所示，试求负载电流 I_1、I_2 是否改变？通过计算说明。已知 $U_S=8\text{V}$，$I_S=2\text{A}$，$R_1=R_2=2\Omega$。

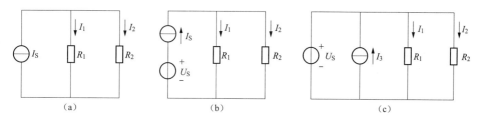

图 1-29　题 6 图

7. 在图 1-30 所示电路中，试求流经各电压源的电流。

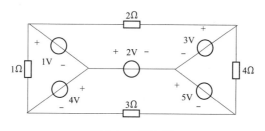

图 1-30　题 7 图

8. 试求图 1-31 所示电路中各元件的电压、电流，并判断 A、B、C 元件的性质。

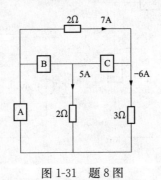

图 1-31　题 8 图

第 2 章 电 路 的 等 效 变 换

电路的等效变换在电路分析中起着非常重要的作用，可以简化电路。本章介绍电路等效变换的概念。内容包括电阻串、并联等效变换和电阻星形、三角形连接的等效变换，以及含有电源电路的等效变换。

学习重点

深刻理解等效变换的概念；正确理解等效参数的物理意义及等效变换的条件；掌握电阻的串联和并联等效电路；掌握电阻的星形、三角形连接的等效变换；掌握含独立源、受控源电路的等效变换；会利用等效变换简化电路。

2.1 电阻的串并联等效变换

在电路分析中，常常需要将电路某一部分的结构进行等效变换，以达到简化电路的目的。如何导出等效变换条件，是进行等效变换最重要且一般也是较困难的问题。通常是先根据电路的基本定律列写变换部分的电路方程，经过适当的整理或变形，然后根据等效概念得出等效条件。

最简单也最常见的等效变换就是电阻串、并联等效变换，它属于无源二端网络等效变换。

2.1.1 电阻的串联等效电路

电路中若干元件顺次相连，连接点上无分岔，元件中流过同一电流，这种连接方式称为串联。图 2-1 (a) 所示电路的虚线框内部有 n 个电阻 R_1，R_2，…，R_n 的串联组合。设电压、电流的参考方向如图 2-1 (a) 所示，为关联参考方向。由 KVL 和欧姆定律可知

$$u = u_1 + u_2 + \cdots + u_n = (R_1 + R_2 + \cdots + R_n)i = R_{eq}i$$

其中
$$R_{eq} = \frac{u}{i} = R_1 + R_2 + \cdots + R_n = \sum_{k=1}^{n} R_k \tag{2-1}$$

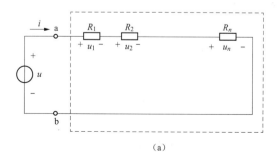
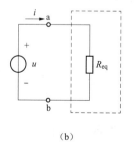

(a)　　　　　　　　　　　(b)

图 2-1　电阻的串联

(a) 串联电路；(b) 等效电路

电阻 R_{eq} 称为这些串联电阻的等效电阻。由式（2-1）可知，串联电阻电路的等效电阻就等于各串联电阻之和。

串联等效电路如图 2-1（b）所示，即图 2-1（a）与图 2-1（b）中虚线框（即 ab 端）的伏安关系是相同的，即图 2-1（a）、和图 2-1（b）所示电路对于 ab 端子左侧的电压源 u 是等效的。

串联电阻具有分压作用。若已知申联电阻两端的总电压 u，由图 2-1 可得任一电阻 R_k 上的电压为

$$u_k = iR_k = \frac{R_k}{R_{eq}}u \tag{2-2}$$

2.1.2　电阻的并联

电路中若干元件两端分别连在一起，各元件具有相同的端电压，这种连接方式称为并联。图 2-2（a）所示电路的虚线方框内部有 n 个电阻并联。设在端口处外加电流源 i，端口上的电压为 u，每个电阻元件通过的电流和端电压取关联参考方向。

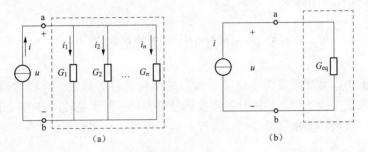

图 2-2　电阻的并联
(a) 并联电路；(b) 等效电路

由 KCL 和欧姆定律得

$$i = i_1 + i_2 + \cdots + i_n = \left(\frac{1}{R_1} + \frac{1}{R_2} + \cdots \frac{1}{R_n} \right)u = (G_1 + G_2 + \cdots + G_n)u = G_{eq}u$$

$$G_{eq} = \frac{i}{u} = G_1 + G_2 + \cdots G_n \tag{2-3}$$

其中：G_{eq} 称为并联电阻电路的等效电导。由式（2-3）可知，并联电阻电路的等效电导等于各并联电导之和。由电阻和电导的关系，很容易得到并联电阻电路的等效电阻为

$$\frac{1}{R_{eq}} = \frac{1}{R_1} + \frac{1}{R_2} + \cdots + \frac{1}{R_n} = \sum_{k=1}^{n} \frac{1}{R_k} \tag{2-4}$$

并联等效电路如图 2-2（b）所示，即图 2-2（a）与图 2-2（b）中虚线框（即 ab 端）的伏安关系是相同的。即图 2-2（a）图 2-2（b）虚线框中的电路对于 ab 端口左侧的电流源 i 是等效的。

电阻并联具有分流作用。若已知并联电阻端子上的总电流 i，由图 2-2 可得任一并联电阻 R_k 中的电流为

$$i_k = G_k u = \frac{G_k}{G_{eq}}i \tag{2-5}$$

当只有两个电阻并联时，其等效电阻为

$$R = \frac{R_1 R_2}{R_1 + R_2} \tag{2-6}$$

各电阻中电流为

$$i_1 = \frac{u}{R_1} = \frac{R_2}{R_1 + R_2} i$$

$$i_2 = \frac{u}{R_2} = \frac{R_1}{R_1 + R_2} i \tag{2-7}$$

2.1.3　电阻的混联

兼有电阻串联和并联的电路称为混联电路。在混联的情况下，要仔细判别电阻间的连接关系。判别的依据是：电阻并联时，各电阻两端的电压相同；电阻串联时，各电阻中流过的电流是同一个电流。电路模型中的各电路元件之间是由理想导线（导体电阻为零）连接起来的，只要电路元件之间的连接关系不变，理想导线拉长、压缩和变形等，均不会影响电路中的电压、电流的大小。因此，为了识别电阻的串、并联关系，可对电路进行适当变形。

【例 2-1】 电路如图 2-3（a）所示，求电流 I。

解　电流 I 是节点 b 和 c 之间短路线上的电流，短路线为理想导体，其电阻为零。因此，电流 I 只能通过节点 b（或 c），利用 KCL 方程，对节点 b 有

$$I = I_3 - I_5$$

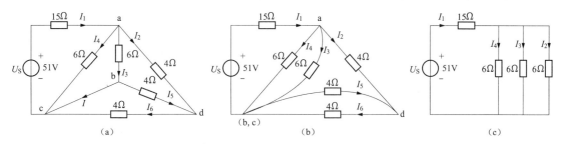

图 2-3　[例 2-1] 图
(a) 初始电路；(b) 变换电路 1；(c) 变换电路 2

为了求得电流 I_3 和 I_5，看清电路中各电阻之间的串、并联关系，将节点 b 和 c 合并在一起，如图 2-3（b）所示。电路可进一步简化成图 2-3（c）所示电路。图中由 3 个 6Ω 电阻并联，其等效电阻为

$$R = \frac{6}{3} = 2(\Omega)$$

由图 2-3（c）所示电路可得

$$I_1 = \frac{U_s}{R_1 + R} = \frac{51}{15 + 2} = 3(\text{A})$$

$$I_2 = I_3 = I_4 = \frac{1}{3} I_1 = \frac{1}{3} \times 3 = 1(\text{A})$$

由图 2-3（b）所示电路可知

$$I_5 = -\frac{1}{2} I_2 = \frac{1}{2} \times 1 = -0.5(\text{A})$$

故

$$I = I_3 - I_5 = 1 - (-0.5) = 1.5(\text{A})$$

【例 2-2】 如图 2-4 所示梯形电路，已知 $R_1 = 4\Omega$、$R_2 = 8\Omega$、$R_3 = 6\Omega$、$R_4 = 6\Omega$、$R_5 = 2\Omega$、$R_6 = 1\Omega$。求 ad 端等效电阻。若在 ad 端接 12V 恒定电压源，求 I_5。

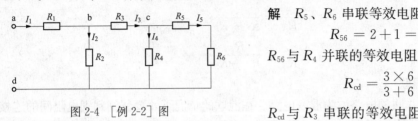

图 2-4 ［例 2-2］图

解 R_5、R_6 串联等效电阻

$$R_{56} = 2 + 1 = 3(\Omega)$$

R_{56} 与 R_4 并联的等效电阻

$$R_{cd} = \frac{3 \times 6}{3 + 6} = 2(\Omega)$$

R_{cd} 与 R_3 串联的等效电阻为 $2 + 6 = 8\Omega$，再与 R_2 并联的等效电阻

$$R_{bd} = \frac{8}{2} = 4(\Omega)$$

R_{bd} 最后 R_1 串联的等效电阻

$$R_{ab} = 4 + 4 = 8(\Omega)$$

当在 ad 端施加 12V 电压时，电流为

$$I_1 = \frac{12}{8} = 1.5(\text{A})$$

在节点 b 处，右端相当于一个 8Ω 电阻与 R_2 并联，两相等电阻分流，于是有

$$I_3 = \frac{1}{2} I_1 = 0.75(\text{A})$$

在节点 c 处，再一次分流

$$I_5 = \frac{R_4}{R_4 + R_5 + R_6} I_3 = \frac{6}{6 + 2 + 1} \times 0.75 = 0.5(\text{A})$$

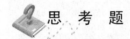 思 考 题

是否任何一个只含有电阻的二端网络都可以用串并联法等效化简为一个电阻？

2.2 电阻的星形与三角形连接的等效变换

在电路中，有时电阻的连接即非串联又非并联，如图 2-5（a）所示。显然这种电路单用电阻串并联是无法等效化间的。

电阻 R_1、R_2 和 R_3 为星形连接（常记为丫接），电阻 R_1、R_2 和 R_5 为三角形连接（常记为△接）。在星形连接中，各个电阻的一端都连在一起构成一个节点，另一端则分别接到电路的 3 个节点上，如图 2-5（a）所示；在三角形连接中，3 个电阻分别接在 3 个节点的每两个之间，如图 2-5（b）所示。

如果能把图 2-5（a）中 R_1、R_2、R_3 的星形连接等效变换为三角形连接（R_4、R_5 不变），如图 2-5（b）R_{13}、R_{14} 和 R_{34} 三角形连接，就可以利用串并联关系进行等效化简了。

电阻的星形连接和三角形连接如图 2-6 所示。图 2-6（a）中，电阻 R_1、R_2 和 R_3 为星形

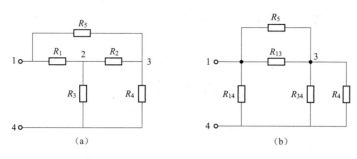

图 2-5　复杂电阻电路

（a）原始电路；（b）等效电路

连接；图 2-6（b）中，电阻 R_{12}、R_{23} 和 R_{31} 是三角形连接。星形连接和三角形连接都是通过 3 个端子与外部相连接的，也称为三端电阻电路。根据等效的概念，当两种连接的电阻之间满足一定关系时，它们在端子①、②、③以外的特性如果相同，则它们可以等效变换。也就是说，如果它们对应的端子之间施加相同的电压 u_{12}、u_{23} 和 u_{31}，而流入对应端子的电流分别相等，即 $i_1 = i_1'$，$i_2 = i_2'$，$i_3 = i_3'$，则它们彼此等效。这就是星形-三角形等效变换的端子条件。

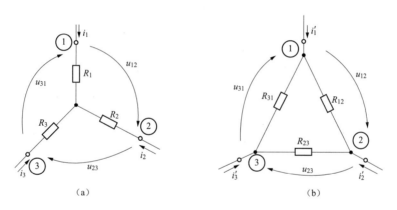

图 2-6　电阻的星形连接和三角形连接

（a）星形；（b）三角形

下面按等效变换的端子条件推导两种连接等效互换的参数条件。

由图 2-6（a），根据 KCL 和 KVL 有端子电压和电流之间的关系方程为

$$u_{12} = R_1 i_1 - R_2 i_2 \quad u_{23} = R_2 i_2 - R_3 i_3 \quad u_{31} = R_3 i_3 - R_1 i_1 \quad i_1 + i_2 + i_3 = 0$$

可以解出端子电流

$$\left. \begin{aligned} i_1 &= \frac{R_3}{R_1 R_2 + R_2 R_3 + R_3 R_1} u_{12} - \frac{R_2}{R_1 R_2 + R_2 R_3 + R_3 R_1} u_{31} \\ i_2 &= \frac{R_1}{R_1 R_2 + R_2 R_3 + R_3 R_1} u_{23} - \frac{R_3}{R_1 R_2 + R_2 R_3 + R_3 R_1} u_{12} \\ i_3 &= \frac{R_2}{R_1 R_2 + R_2 R_3 + R_3 R_1} u_{31} - \frac{R_1}{R_1 R_2 + R_2 R_3 + R_3 R_1} u_{23} \end{aligned} \right\} \quad (2\text{-}8)$$

由图 2-6（b），根据 KCL 和欧姆定律有端子电压和电流之间的关系方程为

$$\left.\begin{array}{l} i'_1 = \dfrac{u_{12}}{R_{12}} - \dfrac{u_{31}}{R_{31}} \\[2mm] i'_2 = \dfrac{u_{23}}{R_{23}} - \dfrac{u_{12}}{R_{12}} \\[2mm] i'_3 = \dfrac{u_{31}}{R_{31}} - \dfrac{u_{23}}{R_{23}} \end{array}\right\} \tag{2-9}$$

对应比较等效变换条件，式（2-8）和式（2-9）对应系数分别相等，最后整理得到，电阻星形→三角形连接等效变换的电阻值转换式为

$$\left.\begin{array}{l} R_{12} = \dfrac{R_1 R_2 + R_2 R_3 + R_3 R_1}{R_3} \\[2mm] R_{23} = \dfrac{R_1 R_2 + R_2 R_3 + R_3 R_1}{R_1} \\[2mm] R_{31} = \dfrac{R_1 R_2 + R_2 R_3 + R_3 R_1}{R_2} \end{array}\right\} \tag{2-10}$$

电阻三角形→星形连接等效变换的电阻值转换式为

$$\left.\begin{array}{l} R_1 = \dfrac{R_{12} R_{31}}{R_{12} + R_{23} + R_{31}} \\[2mm] R_2 = \dfrac{R_{23} R_{12}}{R_{12} + R_{23} + R_{31}} \\[2mm] R_3 = \dfrac{R_{31} R_{23}}{R_{12} + R_{23} + R_{31}} \end{array}\right\} \tag{2-11}$$

若星形连接电路的 3 个电阻相等，即 $R_1 = R_2 = R_3 = R_Y$，则其等效三角形电路的电阻也相等，且为

$$R_\triangle = R_{12} = R_{23} = R_{31} = 3R_Y$$

若三角形电路的各电阻相等，即 $R_{12} = R_{23} = R_{31} = R_\triangle$，则其等效星形电路的电阻也相等，且为

$$R_Y = R_1 = R_2 = R_3 = \frac{1}{3} R_\triangle$$

利用式（2-10）和式（2-11），便可将原来不是串并联的电路等效变换为串并联的形式。

【例 2-3】 求图 2-7（a）所示电路中的电压 u_{ab}。

解　ab 端子右侧电路是一个由电阻组成的无源端口网络，利用等效变换先计算 ab 端的等效电阻。

将节点①、②、③内的三角形连接电路用等效星形连接电路替代，得到图 2-7（b）所示电路。其中

$$R_1 = \frac{4 \times 6}{4 + 6 + 10} = 1.2(\Omega)$$

$$R_2 = \frac{4 \times 10}{4 + 6 + 10} = 2(\Omega)$$

$$R_3 = \frac{4 \times 10}{4 + 6 + 10} = 3(\Omega)$$

然后再利用电阻串、并联等效的方法得到图 2-7（c）和图 2-7（d）所示电路，计算得到

$$R_{ab} = 1.2 + \frac{12 \times 8}{12 + 8} + 24$$

$$= 1.2 + 4.8 + 24$$

$$= 30(\Omega)$$

由图 2-7（d）得

$$u_{ab} = 5 \times 30 = 150(V)$$

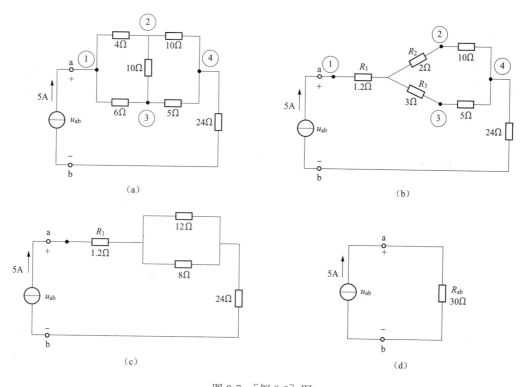

图 2-7 ［例 2-3］图

（a）原始电路；（b）等效电路（一）；（c）等效电路（二）；（d）等效电路（三）

2.3 含独立源电路的等效变换

2.3.1 独立源串联和并联的等效变换

1. 电压源串联的等效变换

设有 n 个电压源串联，如图 2-8（a）所示。根据 KVL，此含源二端网络的端电压为

$$u = u_{S1} + u_{S2} + (-u_{S3}) + \cdots + u_{Sn} = \sum_{k=1}^{n} u_{Sk}$$

$$u_{Seq} = \sum_{k=1}^{n} u_{Sk} \qquad (2\text{-}12)$$

此二端网络的端电流 i 由外电路决定，其等效电路如图 2-8（b）所示。

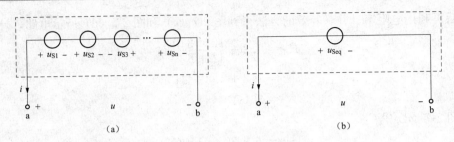

图 2-8　电压源的串联及其等效电路

(a) 初始电路；(b) 等效电路

2. 电流源的并联的等效变换

当 n 个电流源并联，如图 2-9（a）所示。根据 KCL，此含源二端网络的端口电流为

$$i = i_{S1} + i_{S2} + (-i_{S3}) + \cdots + i_{Sn} = \sum_{k=1}^{n} i_{Sk}$$

$$i_{Seq} = \sum_{k=1}^{n} i_{Sk} \tag{2-13}$$

此二端网络的端电压 u 由外电路决定，其等效电路如图 2-9（b）所示。

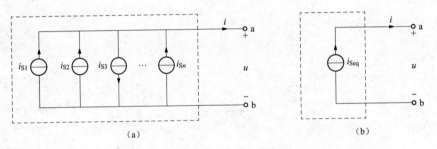

图 2-9　电流源的并联及其等效电路

(a) 初始电路；(b) 等效电路

3. 电压源的并联的等效变换

只有电压相等且极性一致的电压源才允许并联，否则将违反 KVL。电压源并联时，等效电压源即并联电压源中的一个，如图 2-10 所示。

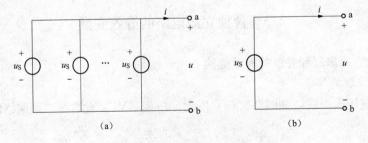

图 2-10　电压源的并联及其等效电路

(a) 初始电路；(b) 等效电路

4. 电流源的串联的等效变换

只有电流相等且流向一致的电流源才允许串联，否则将违反 KCL。电流源串联时，等

效电流源即串联电流源中的一个，如图 2-11 所示。

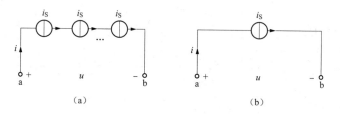

（a）　　　　　　　　　　　　（b）

图 2-11　电流源的串联及其等效电路

（a）初始电路；（b）等效电路

5. 电压源与任意二端电路的并联的等效变换

电压源 u_S 与电阻或任意二端电路 N_1 相并联，其等效电路为电压源 u_S，如图 2-12 所示。

6. 电流源与任意二端电路的串联的等效变换

电流源 i_S 与电阻或任意二端电路 N_2 相串联，其等效电路为电流源 i_S，如图 2-13 所示。

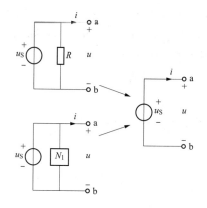

图 2-12　电压源与任意二端电路的
并联及其等效电路

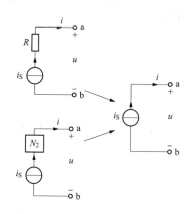

图 2-13　电流源与任意二端电路的
串联及其等效电路

【例 2-4】 将图 2-14（a）所示电路等效简化为一个电压源或电流源。

解　在图 2-14（a）中，u_S 和 R_1、i_{S1} 支路并联，故可等效为电压源 u_S；i_{S2} 和 i_{S3} 并联可简化为电流源 $i'_{Seq}=3-1=2$（A）；i_{S4} 和 R_2 串联等效为电流源 i_{S4}，如图 2-14（b）所示。

在图 2-14（b）中，i'_{Seq} 和 u_S 串联，等效为电流源 i'_{Seq}，如图 2-14（c）所示。

在图 2-14（c）中，两个电流源并联，故可等效简化为如图 2-14（d）所示的一个电流源，即

$$i_{Seq} = 6 - 2 = 4(A)$$

电路的等效变换只改变电路内部结构而保持其端口上电压和电流关系不变，因而不影响外接电路的工作情况，即对外等效。但已被简化或等效变换后的那一部分电路与原电路的工作情况一般是不相同的，即对内不等效。

2.3.2　实际电源模型及其等效互换

1. 实际电源的两种模型

一个实际的电源一般不具有理想电源的特性，例如蓄电池、发电机等电源不仅供给负载电能，而且在能量转换过程中有功率损耗。即存在内阻。实际的电源可以通过图 2-15（a）

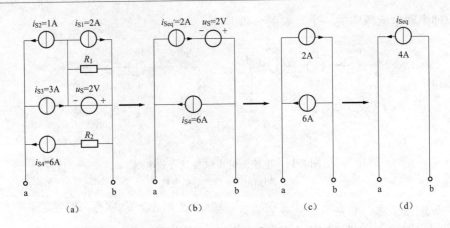

图 2-14 ［例 2-4］图

(a) 初始电路；(b) 等效电路（一）；(c) 等效电路（二）；(d) 等效电路（三）

所示电路测出其伏安特性（外特性），如图 2-15（b）所示。其端电压随输出电流的增大而减小，是一条与 u、i 坐标轴相交的斜直线。其与 u 轴的交点 M（$I=0$，$U=U_{OC}$）即为实际电源的开路状态，U_{OC} 称为开路电压；而与 i 轴的交点 N（$I=I_{CS}$，$U=0$）即为实际电源的短路状态，I_{CS} 称为短路电流。对任一点 C，电压与电流的关系为

$$U = U_{OC} - I\tan\alpha = U_{OC} - \frac{IU_{OC}}{I_{SC}} \tag{2-14}$$

因为式中 $\tan\alpha = \dfrac{U_{OC}}{I_{SC}}$ 的量纲为 Ω，即为实际电源的等效内阻，可用 R_S 表示。式（2-14）可写为

$$U = U_{OC} - IR_S \tag{2-15}$$

或

$$I = \frac{U_{OC}}{R_S} - \frac{U}{R_S} = I_{SC} - \frac{U}{R_S} \tag{2-16}$$

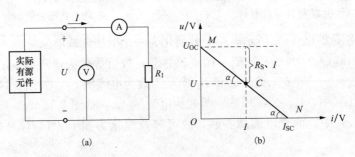

图 2-15 实际电源

(a) 电路；(b) 伏安特性

图 2-16（a）和图 2-16（b）点画线框中分别为一理想电压源与一线性电阻的串联组合的支路和一理想电流源与一线性电阻的并联组合的支路，按图示电压电流的正方向，其外特性方程为

$$U = U_S - R_S I \tag{2-17}$$

$$I = I_S - \frac{U}{R_S} \tag{2-18}$$

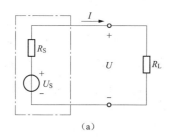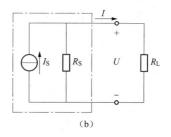

图 2-16 实际电源的电压源模型和电流源模型

(a) 电压源模型；(b) 电流源模型

式（2-17）和式（2-18）分别与实际电源的外特性方程式（2-15）和式（2-16）相对应，所以一个实际电源可用一理想电压源 U_S 与电阻 R_S 的串联来模拟，其中理想电压源 U_S 在数值上等于实际电源的开路电压 U_{OC}，R_S 等于实际电源的等效内阻，这种模型称为实际电源的电压源模型；也可用一理想电流源 I_S 与电阻 R_S 的并联来模拟，理想电流源 I_S 在数值上等于实际电源的短路电流 I_{SC}，R_S 等于实际电源的等效内阻，这种模型称为实际电源的电流源模型。

2. 两种模型的等效变换

一个实际电源既然可以用两种模型来等效代替，那么这两种模型之间一定存在等效互换的关系。互换的条件可由式（2-17）和式（2-18）比较得出

$$U_S = I_S R_S \tag{2-19}$$

$$I_S = \frac{U_S}{R_S} \tag{2-20}$$

若已知电流源模型，可用式（2-19）求得其等效电压源模型的 U_S，并把 R_S 和 U_S 串联即可。若已知电压源模型，可用式（2-20）求得其等效电压源模型的 I_S，并把 R_S 和 I_S 并联即可。变换时要注意 U_S 和 I_S 的方向。

由图 2-16（a）和图 2-16（b）中点画线框中支路可知，单个电压源相当于电压源模型 $R_S = 0$ 的情况，其短路电流 I_S 为无穷大，单个电流源相当于电流源模型 $R_S = \infty$ 的情况，其开路电压 U_S 为无穷大，都不能得到有限的数值，故两者之间不存在等效变换的条件。

应该指出，电压源模型和电流源模型等效变换只对外电路而言，内部并不等效。

【例 2-5】 一实际电源给负载 R_L 供电，已知电源的开路电压 $U_{OC} = 4V$，内阻 $R_S = 1\Omega$，负载 $R_L = 3\Omega$。试画出电源的两种等效模型，并计算负载 R_L 分别接于两种模型时的电流、电压和消耗的功率以及电源产生功率和内部消耗的功率。

解 （1）等效模型。

实际电源的两种等效模型分别如图 2-17（a）和图 2-17（b）点画线框中部分，其中

$$U_S = U_{OC} = 4V, \quad R_S = 1\Omega, \quad I_S = I_{SC} = \frac{U_S}{R_S} = \frac{4}{1} = 4(A)$$

（2）各物理量计算。

图 2-17（a）中有

负载电流 $$I = \frac{U_S}{R_S + R_L} = \frac{4}{1+3} = 1(A)$$

负载电压 $U = R_L I = 1 \times 3 = 3$ (V)

负载消耗的功率 $P_{R_L} = UI = 3 \times 1 = 3$ (W)

电压源产生的功率 $P_{U_S} = U_S I = 4 \times 1 = 4$ （W）

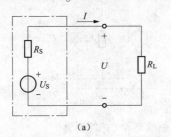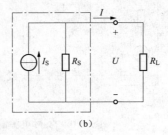

图 2-17　[例 2-5] 图

(a) 电压源模型；(b) 电流源模型

电源内部消耗的功率 $P_{R_S} = R_S I^2 = 1 \times 1^2 = 1$ （W）

图 2-27 （b）中有

负载电流 $I = I_S \times \dfrac{R_S}{R_S + R_L} = 4 \times \dfrac{1}{1+3} = 1$ （A）

负载电压 $U = R_L I = 3 \times 1 = 3$ （V）

负载消耗的功率 $P_{R_L} = I^2 R_L = 1^2 \times 3 = 3$ （W）

电流源产生的功率 $P_{I_S} = U I_S = 3 \times 4 = 12$ （W）

电源内部消耗的功率 $P_{R_S} = \dfrac{U^2}{R_S} = \dfrac{3^2}{1} = 9$ （W）

由 [例 2-5] 的计算结果可以看出，同一实际电源的两种模型向负载提供的电压、电流和功率都相等，但其内部产生的功率和损耗则不同，因此，两种模型对外电路的作用是等效的，内部不等效。

【例 2-6】 电路如图 2-18 （a）所示。已知：$U_1 = 10\text{V}$，$I_S = 2\text{A}$，$R_1 = 1\Omega$，$R_2 = 2\Omega$，$R_3 = 5\Omega$，$R = 1\Omega$。试完成：

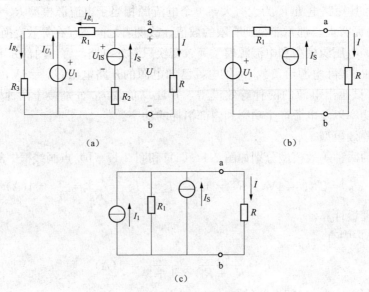

图 2-18　[例 2-6] 图

(a) 初始电路；(b) 等效电路 （一）；(c) 等效电路 （二）

（1）求电阻 R 中的电流 I。

（2）计算理想电压源 U_1 中的电流 I_{U_1} 和理想电流源 I_S 两端的电压 U_{IS}。

（3）分析功率平衡。

解　（1）求电阻 R 中的电流。可将与理想电压源 U_1 并联的电阻 R_3 和与理想电流源 I_S 串联的电阻 R_2 除去（R_3 断开，R_2 短接），得到如图 2-18（b）所示的等效电路；然后将电压源（U_1，R）等效变换为电流源（I_1，R_1），得到图 2-18（c）所示等效电路。由此可得

$$I_1 = \frac{U_1}{R_1} = \frac{10}{1} = 10(\text{A})$$

$$I = \frac{I_1 + I_\text{S}}{2} = 6(\text{A})$$

（2）应注意的是，求理想电压源和电阻 R_3 中的电流、理想电流源两端的电压以及电源功率时，R_3 和 R_2 不能除去，因为求得的等效电路对外等效对内不等效。

在图 2-18（a）中

$$I_{R_1} = I_\text{S} - I = 2 - 6 = -4(\text{A})$$

$$I_{R_3} = \frac{U_1}{R_3} = \frac{10}{5} = 2(\text{A})$$

于是，理想电压源中的电流

$$I_{U_1} = I_{R_3} - I_{R_1} = 2 - (-4) = 6(\text{A})$$

理想电流源两端的电压

$$U_{I_\text{S}} = U + R_2 I_\text{S} = RI + R_2 I_\text{S} = 1 \times 6 + 2 \times 2 = 10(\text{V})$$

（3）本题中理想电压源和理想电流源的电流都是从电压的正极流出的，所以它们都处于电源的工作状态。它们供出的功率分别为

$$P_{U_1} = U_1 I_{U_1} = 10 \times 6 = 60(\text{W})$$

$$P_{I_\text{S}} = U_{I_\text{S}} I_\text{S} = 10 \times 2 = 20(\text{W})$$

各个电阻所消耗的功率分别为

$$P_R = RI^2 = 1 \times 6^2 = 36(\text{W})$$

$$P_{R_1} = R_1 I_{R_1}^2 = 1 \times (-4)^2 = 16(\text{W})$$

$$P_{R_2} = R_2 I_\text{S}^2 = 2 \times 2^2 = 8(\text{W})$$

$$P_{R_3} = R_3 I_{R_3}^2 = 5 \times 2^2 = 20(\text{W})$$

供出总功率为　　　　　　　　　$60 + 20 = 80(\text{W})$

消耗总功率为　　　　　　$36 + 16 + 8 + 20 = 80(\text{W})$

因此供出总功率与消耗总功率两者平衡。

 思　考　题

1. 求图 2-19 所示电路的等效电流源模型。

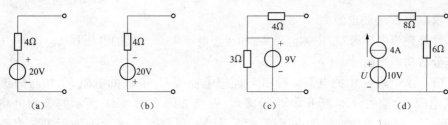

图 2-19　思考题 1 图

2. 求图 2-20 所示电路的等效电压源模型。

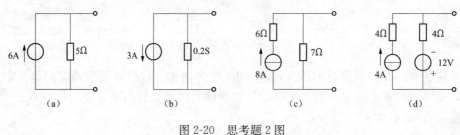

图 2-20　思考题 2 图

2.4　含受控源电路的等效变换

上节所述电源等效变换的概念和方法，也可用于含受控源的串并联电路。与独立源一样，受控电压源和电阻的串联组合可以与一个受控电流源和电导的并联组合等效互换，而且互换关系相同；与受控电压源并联的支路可以去掉，与受控电流源串联的电路元件可以用短路线替代。但应注意在变换过程中，受控源的控制量不能丢失，即要与原电路等效。如果控制量会在所在支路的变换过程中丢失，则应通过变量间的相互关系，先将控制量转移到不参与变换的电路部分中去，这就是控制量的转移。

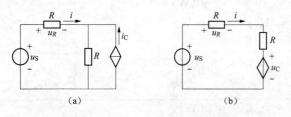

图 2-21　［例 2-7］图
（a）初始电路；（b）等效电路

【例 2-7】　图 2-21（a）所示电路中，已知 $u_s=12\text{V}$，$R=2\Omega$，VCCS 的电流 i_C 受电阻 R 上的电压 u_R 的控制，且 $i_C=2u_R$，求 u_R。

解　保证受控源的控制量 u_R 不变，利用等效变换，把受控电流源和电导的并联组合变换为受控电压源和电阻的串联组合，如图 2-21（b）所示。其中 $u_C=i_C R=2\times 2\times u_R=4u_R$，而 $u_R=Ri$，由 KVL 有

$$Ri+Ri+u_R=u_S$$

$$2Ri+4u_R=u_S$$

$$u_R=\frac{u_S}{6}=2(\text{V})$$

【例 2-8】　求图 2-22（a）所示电路中的电流 i。

解　保留待求电流 i 所在支路，对余下的一端口网络进行等效变换。由于接点 c、b 间为两条支路并联，变换时要丢失受控源的控制量 i_1，因此应先进行控制量的转移。将控制量 i_1 转变为 c、b 间电压 u_{cb}，变量关系为

$$u_{cb} = 6i_1, \quad i_1 = \frac{1}{6}u_{cb}, \quad 3i_1 = \frac{1}{2}u_{cb}$$

控制量转移为 u_{cb} 后，一端口网络如图 2-22（b）所示。利用等效变换将图 2-22（b）简化为图 2-22（c），最终简化为图 2-22（d）所示单回路电路。

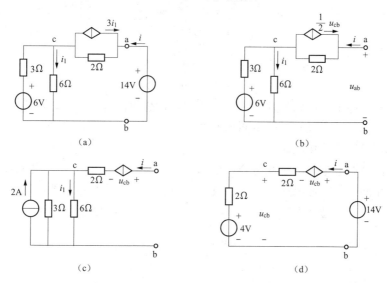

图 2-22　［例 2-8］图

(a) 初始电路；(b) 等效电路（一）；(c) 等效电路（二）；(d) 等效电路（三）

对图 2-22（d）所示电路，由 KVL 有

$$2i + u_{cb} + u_{cb} = 14$$

控制量　　　　　　　　　　　　　$$u_{cb} = 4 + 2i$$

解得　　　　　　　　　　　　　　$$i = 1(A)$$

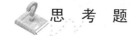 思　考　题

能否用电阻串并联等效变换求含受控源二端网络端口的等效电阻？

本　章　小　结

本章介绍了电路等效变换的概念。两个电路相互等效是指其端口电压、电流关系（VCR）相同而言。因此电路变换后，电路中未变换部分的电流、电压和功率将与原电路相同。

（1）电阻串联、并联、混联，对外可等效为一个电阻。

（2）星形连接和三角形连接都是通过三个端子与外部相连接的，也称为三端电阻电路。当这两种连接方式的电阻之间满足一定关系时，则它们可以等效变换。星形→三角形连接等效变换的电阻值转换式为

$$R_{12} = \frac{R_1 R_2 + R_2 R_3 + R_3 R_1}{R_3}$$

$$R_{23} = \frac{R_1 R_2 + R_2 R_3 + R_3 R_1}{R_1}$$

$$R_{31} = \frac{R_1 R_2 + R_2 R_3 + R_3 R_1}{R_2}$$

△→Y 连接等效变换的电阻值转换式为

$$R_1 = \frac{R_{12} R_{31}}{R_{12} + R_{23} + R_{31}}$$

$$R_2 = \frac{R_{23} R_{12}}{R_{12} + R_{23} + R_{31}}$$

$$R_3 = \frac{R_{31} R_{23}}{R_{12} + R_{23} + R_{31}}$$

（3）理想电压源串联可以等效为一个电压源，理想电流源并联可以等效为一个电流源。

（4）一个实际电源可以有两种不同形式的电路模型：电压源模型和电流源模型。两种模型的等效变换，可用来简化电路。

（5）受控电压源和电阻的串联组合可以与一个受控电流源和电导的并联组合等效互换，而且互换关系相同；与受控电压源并联的支路可以去掉，与受控电流源串联的电路元件可以用短路线替代。但应注意在变换过程中，受控源的控制量不能丢失。

习　题

1. 求图 2-23 所示电路中的电压 U 和电流 I。

2. 图 2-24 所示电路中，已知 $u_S = 6V$，$R_1 = 6\Omega$，$R_2 = 3\Omega$，$R_3 = 4\Omega$，$R_4 = 3\Omega$，$R_5 = 1\Omega$，试求电路中的 I_3 和 I_4。

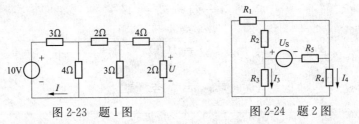

图 2-23　题 1 图　　　　　图 2-24　题 2 图

3. 图 2-25 所示电路中，$R_1 = R_2 = R_3 = R_4 = 300\Omega$，$R_5 = 600\Omega$ 试求开关 S 断开和闭合时，a 和 b 之间的等效电阻。

4. 图 2-26 所示电路是直流电动机的一种调速电阻，它由 4 个固定电阻串联而成，利用几个开关的闭合或断开，可以得到多种电阻值。设 4 个电阻都是 1Ω，试求在下列三种情况 a、b 两点的电阻值：

（1）S1 和 S2 闭合，其他断开；

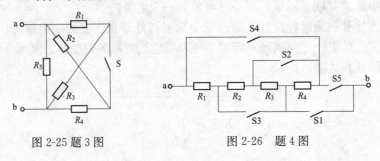

图 2-25 题 3 图　　　　　图 2-26　题 4 图

（2）S2、S3 和 S5 闭合，其他断开；

（3）S1、S3 和 S5 闭合，其他断开。

5．求图 2-27 所示二端网络的等效电阻 R_{ab} 和 R_{cd}。

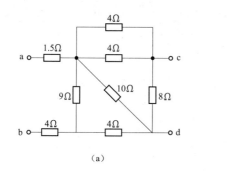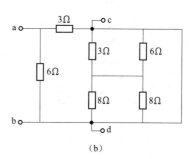

（a）　　　　　　　　　　　　　（b）

图 2-27　题 5 图

6．图 2-28 所示的两个电路中，试计算：

（1）求负载电阻 R_L 中的电流及其两端的电压 U。如果在图 2-28（a）中除去（断开）与理想电压源并联的理想电流源，在图 2-28（b）中除去（短接）与理想电流源串联的理想电压源，对计算结果有无影响？

（2）判别理想电压源和理想电流源何为电源，何为负载？

（3）试分析功率平衡关系。

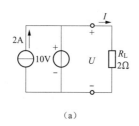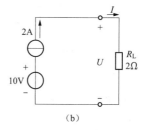

（a）　　　　　　　　　　　　　（b）

图 2-28　题 6 图

7．利用实验方法测得某电源的开路电压 $U_{oc}=10V$，当电源接某一负载时又测得电路电流 $I=10A$，负载两端电压 $U=9V$，试求该电源的两种电路模型。

8．电路如图 2-29 所示。已知：$I_S=2A$，$U_{S1}=12V$、$U_{S2}=2V$、$R_1=2\Omega$、$R_2=R_L=6\Omega$。试求：

（1）R_L 中的电流。

（2）理想电压源 U_{S1} 输出的电流和功率。

（3）理想电流源 I_S 两端的电压和输出功率。

9．在图 2-30 所示电路中，$U_{S1}=8V$，$U_{S2}=2V$，$R=2\Omega$，方框内为一实际有源元件，供出电流 $I=1A$。当 U_{S2} 方向与图示方向相反时，电流 $I=0$，求此实际有源元件的电压源串联组合模型。

10．试用电源模型等效变换的方法求图 2-31 所示电路中的电流 I。

11．在图 2-32 中，已知 $U_{S1}=6V$，$U_{S2}=9V$，$R_1=20\Omega$，$R_2=30\Omega$，$R_3=180\Omega$，$R_4=270\Omega$，$R_5=470\Omega$，试用电源模型等效变换的方法求电流 I_5。

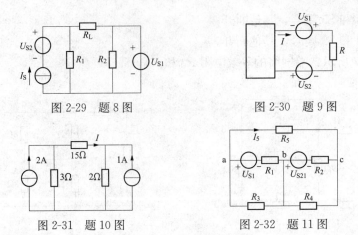

图 2-29　题 8 图　　　　　　　图 2-30　题 9 图

图 2-31　题 10 图　　　　　　图 2-32　题 11 图

12. 绘出图 2-33 所示各电路的电压源模型或电流源模型。

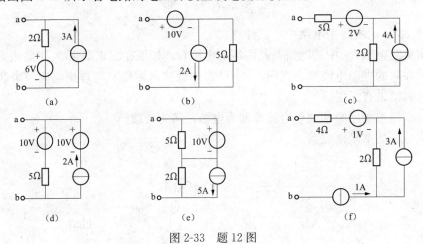

（a）　　　　　　　（b）　　　　　　　（c）

（d）　　　　　　　（e）　　　　　　　（f）

图 2-33　题 12 图

13. 在图 2-34 所示电路中，已知 $R_1=R_2=2\Omega$，$R_2=R_4=1\Omega$，求 u_0/u_S。

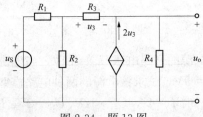

图 2-34　题 13 图

14. 求图 2-35 所示二端网络的输入电阻 R_{ab}。

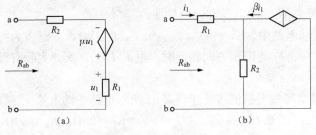

（a）　　　　　　　（b）

图 2-35　题 14 图

第3章 电路的一般分析方法

利用等效变换概念对电路进行分析和计算是对电路进行逐步化简，用于分析简单电路是行之有效的。本章首先介绍了网络图论的基本概念，然后介绍了几种电路的一般分析方法，包括支路电流法、回路电流法、节点电压法。

 学习重点

理解网络图论的基本概念；掌握电路的分析方法，包括支路电流法、回路电流法、节点电压法，并会应用这些方法分析电路。

3.1 网络图论的基本概念

本节介绍一些有关图论的初步知识，主要目的是研究电路的连接性质，进一步用图的方法选择电路方程的独立变量。

3.1.1 图的基本概念

由前所述可知，KCL和KVL与支路内部元件的性质无关，因此当仅研究电路中各元件的相互连接关系时，可把支路抽象为没有元件的线段，各线段的连接点为节点，每条支路的两端都必须连接在相应的节点上。这样一个电路图就可抽象为一个由点和线段构成的图，这种图更具有广泛性，如用来表示运输网络、通信网络等。下面用图论的知识来研究元件相互连接的规律性。

图是节点（图论中称为顶点）和支路（图论中称为边）的集合，图常用G表示。

每条支路的两端都应有节点。图中不能有不与节点相连的支路，但允许有孤立的节点，如图3-1所示。全部节点都被支路连通的图称为连通图，如图3-1（b）所示；否则称为非连通图，如图3-1（a）所示。本书主要研究连通图。

全部支路都标有方向的图称为有向图，见图3-1（b），否则称为无向图。各支路的方向表示该支路电流、电压的关联参考方向。

如果有一个图G，从图G中去掉某些支路和某些节点所形成的图G_1，称为图G的子图G_1。子图的所有节点和支路都包含在图G中。如图3-2（b）和图3-2（c）都是图3-2（a）所示图G的子图。

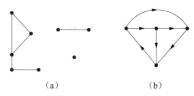

图3-1 连通图与非连通图
(a) 非连通图；(b) 连通图

能够画在一个平面上，并且除节点以外，所有支路都没有交叉的图称为平面图，否则为非平面图。

3.1.2 树和基本回路

树是图论中一个非常重要的概念。包含连通图G中的所有节点，但不包含回路的连通子图，称为图G的树。如图3-3（b）所示的三个图都是图（a）中图G的树。由此可见，同

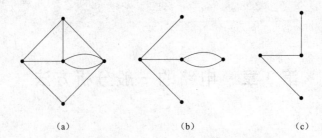

图 3-2　图 G 与其子图

(a) 图 G；(b) G 的子图 G_1；(c) G 的子图 G_2

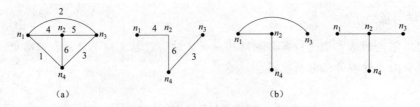

图 3-3　图与树

(a) 图 G；(b) 图 G 的树

一个图有许多种树。

　　组成树的支路称为树枝，不属于树的支路称为连枝。如在图 3-3 中，若选支路 4、6、3 为树枝，则支路 1、2、5 为连枝。

　　如果连通图有 n 个节点，b 条支路，它的树枝与连枝的数目有以下重要结果：

　　(1) 该连通图 G 的任何一种树的树枝数 T 为

$$T = n-1 \tag{3-1}$$

这是因为，若把图 G 的 n 个节点连成一个树时，第一条支路连接两个节点，此后每增加一条新的支路就连接上一个新节点，直到把 n 个节点连接成树，所以树枝数比节点数少 1。

　　(2) 对应与该连通图 G 的任何一个树的连枝数 L 为

$$L = b-T = b-(n+1) \tag{3-2}$$

　　如图 3-3 (a) 所示连通图 G 共有 4 个节点，6 条支路，其树枝数 $T=3$，连枝数 $L=3$。

　　连通图的一个树连接了所有节点，但不包含回路。可见对任一个树，每增加 1 个连枝，便形成只包含该连枝的回路，而构成此回路的其他支路均为树枝。这种回路称为基本回路。对于有 n 个节点、b 条支路的连通图，其连枝数 $L=b-n+1$。由于一个基本回路只含一条连枝，故基本回路数与连枝数相等。图 3-4 (a) 所示图 G 有 4 个节点，6 条支路，其基本回路数 $L=3$。如图 3-4 (b) 所示，若选支路集 {1，4，3} 为树，连枝 5 与树枝 1、4 构成基本回路 Ⅰ，连枝 2 与树枝 1、4、3 构成基本回路 Ⅱ，连枝 6 与树枝 4、3 构成基本回路 Ⅲ。若选支路集 {3，4，5} 为树，其基本回路正好是网孔，如图 3-4 (c) 所示。由于每个基本回路中的连枝是其他回路所没有的，因此，按基本回路列写 $L=b-n+1$ 个 KVL 方程将是一组相互独立的方程。而网孔是属于基本回路的一种情况。

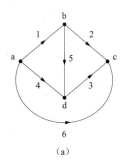 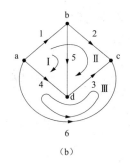 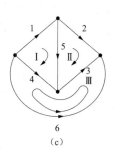

（a）　　　　　　　（b）　　　　　　　（c）

图 3-4　回路与基本回路

（a）图 G；（b）回路；（c）基本回路

3.1.3　KCL 和 KVL 的独立方程

设某一电路的有向图如图 3-5 所示。对它的节点和支路分别编号，对节点 a、b、c、d 分别列出 KCL 方程，有

$$-i_1 + i_2 + i_6 = 0$$
$$-i_2 + i_3 + i_5 = 0$$
$$-i_3 + i_4 - i_6 = 0$$
$$i_1 - i_4 - i_5 = 0$$

(3-3)

在式（3-3）中，每个支路电流作为一项均出现两次，其符号一次为正，一次为负，这是因为每一支路都与两个节点相连，支路电流必然从其中一个节点流出，而流入另一个节点。将式（3-3）方程组中任 3 个方程相加，就可得到另一方程。也就是说，式（3-3）的 4 个方程中，只有 3 个是相互独立的。

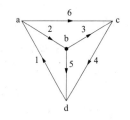

图 3-5　KCL 和 KVL 的
独立方程

这个结论对于含 n 个节点的电路同样适用。对 n 个节点的连通图，任选 $(n-1)$ 个节点列出的 KCL 方程都是独立的。这些方程对应的节点称为独立节点，另一节点称为参考节点。

对于有 n 个节点、b 条支路的连通图，有 $L=b-n+1$ 个独立回路，按独立回路列出的 KVL 方程也将是相互独立的。对图 3-5 所示的连通图，若选 $\{1, 2, 3\}$ 为树，有基本回路 I $\{1, 2, 5\}$、II $\{2, 3, 6\}$ 和 III $\{1, 2, 3, 4\}$。习惯上选定回路方向与连枝方向一致，于是按 KVL 列出回路电压方程（支路电压与回路方向一致取"＋"号，否则取"－"号）为

$$\left.\begin{aligned} u_1 + u_2 + u_5 &= 0 \\ -u_2 - u_3 + u_6 &= 0 \\ u_1 + u_2 + u_3 + u_4 &= 0 \end{aligned}\right\}$$

(3-4)

由于基本回路中都包含一条其他回路中所没有的连枝，因此，上述基本回路方程是相互独立的。独立的 KVL 方程也可依网孔列出，例如图 3-5 中有 3 个自然网孔，取顺时针方向列写 KVL 方程，有

$$\left.\begin{aligned} u_1 + u_2 + u_5 &= 0 \\ -u_2 - u_3 + u_6 &= 0 \\ u_3 + u_4 - u_5 &= 0 \end{aligned}\right\}$$

(3-5)

此方程组对应以 $\{2, 3, 5\}$ 为树的基本回路组，其中的第三式可由式（3-4）中的第一和第三式得到。

综上所述，一个含有 n 个节点、b 条支路的连通电路，依据 KCL 可列出 $(n-1)$ 个独立的节点电流方程，依据 KVL 可列出 $(b-n+1)$ 个独立的回路电压方程。

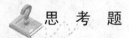思 考 题

试对图 3-5 所示的连通图找出 5 个树，并找出对应的独立回路。

3.2　支 路 电 流 法

支路分析法是一种最基本的电路方程分析方法。它是以支路电流和支路电压为电路变量，应用 KVL、KCL 和 VCR 约束关系列出电路方程，直接求解的方法。

本节首先介绍支路分析法，然后主要介绍支路电流法。

一个电路是由许多支路组成的，电路分析就是在已知电路的结构及其参数的情况下求解各支路的电流和电压。假如一个电路有 b 条支路，那么将有 $2b$ 个未知量需要求解，即求 b 个支路电流和 b 个支路电压。显然，为了得到解答，需要 $2b$ 个相互独立的方程式。这 $2b$ 个方程式来源于电路遵循的基尔霍夫定律和电路中各支路电流、电压的约束关系。

对一个含有 n 个节点、b 条支路的电路，根据 KCL 列出 $(n-1)$ 个独立的电流方程，根据 KVL 列出 $b-(n-1)$ 个独立的回路电压方程，根据 VCR 又可列出 b 个方程，共计方程数为 $2b$，与未知量相等，因此，可由 $2b$ 个方程解出 $2b$ 个支路电流和支路电压，这种方法称为 $2b$ 法。

为了减少求解的方程数，可以利用元件的 VCR 将各支路电压（或各支路电流）以各支路电流（或各支路电压）表示，从而使方程数从 $2b$ 减少至 b，所以，支路分析法可简化为支路电流法和支路电压法。本节将着重讨论支路电流法，支路电压法与支路分析法类同，在此不再详述。

现以图 3-6（a）所示电路求解变量为 i_1，i_2，…，i_6 为例说明支路电流法。把电压源 u_{S1} 和电阻 R_1 的串联组合作为一条支路，把电流源 i_{S5} 和电阻 R_5 的并联组合作为一条支路，这样电路如图 3-6（b）所示，其节点数 $n=4$，支路数 $b=6$，各支路的方向和编号也示于图中。图 3-6（c）、（d）给出支路 1 和支路 5 的结构，先利用元件的 VCR 将支路电压 u_1、u_2，…，u_6 以支路电流 i_1，i_2，…，i_6 表示，有

$$\left.\begin{aligned}
u_1 &= -u_{S1} + R_1 i_1 \\
u_2 &= R_2 i_2 \\
u_3 &= R_3 i_3 \\
u_4 &= R_4 i_4 \\
u_5 &= R_5 i_5 + R_5 i_{S5} \\
u_6 &= R_6 i_6
\end{aligned}\right\} \tag{3-6}$$

选节点④为参考点，对独立节点①、②、③列出 KCL 方程，有

$$\left.\begin{aligned}
-i_1 + i_2 + i_6 &= 0 \\
-i_2 + i_3 + i_4 &= 0 \\
-i_4 + i_5 - i_6 &= 0
\end{aligned}\right\} \tag{3-7}$$

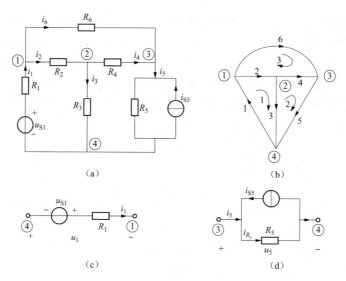

图 3-6　支路电流法

(a) 初始电路；(b) 变换电路；(c) 支路 1；(d) 支路 5

选择网孔作为独立回路，按图 3-6（b）所示回路循行方向列出 KVL 方程为

$$
\left.
\begin{aligned}
u_1 + u_2 + u_3 &= 0 \\
-u_3 + u_4 + u_5 &= 0 \\
-u_2 - u_4 + u_6 &= 0
\end{aligned}
\right\}
\tag{3-8}
$$

将式（3-6）代入式（3-8），得

$$
\left.
\begin{aligned}
-u_{S1} + R_1 i_1 + R_2 i_2 + R_3 i_3 &= 0 \\
-R_3 i_3 + R_4 i_4 + R_5 i_5 + R_5 i_{S5} &= 0 \\
-R_2 i_2 - R_4 i_4 + R_6 i_6 &= 0
\end{aligned}
\right\}
\tag{3-9}
$$

整理后，有

$$
\left.
\begin{aligned}
R_1 i_1 + R_2 i_2 + R_3 i_3 &= u_{S1} \\
-R_3 i_3 + R_4 i_4 + R_5 i_5 &= -R_5 i_{S5} \\
-R_2 i_2 - R_4 i_4 + R_6 i_6 &= 0
\end{aligned}
\right\}
\tag{3-10}
$$

式（3-7）和式（3-10）就是以支路电流 i_1，i_2，$\cdots$，i_6 为未知量的支路电流法方程。

式（3-10）可归纳为

$$
\sum R_k i_k = \sum u_{Sk}
\tag{3-11}
$$

等式左边为回路电阻压降的代数和，电阻中电流与回路循行方向一致者取正号；等式右边为回路电压源电压的代数和，电压源电压的正方向与循行方向一致者取负号。注意电压源电压包括电流源等效变换成电压源模型的等效电压源电压。例如支路 5 中并无电压源，仅为电流源和电阻并联组合，但可将其等效变换成等效电压源 $R_5 i_{S5}$ 和等效电阻 R_5 的串联。

综上所述，支路电流法列写电路方程的步骤如下：

(1) 设定各支路电流的正方向；

(2) 根据 KCL 对（$n-1$）个独立节点列出电流方程；

(3) 选取（$b-n+1$）个独立回路，指定回路的循行方向，按式（3-10）列写出 KVL 方程。

支路电流法要求每个支路电压均能以支路电流表示，即存在式（3-6）形式的关系。当一条支路仅含有独立电流源而无与其并联的电阻时，就无法将支路电压用支路电流表示。在这种情况下，因电流源所在支路的电流是已知量，只剩下（$b-1$）个支路电流是未知的，但电流源的端电压是未知量；将已知的支路电流代入 KCL 方程，在 KVL 方程中保留未知电压，这样，未知量的个数与独立方程的个数仍然都等于 b。以独立电流源的电压和其他支路的电流作为电路变量，是支路电流法的变形或推广。

【例 3-1】 图 3-7（a）所示电路中，已知 $U_{S1}=4\text{V}$，$U_{S2}=2\text{V}$，$I_{S3}=0.1\text{A}$，$R_1=R_2=10\Omega$，$R_3=20\Omega$。试求各支路电流。

解　（1）确定支路数，标出各支路电流的参考方向。

图 3-7（a）所示电路有三条支路，即有三个待求支路电流。选择各支路电流的参考方向如图 3-7（a）所示。

（2）确定独立节点数，列出独立的节点电流方程式。

图 3-7（a）所示电路中，只有 1 个独立节点 a ［如图 3-7（b）所示］，利用 KCL 列出独立节点 a 方程式为

$$-I_1+I_2-I_3=0$$

（3）根据 KVL 列出 $b-(n-1)$ 个独立回路电压方程式。

本题有 3 条支路、2 个节点，需列出 $3-(2-1)=2$ 个独立的回路电压方程。回路循行方向选为顺时针方向，选取回路 {1，2} 和 {1，3} 有

$$R_1 I_1 + R_2 I_2 = U_{S1} - U_{S2}$$
$$R_1 I_1 - R_3 I_3 = U_{S1} - R_3 I_{S3}$$

代入数据

$$\left.\begin{array}{l} -I_1+I_2-I_3=0 \\ 10I_1+10I_2=2 \\ 10I_1-20I_3=2 \end{array}\right\}$$

（4）解联立方程式，求出各支路电流值。将以上三个方程联立求解，得

$$I_1=0.12\text{A}, \quad I_2=0.008\text{A}, \quad I_3=-0.04\text{A}$$

【例 3-2】 图 3-8 所示电路中 $I_S=8\text{A}$，$U_S=10\text{V}$。试用支路电流法求各支路电流。

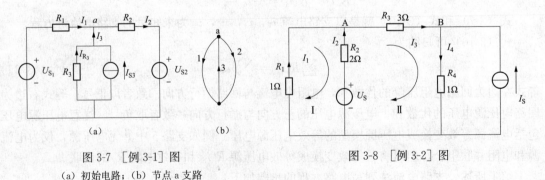

图 3-7　［例 3-1］图　　　　　　　　　　　图 3-8　［例 3-2］图
（a）初始电路；（b）节点 a 支路

解　据恒流源的特性可知，恒流源所在支路的电流等于恒流源电流 I_S，为已知量。因而只需求解另外 4 条支路的电流。为此，根据 KCL 对 A、B 两个节点列写电流方程，再根据 KVL 对 Ⅰ、Ⅱ 两个网孔列写回路电压方程，得

$$I_1 + I_2 - I_3 = 0$$
$$I_3 - I_4 + I_s = 0$$
$$-2I_2 + I_1 = -10$$
$$2I_2 + 3I_3 + I_4 = 10$$

联立求解得

$$I_1 = -4\text{A}, \quad I_2 = 3\text{A}, \quad I_3 = -1\text{A}, \quad I_4 = 7\text{A}$$

3.3　回路电流法

支路电流法对具有 b 条支路、n 个节点的电路可列 $(n-1)$ 个电流方程和 $(b-n+1)$ 个回路电压方程来求解电路中的支路电流。这个方法列方程很容易，但方程数目仍较多，求解比较麻烦。为解决减少方程数目问题，可以采用另一种仍以电流为待求变量的方法，它就是回路电流法。

回路电流法是一种适用性较强并获得广泛应用的分析方法。

回路电流法的基本思想是回路电流是在一个回路中连续流动的假想电流。回路电流法是以一组独立回路电流为电路变量的求解方法。电路的一组独立回路就是单连支回路，这样回路电流就将是相应的连支电流，而每一支路电流等于流经该支路的各回路电流的代数和；对每一回路列写回路电压方程，由这一组方程就可解出各回路电流，继而求出各支路电流。

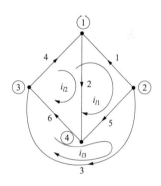

图 3-9　回路电流

以图 3-9 所示电路为例，它有 4 个节点 6 条支路，选定支路（4，5，6）为树支，则支路（1，2，3）为连支，那么 3 个单连支回路即为独立回路；把连支电流 i_1、i_2、i_3 分别作为各单连支回路中流动的假想回路电流 i_{l1}、i_{l2}、i_{l3}。

图 3-9 中各支路电流为

$$\left.\begin{array}{l} i_1 = i_{l1} \\ i_2 = i_{l2} \\ i_3 = i_{l3} \\ i_4 = i_{l1} + i_{l2} \\ i_5 = i_{l1} - i_{l3} \\ i_6 = i_{l1} + i_{l2} - i_{l3} \end{array}\right\} \tag{3-12}$$

从式（3-12）可见，全部支路电流都可以用回路电流来表达。对于具有 n 个节点 b 条支路的电路，其 $(b-n+1)$ 个回路电流是电路的一组独立变量，这些未知的回路电流可利用列出 $(b-n+1)$ 个回路电压方程得到。

电路如图 3-10（a）所示，电路的回路如图 3-10（b）所示。它有 4 个节点、6 条支路。选择支路 4、5、6 为树，将 3 个独立回路绘于图中，连支电流 i_1、i_2、i_3 即为回路电流 i_{l1}、i_{l2}、i_{l3}。以回路电流方向为

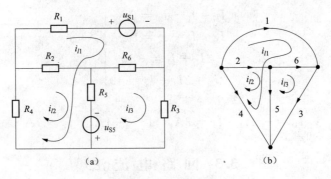

图 3-10　回路电流法

（a）初始电路；（b）电路的回路

绕行方向，列出各回路的 KVL 方程为

$$
\left.\begin{array}{l}
u_1 + u_5 - u_4 - u_6 = 0 \\
u_2 - u_4 + u_5 = 0 \\
u_3 - u_5 + u_6 = 0
\end{array}\right\} \tag{3-13}
$$

各支路的伏安关系式为

$$
\left.\begin{array}{l}
u_1 = u_{S1} + R_1 i_{l1} \\
u_2 = R_2 i_{l2} \\
u_3 = R_3 i_{l3} \\
u_4 = R_4(-i_{l1} - i_{l2}) \\
u_5 = R_5(i_{l1} + i_{l2} - i_{l3}) - u_{S5} \\
u_6 = R_6(i_{l3} - i_{l1})
\end{array}\right\} \tag{3-14}
$$

将式（3-14）代入式（3-13），经整理后有

$$
\left.\begin{array}{l}
(R_1 + R_4 + R_5 + R_6)i_{l1} + (R_4 + R_5)i_{l2} - (R_5 + R_6)i_{l3} = -u_{S1} + u_{S5} \\
(R_4 + R_5)i_{l1} + (R_2 + R_4 + R_5)i_{l2} - R_5 i_{l3} = u_{S5} \\
-(R_5 + R_6)i_{l1} - R_5 i_{l2} + (R_3 + R_5 + R_6)i_{l3} = -u_{S5}
\end{array}\right\} \tag{3-15}
$$

式（3-15）即是以回路电流为求解变量的回路电流方程。

式（3-15）可改写为

$$
\left.\begin{array}{l}
R_{11} i_{l1} + R_{12} i_{l2} + R_{13} i_{l3} = u_{Sl1} \\
R_{21} i_{l1} + R_{22} i_{l2} + R_{23} i_{l3} = u_{S21} \\
R_{31} i_{l1} + R_{32} i_{l2} + R_{33} i_{l3} = u_{S33}
\end{array}\right\} \tag{3-16}
$$

式中用 R_{11}、R_{22} 和 R_{33} 分别表示回路 1、回路 2 和回路 3 的自阻，它们分别是各回路中所有电阻之和，即

$$
R_{11} = R_1 + R_4 + R_5 + R_6
$$

$$
R_{22} = R_2 + R_4 + R_5
$$

$$
R_{33} = R_3 + R_5 + R_6
$$

用 R_{12} 和 R_{21} 代表回路 1 和回路 2 的共有电阻，即互阻；同理 R_{23}、R_{32}、R_{13}、R_{31} 也代表

回路间的互阻，即

$$R_{12} = R_{21} = R_4 + R_5$$
$$R_{23} = R_{32} = -R_5$$
$$R_{31} = R_{13} = -(R_5 + R_6)$$

可见：自阻总是正的；互阻取正还是取负，则由相关两个回路共有支路上两回路电流的方向是否相同来决定，相同时取正，相反时取负。式（3-16）右侧的 u_{S11}、u_{S22}、u_{S33} 分别为回路 1、回路 2 和回路 3 中的电压源的代数和，取和时，与回路电流方向一致的电压源前取"－"号，否则取"＋"号。

对于有 n 个节点、b 条支路的电路，回路电流方程由 $(b-n+1)$ 个方程组成，其回路电流方程的一般形式为

$$\left.\begin{aligned}
R_{11}i_{l1} + R_{12}i_{l2} + R_{13}i_{l3} + \cdots + R_{1l}i_{ll} &= u_{S11}\\
R_{21}i_{l1} + R_{22}i_{l2} + R_{23}i_{l3} + \cdots + R_{2l}i_{ll} &= u_{S22}\\
R_{31}i_{l1} + R_{32}i_{l2} + R_{33}i_{l3} + \cdots + R_{3l}i_{ll} &= u_{S33}\\
&\cdots\cdots\\
R_{l1}i_{l1} + R_{l2}i_{l2} + R_{l3}i_{l3} + \cdots + R_{ll}i_{l1} &= u_{Sll}
\end{aligned}\right\} \tag{3-17}$$

【例 3-3】　图 3-10（a）所示电路中，$R_1 = R_2 = R_3 = 1\Omega$，$R_4 = R_5 = R_6 = 2\Omega$，$u_{S1} = 4V$，$u_{S5} = 2V$。

已确定一组独立回路如图 3-10（b）所示。试列出回路电流方程并求出各回路电流和各支路电流。

解　求互阻、自阻及各回路电压源的代数式为

$$R_{11} = R_1 + R_4 + R_5 + R_6 = 7(\Omega)$$
$$R_{22} = R_2 + R_4 + R_5 = 5(\Omega)$$
$$R_{33} = R_3 + R_5 + R_6 = 5(\Omega)$$
$$R_{12} = R_{21} = R_4 + R_5 = 4(\Omega)$$
$$R_{23} = R_{32} = -R_5 = -4(\Omega)$$
$$R_{13} = R_{31} = -(R_5 + R_6) = -2(\Omega)$$
$$u_{S11} = -u_{S1} + u_{S5} = -2(V)$$
$$u_{S22} = u_{S5} = 2(V)$$
$$u_{S33} = -u_{S5} = -2(V)$$

将求得的电路参数代入式（3-16）方程组中得回路电流方程为

$$\left.\begin{aligned}
7i_{l1} + 4i_{l2} - 4i_{l3} &= -2\\
4i_{l1} + 5i_{l2} - 2i_{l3} &= 2\\
-4i_{l1} - 2i_{l2} + 5i_{l3} &= -2
\end{aligned}\right\}$$

联立求解上述方程，求出

$$\left.\begin{aligned}
i_{l1} &= -1.764A\\
i_{l2} &= 1.294A\\
i_{l3} &= -1.294A
\end{aligned}\right\}$$

再利用回路电流计算各支路电流

$$i_1 = i_{l1} = -1.764\text{A}$$
$$i_2 = i_{l2} = 1.294\text{A}$$
$$i_3 = i_{l3} = -1.294\text{A}$$
$$i_4 = -i_{l1} - i_{l2} = 0.47(\text{A})$$
$$i_5 = i_{l1} + i_{l2} - i_{l3} = 0.824(\text{A})$$
$$i_6 = -i_{l1} + i_{l3} = 0.47(\text{A})$$

对于平面电路而言，它的全部网孔就是一组独立回路，网孔电流即是网孔中连续流动的假想电流。对具有 m 个网孔的平面电路，网孔电流用 i_{m1}，i_{m2}，i_{m3}，…，i_{mm} 来表示，那么网孔电流方程的一般形式为

$$\left.\begin{array}{l} R_{11}i_{m1} + R_{12}i_{m2} + R_{13}i_{m3} + \cdots + R_{1m}i_{mm} = u_{S11} \\ R_{21}i_{m1} + R_{22}i_{m2} + R_{23}i_{m3} + \cdots + R_{2m}i_{mm} = u_{S22} \\ R_{31}i_{m1} + R_{32}i_{m2} + R_{33}i_{m3} + \cdots + R_{3m}i_{mm} = u_{S33} \\ \cdots\cdots \\ R_{m1}i_{m1} + R_{m2}i_{m2} + R_{m3}i_{m3} + \cdots + R_{mm}i_{mm} = u_{Smm} \end{array}\right\} \qquad (3\text{-}18)$$

式中具有相同下标的电阻 R_{11}、R_{22}、R_{33} 等是各网孔的自阻；具有不同下标的电阻 R_{12}、R_{13}、R_{23} 等是网孔间的互阻。自阻总是正的，互阻的正负则视两网孔电流在共有支路上参考方向是否相同而定，方向相同时为正，方向相反时为负。如果将所有网孔电流都取为顺时针或反时针方向，则所有互阻总是负的，在不含受控源的电阻电路的情况下，总有 $R_{ik} = R_{ki}$。

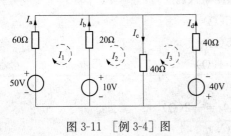

图 3-11　[例 3-4] 图

网孔一定是独立回路，但独立回路不一定是网孔。网孔电流法是回路电流法的特例。

【**例 3-4**】　在图 3-11 所示电路中，电阻和电压源均为已知，试用网孔电流法求各支路电流。

解　电路为平面电路，共有 3 个网孔。选取网孔电流 I_1、I_2、I_3 如图 3-11 所示。

求自阻、互阻及网孔电压源代数和为

$$R_{11} = 60 + 20 = 80(\Omega)$$
$$R_{22} = 20 + 40 = 60(\Omega)$$
$$R_{33} = 40 + 40 = 80(\Omega)$$
$$R_{12} = R_{21} = -20\Omega$$
$$R_{13} = R_{31} = 0$$
$$R_{23} = R_{32} = -40\Omega$$
$$U_{S11} = 50 - 10 = 40(\text{V})$$
$$U_{S22} = 10\text{V}$$
$$U_{S33} = 40\text{V}$$

得网孔电流方程为

$$80I_1 - 20I_2 = 40$$
$$-20I_1 + 60I_2 - 40I_3 = 10$$
$$-40I_2 + 80I_3 = 40$$

联立求解上述方程得

$$I_1 = 0.786\text{A}$$
$$I_2 = 1.143\text{A}$$
$$I_3 = 1.071\text{A}$$

再利用网孔电流计算各支路电流

$$I_a = I_1 = 0.786\text{A}$$
$$I_b = -I_1 + I_2 = 0.357\text{A}$$
$$I_c = I_2 - I_3 = 0.072\text{A}$$
$$I_d = -I_3 = -1.071\text{A}$$

如果电路中有电流源和电阻的并联组合，可经等效变换成为电压源和电阻的串联组合后再列回路电流方程。但当电路只有电流源时，就无法进行等效变换，这时可分如下两种情况分别处理：若电流源为某回路（网孔）所独有，则该回路（网孔）电流为已知，那么该回路（网孔）电流方程可省去；若电流源为两回路（网孔）所共有，则可将电流源两端电压设为未知变量，列出全部回路（网孔）方程后，再用辅助方程将电流源电流用回路（网孔）电流表示。

【例 3-5】 电路如图 3-12 所示，按图中闭合虚线所示独立回路（网孔）电流参考方向，列写回路（网孔）电流方程。

解 选定的独立回路正是该平面电路的网孔，因此列出的回路电流方程也是网孔电流方程。图 3-12 中电流源 i_S 在公共支路上，设电流源两端的电压 u 为待求变量，其参考方向如图 3-12 所示。列方程时，需增加一个电流源 i_{S1}，并需补充一个回路电流 i_{l1}、i_{l2} 之间的关系方程。

在选定的回路电流参考方向下，列写回路电流方程为

$$(R_1 + R_2)i_{l1} - R_2 i_{l2} = u_{S1}$$
$$-R_2 i_{l1} + (R_2 + R_3)i_{l2} = -u$$
$$R_4 i_{l3} = u - u_{S2}$$
$$i_{S1} = i_{l3} - i_{l2}$$

当用回路（网孔）电流法分析含受控源电路时，可先将受控源按独立源一样对待，列写回路（网孔）电流方程，再用辅助方程将受控源的控制量用回路（网孔）电流表示。

【例 3-6】 电路如图 3-13 所示，用网孔分析法求输入电阻 R_i。

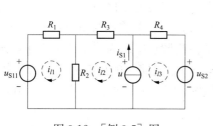

图 3-12 ［例 3-5］图

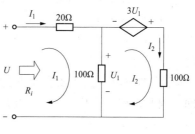

图 3-13 ［例 3-6］图

解　输入电阻即是该一端口网络的等效电阻。这是一个含受控源的一端口网络，为求其等效电阻需要求其端口的伏安关系表达式。假定在其两端口上加一电压 U，用网孔分析法求出端口电流 I_1 与 U 的关系。

含受控源电路的网孔方程列法如下：首先把受控源作为独立源看待，列写网孔电流方程。如果受控源的控制量不是某一网孔电流，则方程中就多出一个未知量，可以根据电路的具体结构补充一个控制量与网孔电流关系的方程，以使方程数与未知量数一致；如果受控源的控制量就是网孔电流之一，就不用再补充方程。本例所示电路的网孔方程及补充方程为

$$\left.\begin{array}{c}(20+100)I_1 - 100I_2 = U \\ -100I_1 + (100+100)I_2 = 3U_1 \\ U_1 = 100(I_1 - I_2)\end{array}\right\}$$

解得　　　　　　　　　　　$U = 40I_1$

所以输入电阻 R_i 为

$$R_i = \frac{U}{I_1} = 40(\Omega)$$

回路电流法分析的步骤可归纳如下：

（1）根据给定的电路，通过选择一个树确定一组基本回路，并指定各回路电流（即连支电流）的参考方向，对于平面电路可直接选择全部网孔为一组独立回路，并指定各网孔的电流参考方向。

（2）按式（3-17）列出回路（网孔）电流方程，注意自阻总是正的，互阻的正负由相关的两个回路（网孔）电流通过共有电阻时两者的参考方向是否相同而定，相同时取正，相反时取负，并注意方程右边项为各回路（网孔）中的各电压源电压升的代数和。

（3）当电路中有受控源或电流源时，需加以特殊处理。

（4）求解回路（网孔）电流方程组，解出回路（网孔）电流。

（5）由回路（网孔）电流和各支路电流的关系求各支路的电流、电压。

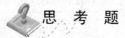 思　考　题

网孔电流法与回路电流法有何不同？

3.4　节点电压法

节点电压法是以节点电压作为电路的独立变量进行电路分析的一种方法。任意选择电路中的某一节点作为参考节点，其余节点与此参考节点之间的电压称为对应节点的节点电压。

节点电压的参考极性均以所对应节点为正极性端，以参考节点为负极性端。对于具有 n 个节点的电路，节点电压法是以 $(n-1)$ 个独立节点的节点电压为求解变量，并对独立节点用 KCL 列出用节点电压表达的有关支路电流方程。由于电路中的任一条支路都连接在两个节点之间，因此，根据 KVL 得知，电路中任一支路电压等于该支路连接的两个节点的节点电压之差。

设给定电路参数的电路如图 3-14（a）所示。该电路的节点数为 4，支路数为 6，其电路

的有向图如图 3-14（b）所示，所有节点和支路的编号及其电流的参考方向如图 3-14 所示。若选择节点⓪为参考节点，则节点①、②、③均为独立节点，其节点电压分别用 u_{n1}、u_{n2}、u_{n3} 表示，那么各支路电压 u_1、u_2、u_3、u_4、u_5、u_6 均可用节点电压来表示，有

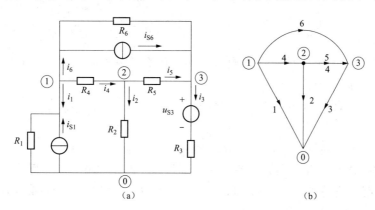

图 3-14　节点电压法

（a）初始电路；（b）电路有向图

$$
\left.
\begin{aligned}
u_1 &= u_{n1}\\
u_2 &= u_{n2}\\
u_3 &= u_{n3}\\
u_4 &= u_{n1} - u_{n2}\\
u_5 &= u_{n2} - u_{n3}\\
u_6 &= u_{n1} - u_{n3}
\end{aligned}
\right\}
$$

而各支路电流 i_1、i_2、i_3、i_4、i_5、i_6 均可用节点电压法来表示为

$$
\left.
\begin{aligned}
i_1 &= \frac{u_1}{R_1} - i_{S1} = \frac{u_{n1}}{R_1} - i_{S1}\\[2mm]
i_2 &= \frac{u_2}{R_2} = \frac{u_{n2}}{R_2}\\[2mm]
i_3 &= \frac{u_3 - u_{S3}}{R_3} = \frac{u_{n3} - u_{S3}}{R_3}\\[2mm]
i_4 &= \frac{u_4}{R_4} = \frac{u_{n1} - u_{n2}}{R_4}\\[2mm]
i_5 &= \frac{u_5}{R_5} = \frac{u_{n2} - u_{n3}}{R_5}\\[2mm]
i_6 &= \frac{u_6}{R_6} + i_{S6} = \frac{u_{n1} - u_{n3}}{R_6} + i_{S6}
\end{aligned}
\right\}
\tag{3-19}
$$

对 3 个独立节点①、②、③写 KCL 方程有

$$
\left.
\begin{aligned}
i_1 + i_4 + i_6 &= 0\\
i_2 - i_4 + i_5 &= 0\\
i_3 - i_5 - i_6 &= 0
\end{aligned}
\right\}
\tag{3-20}
$$

将式（3-19）的所有支路电流代入 KCL 方程式（3-20）中，经整理后得到由节点电压为变量表示的方程为

$$\left.\begin{array}{l}\left(\dfrac{1}{R_2}+\dfrac{1}{R_4}+\dfrac{1}{R_6}\right)u_{n1}-\dfrac{1}{R_4}u_{n2}-\dfrac{1}{R_6}u_{n3}=i_{S1}-i_{S6}\\[2mm]-\dfrac{1}{R_4}u_{n1}+\left(\dfrac{1}{R_2}+\dfrac{1}{R_4}+\dfrac{1}{R_5}\right)u_{n2}-\dfrac{1}{R_5}u_{n3}=0\\[2mm]-\dfrac{1}{R_6}u_{n1}-\dfrac{1}{R_5}u_{n2}+\left(\dfrac{1}{R_3}+\dfrac{1}{R_5}+\dfrac{1}{R_6}\right)u_{n3}=i_{S6}+\dfrac{u_{S3}}{R_3}\end{array}\right\} \qquad (3\text{-}21)$$

将式（3-21）中的电阻项全部用电导表示，6 条支路的电导为 G_1、G_2、G_3、G_4、G_5、G_6，则式（3-21）改写为

$$\left.\begin{array}{l}(G_1+G_4+G_6)u_{n1}-G_4u_{n2}-G_6u_{n3}=i_{S1}-i_{S6}\\[1mm]-G_4U_{n1}+(G_2+G_4+G_5)u_{n2}-G_5u_{n3}=0\\[1mm]-G_6u_{n1}-G_5u_{n2}+(G_3+G_5+G_6)u_{n3}=i_{S6}+G_3u_{n3}\end{array}\right\} \qquad (3\text{-}22)$$

分析式（3-22）方程组，可发现它有十分明显的规律：如第一个方程，是对节点①写的 KCL 方程，其第一项是节点电压 u_{n1} 和 3 个电导之和（$G_1+G_4+G_6$）的乘积，而这 3 个电导就是直接与节点①相连接的电导，称这 3 个电导为自电导，自电导总是为正，用 G_{11} 表示，即 $G_{11}=G_1+G_4+G_6$；第二项是 $-G_4u_{n2}$，u_{n2} 是相邻节点②的节点电压，节点①与节点②通过 G_4（或 R_4）相联系，G_4 是节点①、②的公共电导，称为互电导，互电导总是为负，用 G_{12} 表示，即 $G_{12}=-G_4$；第三项是 $-G_6u_{n3}$，u_{n3} 是相邻节点③的节点电压，节点①与节点③通过 G_6（或 R_6）相联系，G_6 是节点①、③之间的互电导，即 $G_{13}=-G_6$；方程右边则是流入节点①的电流源电流的代数和，用 $i_{S11}=i_{S1}-i_{S6}$ 表示，流入节点为正，流出节点为负。从其余两个方程也可以看出相同的规律，即各方程左边的自电导项为正，互电导项为负，如果两个节点之间没有公共电导时，则互电导为零；方程右边均为流入节点的电流源电流之代数和，流入为正，流出为负。

需要说明的是，图 3-14 所示电路中与节点③相接的支路 3 是电压源与电阻的串联支路，可以将其等效变换为电流源与电导的并联支路，故式（3-22）的第 3 个方程右边有一项 G_3u_{S3} 正是等效电流源的电流值。

根据上述节点方程的规律性，可以由电路直接列写出节点电压方程。

若用 G_{11}、G_{22}、G_{33} 分别表示节点①、②、③的自电导，用 G_{12}、G_{13}、G_{21}、G_{31}、G_{23}、G_{32} 分别表示两个节点之间的互电导，用 i_{S11}、i_{S22}、i_{S33} 分别表示流入节点①、②、③的电流源的代数和，于是式（3-22）可写成的一般形式为

$$\left.\begin{array}{l}G_{11}u_{n1}+G_{12}u_{n2}+G_{13}u_{n3}=i_{S11}\\[1mm]G_{21}u_{n1}+G_{22}u_{n2}+G_{23}u_{n3}=i_{S22}\\[1mm]G_{31}u_{n1}+G_{32}u_{n2}+G_{33}u_{n3}=i_{S33}\end{array}\right\} \qquad (3\text{-}23)$$

当电路只含有独立源时，互电导 $G_{ij}=G_{ji}$；当电路含有受控源时，互电导 $G_{ij}\neq G_{ji}$。

由式（3-23）推广得到具有 $(n-1)$ 个独立节点的电路的节点电压方程，有

$$\left.\begin{array}{l}G_{11}u_{n1}+G_{12}u_{n2}+G_{13}u_{n3}+\cdots+G_{1(n-1)}u_{n(n-1)}=i_{S11}\\[1mm]G_{21}u_{n1}+G_{22}u_{n2}+G_{23}u_{n3}+\cdots+G_{2(n-1)}u_{n(n-1)}=i_{S22}\\[1mm]\cdots\cdots\\[1mm]G_{(n-1)1}u_{n1}+G_{(n-1)2}u_{n2}+G_{(n-1)3}u_{n3}+\cdots+G_{(n-1)(n-1)}u_{n(n-1)}=i_{S(n-1)(n-1)}\end{array}\right\} \quad (3\text{-}24)$$

求得各节点电压后，可以利用各支路的伏安关系求出各支路的支路电流。

【例 3-7】 在图 3-15 所示电路中，$U_{S1}=4\text{V}$，$R_1=R_2=R_3=R_4=R_5=1\Omega$，$I_S=3\text{A}$，用节点电压法求各支路电流。

解 选节点 d 为参考节点，对独立节点分别列节点电压方程为

$$\left(\frac{1}{R_1}+\frac{1}{R_2}+\frac{1}{R_3}\right)U_a-\frac{1}{R_2}U_b-\frac{1}{R_3}U_c=\frac{1}{R_1}U_{S1}$$

$$-\frac{1}{R_2}U_a+\left(\frac{1}{R_2}+\frac{1}{R_4}+\frac{1}{R_5}\right)U_b-\frac{1}{R_4}U_c=0$$

$$-\frac{1}{R_3}U_a-\frac{1}{R_4}U_b+\left(\frac{1}{R_3}+\frac{1}{R_4}\right)U_c=I_S$$

代入各数据得

$$3U_a-U_b-U_c=4$$
$$-U_a+3U_b-U_c=0$$
$$-U_a-U_b+2U_c=3$$

解得

$$U_a=4\text{V},\quad U_b=3\text{V},\quad U_c=5\text{V}$$

各支路电流为

$$I_1=\frac{U_{S1}-U_a}{R_1}=\frac{4-4}{1}=0(\text{A})$$

$$I_2=\frac{U_a-U_b}{R_2}=\frac{4-3}{1}=1(\text{A})$$

$$I_3=\frac{U_a-U_c}{R_3}=\frac{4-5}{1}=-1(\text{A})$$

$$I_4=\frac{U_b-U_c}{R_4}=\frac{3-5}{1}=-2(\text{A})$$

$$I_5=\frac{U_b}{R_5}=\frac{3}{1}=3(\text{A})$$

【例 3-8】 电路如图 3-16 所示，用节点电压法求各支路电流。

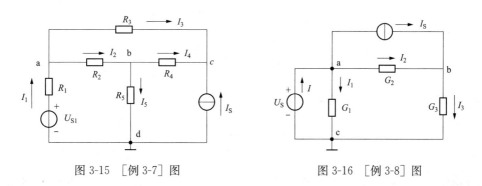

图 3-15 ［例 3-7］图　　　　　图 3-16 ［例 3-8］图

解 因该电路左边支路仅含有一个理想电压源，可设流过该支路的电流为 I，列节点电压方程如下

$$(G_1+G_2)U_a-G_2U_b=I-I_S$$

$$-G_2U_a+(G_2+G_3)U_b=I_S$$

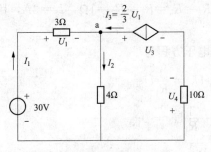

图 3-17 ［例 3-9］图

补充约束方程

$$U_a = U_S$$

求解方程组，可求得变量 U_a、U_b 及 I 的值，然后再求出其余各支路电流 I_1、I_2 和 I_3。其实对于本题在不需求 I 的情况下，因选择 c 点为参考节点使得 a 点电位为已知，所以只需列出 b 点的节点电压方程即可。

【例 3-9】 用节点电压法求图 3-17 所示电路中 VCCS 的端电压 U_3 及 10Ω 电阻的电压 U_4。

解 节点电压法分析含受控源的电路时，要先将受控源看作独立源列写方程，然后再列出受控源的受控关系作为补充方程，使得电路未知数与方程的个数相等。

对图 3-17 可列出

$$U_a = \frac{\dfrac{30}{3} + \dfrac{2}{3}U_1}{\dfrac{1}{3} + \dfrac{1}{4}} \tag{1}$$

导出受控源的受控关系

$$U_1 = 3I_1 = 3 \times \frac{30 - U_a}{3} = 30 - U_a \tag{2}$$

将式（2）代入式（1）可解得

$$U_a = 24V$$

将 U_a 代入式（2）得

$$U_1 = 30 - U_a = 30 - 24 = 6(V)$$

所以，10Ω 电阻的电压

$$U_4 = 10I_3 = 10 \times \frac{2}{3}U_1 = 40V$$

VCCS 的端电压为

$$U_3 = U_a + U_4 = 24 + 40 = 64(V)$$

 思 考 题

列写节点电压方程时，和电流源串联的电阻怎么处理？

本 章 小 结

支路电流法、节点电压法和回路电流法是电路的基本分析法。它依据 KVL、KCL 和元件的电压、电流关系建立电路方程，从而求得所需电流、电压和功率。

（1）支路电流法：对有 n 个节点、b 条支路的电路，以支路电流为未知量，建立 $n-1$ 个独立的 KCL 方程和 $b-n+1$ 个独立的 KVL 方程，求解这 b 个方程可求得各支路电流，从而求得各支路的电压和功率。

（2）回路电流法：以回路电流为未知量，列写 $b-n+1$ 个独立的 KVL 方程，求解回路电流，进而求得各支路电流、电压和功率。回路电流方程的一般形式为

$$
\left.
\begin{aligned}
R_{11}i_{l1} + R_{12}i_{l2} + R_{13}i_{l3} + \cdots + R_{1l}i_{l1} &= u_{S11}\\
R_{21}i_{l1} + R_{22}i_{l2} + R_{23}i_{l3} + \cdots + R_{2l}i_{l1} &= u_{S22}\\
R_{31}i_{l1} + R_{32}i_{l2} + R_{33}i_{l3} + \cdots + R_{3l}i_{l1} &= u_{S33}\\
\cdots\cdots\\
R_{l1}i_{l1} + R_{l2}i_{l2} + R_{l3}i_{l3} + \cdots + R_{ll}i_{l1} &= u_{Sll}
\end{aligned}
\right\}
$$

（3）节点电压法：在电路中任选一节点作为参考节点，其余 $n-1$ 个节点电压为未知量，列写节点电压方程，通过求得节点电压而求得各支路的电流、电压和功率。具有 $(n-1)$ 个独立节点的电路的节点电压方程为

$$
\left.
\begin{aligned}
G_{11}u_{n1} + G_{12}u_{n2} + G_{13}u_{n3} + \cdots + G_{1(n-1)}u_{n(n-1)} &= i_{S11}\\
G_{21}u_{n1} + G_{22}u_{n2} + G_{23}u_{n3} + \cdots + G_{2(n-1)}u_{n(n-1)} &= i_{S22}\\
\cdots\cdots\\
G_{(n-1)1}u_{n1} + G_{(n-1)2}u_{n2} + G_{(n-1)3}u_{n3} + \cdots + G_{(n-1)(n-1)}u_{n(n-1)} &= i_{S(n-1)(n-1)}
\end{aligned}
\right\}
$$

（4）对含有受控源的电路，可先将受控源作为独立源来列写回路电流方程和节点电压方程，然后将受控源的受控关系代入所列方程组中，经整理即可得到求解电路的线性方程。

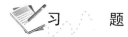 习　　题

1. 电路如图 3-18 所示，画出该电路的连接图，并说明节点数和支路数。注意：①每个元件作为一条支路处理；②电压源和电阻的串联组合，电流源和电阻的并联组合作为一条支路处理。

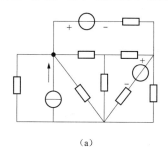 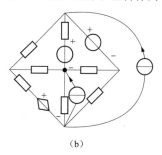

（a）　　　　　　　　　　（b）

图 3-18　题 1 图

2. 电路如图 3-19 所示，各画出 4 个不同的树，树枝数各为多少？

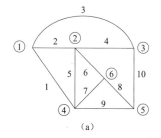 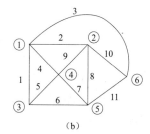

（a）　　　　　　　　　　（b）

图 3-19　题 2 图

（a）G_1；（b）G_2

3. 电路如图 3-20 所示，列出以支路电流为变量的电路方程，并求出各支路电流。

4. 列写出图 3-21 所示电路用支路电流法求解时所需要的独立方程。

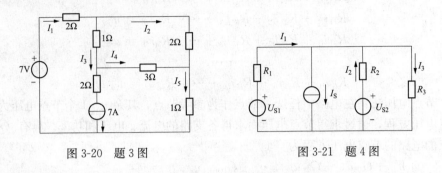

图 3-20　题 3 图　　　　　图 3-21　题 4 图

5. 列写出图 3-22 中各电路用支路电流法求解时所需要的独立方程。

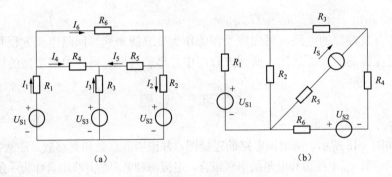

(a)　　　　　　　　　(b)

图 3-22　题 5 图

6. 电路如图 3-23 所示，列写出以支路电流为变量的电路方程，并解出各支路电流。

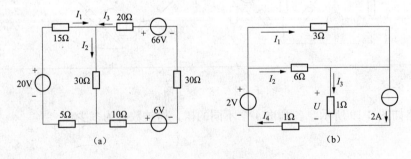

(a)　　　　　　　　　(b)

图 3-23　题 6 图

7. 用回路电流法求解图 3-23（b）中的电压 U。

8. 列写出图 3-22 中各电路用回路电流法求解时所需要的独立方程。

9. 用回路电流法求解图 3-24 中的电压 U。

10. 用网孔电流法求解图 3-25 中的电流 i 和电压 u。

11. 用网孔电流法求解图 3-26 中的电流 i 和受控源发出的功率。

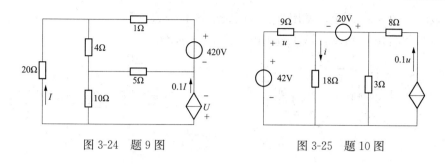

　　图 3-24　题 9 图　　　　　　　　　图 3-25　题 10 图

12. 电路如图 3-27 所示，用网孔电流法求流过 8Ω 电阻的电流。

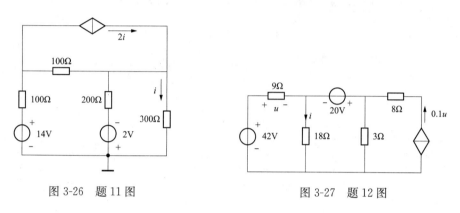

　　图 3-26　题 11 图　　　　　　　　　图 3-27　题 12 图

13. 写出用节点电压法求解图 3-22 所示电路的节点电压方程。

14. 电路如图 3-28 所示，试用节点电压法求解支路电流 I_1、I_2、I_3、I_4、I_5。

15. 电路如图 3-29 所示，试用节点电压法求解各支路电流。

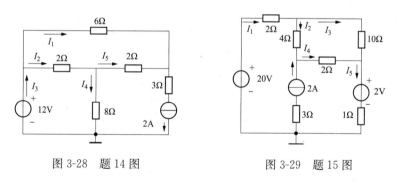

　　图 3-28　题 14 图　　　　　　　　　图 3-29　题 15 图

16. 电路如图 3-30 所示，试用节点电压法求解电压 U_1。

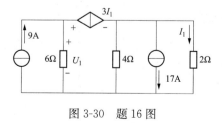

图 3-30　题 16 图

17. 电路如图 3-31 所示，试用节点电压法求解电压 I_S、I_0。

18. 电路如图 3-32 所示，试用节点电压法求解电压 U。

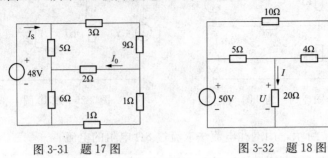

图 3-31　题 17 图　　　　　　　　　图 3-32　题 18 图

第4章 电 路 定 理

本章将介绍一些重要的电路定理，包括叠加定理，替代定理、戴维南定理、诺顿定理、特勒根定理、互易定理等。其中叠加定理和互易定理只适用于线性电路，而替代定理和特勒根定理适用于任何线性电路或非线性电路；戴维南定理和诺顿定理本质上是电路的等效变换定理。

学习重点

理解定理的内容；掌握定理的适用范围及条件；会运用定理分析电路。

4.1 叠 加 定 理

4.1.1 线性系统及其性质

叠加原理是解决许多工程问题的基础，也是分析线性电路的最基本的方法之一。所谓线性电路，简单地说就是由线性电路元件组成并满足线性性质的电路。

线性性质具有两层含义：

（1）齐次性。若线性系统的激励为 x，相应的响应为 y；当激励为 Kx 时，响应则为 Ky。其示意图如图 4-1 所示。

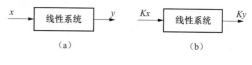

图 4-1　线性系统的齐次性示意图

（2）可加性。系统只有激励 x_1 时响应为 y_1，只有激励 x_2 时响应为 y_2，若激励为 $x_1 + x_2$，则相应的响应为 $y_1 + y_2$，如图 4-2 所示。可见几个激励共同作用时，线性系统的响应为各激励单独作用时的响应之和。

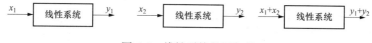

图 4-2　线性系统的可加性

根据齐次性和可加性可以看出，当线性系统的激励为 $K_1x_1 + K_2x_2$ 时，相应的响应为 $K_1y_1 + K_2y_2$，如图 4-3 所示。

图 4-3　线性系统的线性性质

4.1.2 叠加定理

叠加定理是线性电路的一个重要定理，它为分析计算多个激励作用下线性电路的响应问题提供了一种新的理论根据和方法。同时，它为线性电路的其他定理提供了基本依据。

图 4-4（a）所示电路中有两个独立源（激励）作用，设 U_S、I_S、R_1、R_2 已知，求电流 I_1 和 I_2。

在图 4-4（a）所示电路中，根据电路分析方法，可以很容易地解出

$$I_1 = \frac{U_S}{R_1 + R_2} - \frac{R_2 I_S}{R_1 + R_2} = I'_1 - I''_1 \qquad (4-1)$$

$$I_2 = \frac{U_S}{R_1 + R_2} + \frac{R_1 I_S}{R_1 + R_2} = I'_2 - I''_2 \qquad (4-2)$$

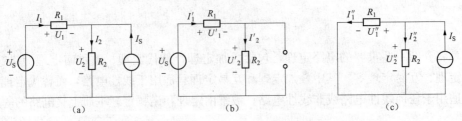

图 4-4　叠加定理

(a) 初始电路；(b) 电压源单独作用的电路；(c) 电流源单独作用的电路

从式 (4-1) 和式 (4-2) 可以看出，I'_1 和 I'_2 是在理想电压源单独作用时 [将理想电流源开路，如图 4-4 (b) 所示] 产生的电流；I''_1 和 I''_2 是在理想电流源单独作用时 [将理想电压源短路，如图 4-4 (c) 所示] 产生的电流。同样，电压也有

$$U_1 = R_1 I_1 = R(I'_1 - I''_1) = U'_1 - U''_1$$

$$U_2 = R_2 I_2 = R(I'_2 + I''_2) = U'_2 + U''_2$$

以上计算分析说明，图 4-4 (a) 所示电路中两个激励 U_S、I_S 共同作用产生的响应分别等于每个激励单独作用时在相应位置上产生的响应 I'_1、I'_2、I''_1、I''_2 的代数和。

叠加定理可以表述为：在含有多个电源的线性电路中，根据可加性，任一支路的电流或电压等于电路中各个电源分别单独作用时在该支路中产生的电流或电压的代数和。利用叠加原理可将一个多电源的复杂电路问题简化成若干个单电源的简单电路问题。

应用叠加原理时，应注意以下几点：

(1) 当某个电源单独作用于电路时，其他电源应"除源"：对电压源来说，令其源电压 U_S 为零，相当于"短路"；对电流源来说，令其源电流 I_S 为零，相当于"开路"。

(2) 对各电源单独作用产生的响应求代数和时，要注意到单电源作用时的电流和电压分量方向是否和初始电路中的方向一致。一致者，此项前为"＋"号；反之，取"－"号。

(3) 叠加原理只适用于线性电路。

(4) 叠加原理给予激励与响应的线性关系，只适用于电路中电流和电压的计算，不能用于功率和能量的计算，因为功率和能量与电压、电流是平方的关系。

【例 4-1】 电路如图 4-5 (a) 所示。试求：

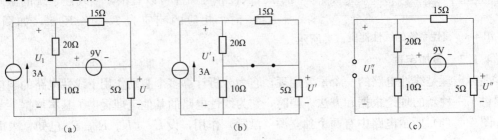

图 4-5　[例 4-1] 图

(a) 初始电路；(b) 电流源单独作用的电路；(c) 电压源单独作用的电路

（1）用叠加原理求电压 U。

（2）电流源提供的功率。

解　（1）由叠加原理，当 3A 电流源单独作用时的等效电路如图 4-5（b）所示，由图可得

$$U' = \frac{5 \times 10}{5 + 10} \times 3 = 10(\text{V})$$

9V 电压源单独作用时的等效电路如图 4-5（c）所示，则

$$U'' = -\frac{5}{5 + 10} \times 9 = -3(\text{V})$$

$$U = U' + U'' = 10 + (-3) = 7(\text{V})$$

（2）由图 4-5（b）得

$$U'_1 = 3 \times \left(\frac{15 \times 20}{15 + 20} + \frac{5 \times 10}{5 + 10} \right) = 35.7(\text{V})$$

由图 4-5（c）得

$$U''_1 = -\frac{20}{20 + 15} \times 9 + \frac{10}{10 + 5} \times 9 = 0.86(\text{V})$$

$$U_1 = U'_1 + U''_1 = 35.7 + 0.86 = 36.56(\text{V})$$

3A 电流源产生的功率为

$$P_\text{S} = 3 \times 36.56 = 109.68(\text{W})$$

【例 4-2】　在图 4-6（a）所示电路中，当 $U_\text{S} = 16\text{V}$ 时，$U_\text{ab} = 8\text{V}$。试用叠加原理求 $U_\text{S} = 0$ 时 a、b 两点间的电压。

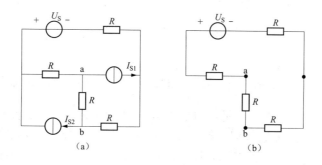

图 4-6　［例 4-2］图

（a）初始电路；（b）电压源单独作用的电路

解　该电路中有 3 个电源，$U_\text{S} = 16\text{V}$ 时，$U_\text{ab} = 8\text{V}$ 是这三个电源共同作用的结果。$U_\text{S} = 0$ 时，a、b 两点间的电压即为电压源除源后两个电流源作用的结果。由于两个电流源的电流未知，所以可以先求出电压源单独作用［如图 4-6（b）所示］的结果，即

$$U'_\text{ab} = \frac{1}{4}U_\text{S} = \frac{1}{4} \times 16 = 4(\text{V})$$

然后从 3 个电源共同作用的结果 $U_\text{ab} = 8\text{V}$ 中减去 U'_ab 即为所求，即

$$U''_\text{ab} = U_\text{ab} - U'_\text{ab} = 8 - 4 = 4(\text{V})$$

【例 4-3】　研究某线性无源网络的输入输出关系的试验电路如图 4-7 所示。当外接电压源 $U_\text{S} = 1\text{V}$、电流源 $I_\text{S} = 1\text{A}$ 时，输出电压 $U_\text{o} = 0$；当 $U_\text{S} = 10\text{V}$、$I_\text{S} = 0$ 时，$U_\text{o} = 1\text{V}$。求

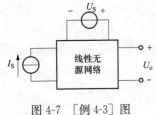

图 4-7 ［例 4-3］图

$U_S=0$、$I_S=10A$ 时网络的输出电压 U_o。

解 根据叠加原理有

$$U_o = K_1 U_S + K_2 I_S$$

由已知条件可列方程组

$$\begin{cases} K_1 \times 1 + K_2 \times 1 = 0 \\ K_1 \times 10 + K_2 \times 0 = 1 \end{cases}$$

解方程组得

$$K_1 = 0.1$$
$$K_2 = -0.1$$

故网络的输入输出关系为

$$U_o = 0.1 U_S - 0.1 I_S$$

当 $U_S=0$、$I_S=10A$ 时，得

$$U_o = 0.1 \times 0 - 0.1 \times 10 = -1(V)$$

【例 4-4】 求图 4-8（a）所示电路中理想电流源发出的功率。

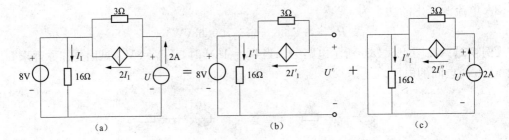

图 4-8 ［例 4-4］图
（a）初始电路；（b）恒压源单独作用电路；（c）恒流源单独作用电路

解 首先用叠加原理来求恒流源两端的端电压 U。图 4-8（a）中含有一个受控电流源，其控制量为 I_1，在应用叠加原理时，受控源一般仍保留在电路中，不参与叠加，只将各独立源分别单独作用分解成图 4-8（b）和图 4-8（c），其中受控源的受控关系不变。

在图 4-8（b）中有

$$I_1' = \frac{8}{16} = 0.5(A)$$

$$U' = 8 - 2I_1' \times 3 = 8 - 3 = 5(V)$$

在图 4-8（c）中，由于恒压源被短接（除源），其两端电压为零，故

$$I_1'' = 0$$
$$U'' = 2 \times 3 = 6(V)$$
$$U = U' + U'' = 5 + 6 = 11(V)$$

这时恒流源发出的功率为

$$P = U I_S = 11 \times 2 = 22(W)$$

思 考 题

1. 叠加原理可否用于将多个电源电路（例如有 4 个电源）看成是几组电源（例如 2 组电源）分别单独作用的叠加？

2. 利用叠加原理可否说明在单电源电路中，各处的电压和电流随电源电压和电流成比例的变化？

4.2　替　代　定　理

替代定理（也叫置换定理）定义：在任何线性电路或非线性电路中，若某支路电压 u_k 和电流 i_k 已知，且该支路内不含有其他支路中受控源的控制量，则无论该支路是由什么元件组成的，都可以用以下任何一个元件替代：①电压等于 u_k 的理想电压源；②电流等于 i_k 的理想电流源；③阻值为 u_k/i_k 的电阻元件。替代以后该电路中全部电压和电流均保持不变。图 4-9 是替代定理的示意图。

图 4-10 给出一个简单例子来说明替代定理。在图 4-10（a）中，可求得 $u_3=8\text{V}$，$i_3=1\text{A}$，现将支路 3 分别用 $u_S=u_3=8\text{V}$ 的电压源或 $i_S=i_3=1\text{A}$ 的电流源或 8Ω 电阻元件替代，如图 4-10（b）、（c）、（d）所示。不难求得，图 4-10 中，4 个电路图的全部支路电压和电流保持不变，即 $u_3=8\text{V}$、$i_1=2\text{A}$、$i_2=1\text{A}$、$i_3=1\text{A}$。

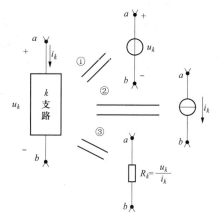

图 4-9　替代定理示意图

其实，前面介绍的零值电流源相当于开路，零值电压源相当于短路，就是替代定理的应用。

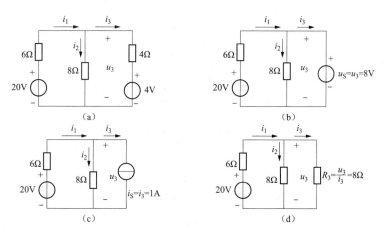

图 4-10　替代定理实例

（a）初始电路；（b）替代电路（一）；（c）替代电路（二）；（d）替代电路（三）

替代定理的正确性可证明如下：如图 4-10 所示，当第 k 条支路被一个电压源 u_k 或电流

源 i_k 或电阻 $R_k = u_k/i_k$ 替代后，改变后的新电路和原电路的连接相同，因此新电路和原电路的 KCL 和 KVL 约束方程完全相同。除第 k 条支路外，新电路和原电路的全部支路的约束关系也相同。但新电路中第 k 条支路的电压或电流或两者的关系被约束为与原电路第 k 条支路相同。因此电路在改变前后，各支路电压、电流满足相同的约束方程，其解也是相同的。

应用替代定理时，应注意：

（1）替代定理适用于线性和非线性电路。被替代的第 k 条支路可以是无源的，也可以是含独立源的支路，甚至可以是二端电路。

（2）用于替代的电压源极性（电流源电流的参考方向）应与原支路的电压极性（电流参考方向）保持一致。

（3）被替代的支路与电路中其他部分没有耦合关系，即被替代的支路没有受控源或受控源控制量。

【例 4-5】　根据图 4-11（a）所示电路，求电流 I。

解　图 4-11（a）中虚线框可看为一个二端电路，流入该二端电路的电流为电流源电流 $I_S = 1A$，因此根据替代定理，该二端电路可用一个电流为 1A 的电流源替代，如图 4-11（b）所示；再经电源等效变换为图 4-11（c）。由图 4-11（c）不难解出

$$I = \frac{6+6}{3+6} = 1.33(A)$$

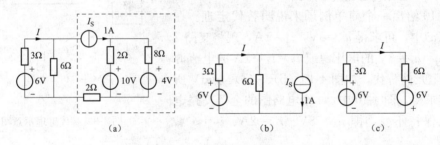

图 4-11　［例 4-5］图
(a) 初始电路；(b) 替代电路；(c) 等效电路

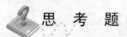　思　考　题

若已知通过电压源支路的电流为 2A，能否用电流为 2A 的电流源替代电压源？

4.3　等　效　电　源　定　理

在电路分析中，常把具有一对接线端子的电路部分称为一端口网络（二端网络）。如果一端口网络内部仅含有线性电阻而不含有独立电源和受控源，则称为无源二端网络，并标注字符 N_0。由前面分析可知，无源一端口网络可等效为一电阻，称为无源一端口网络的等效电阻。如果一端口网络内部不仅含有线性电阻和线性受控源，还含有独立电源，则称为有源一端口网络，并标注字符 N_S。对于一个有源一端口网络等效电路，戴维南定理和诺顿定理提供了分析求解的一般方法。

4.3.1　戴维南定理

任何一个线性有源一端口网络 N_S，对外电路而言，它可以用一个电压源 u_S 和电阻 R_0 的串联组合电路来等效。该等效电压源的电压 u_S 等于该有源二端网络在端口处的开路电压 u_{oc}，其等效电阻 R_0 等于该有源二端网络 N_S 对应的令独立源为零时二端网络 N_0 的等效电阻。戴维南定理的内容说明如图 4-12 所示，有源二端网络 N_S 用戴维南电路变换后，不影响对外电路的分析计算，即等效变换后，外电路的电压、电流保持不变，如图 4-12 所示电压 u 和电流 i。

当有源二端网络内部含有受控源时，应用戴维南定理时要注意，受控源的控制量可以是该有源二端网络内部的电压或电流，也可以是该有源二端网络端口处的电压或电流，但不允许该有源二端网络内部的电压或电流是外电路中受控源的控制量。

戴维南定理可用替代定理和叠加定理证明如下：如图 4-12 所示，设 N_S 接上外电路后端口电压为 u，电流为 i。根据替代定理，外电路可用一个电流为 $i_S = i$ 的电流源替代，且不影响有源二端网络的工作状态，如图 4-13 所示。

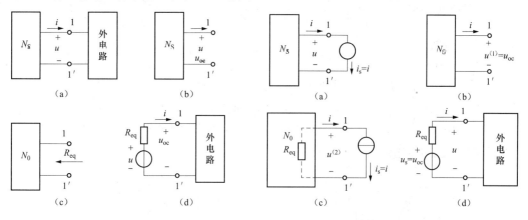

图 4-12　戴维南定理说明
(a) 初始电路；(b) 求开路电压；
(c) 求等效电阻；(d) 等效电路

图 4-13　戴维南定理证明
(a) 替代电路；(b) 求开路电压；
(c) 求等效电阻；(d) 等效电路

根据叠加定理，图 4-13（a）中的电压 u 等于 N_S 内部独立电源作用时产生的电压 $u^{(1)}$〔见图 4-13（b）〕与电流源 i_S 单独作用时所产生的电压 $u^{(2)}$〔见图 4-13（c）〕之和，即

$$u = u^{(1)} + u^{(2)}$$

从图 4-13（b）可见，$u^{(1)}$ 就是 N_S 在端口开路时的开路电压 u_{oc}；在图 4-13（c）中，N_S 内部独立电源为零时得到一个无独立源二端网络 N_0，用等效电阻 R_{eq} 表示。因此，有

$$u^{(2)} = R_{eq} i_S = -R_{eq} i$$

综上所述，一个线性有源二端网络 N_S 的外特性（电压与电流的关系）为

$$u = u^{(1)} + u^{(2)} = u_{oc} - R_{eq} i \tag{4-3}$$

对于图 4-13（d）中电压源 u_S 和电阻 R_{eq} 的串联组合电路，如果令 $u_S = u_{oc}$，$R = R_{eq}$，则其伏安关系与上式完全相同。因此，4-12（a）中的 N_S 可等效变换为图 4-13（d）中电压源和电阻串联组合电路，此即戴维南定理。

应用戴维南定理的关键是求出有源二端网络的开路电压和等效电阻。

【例 4-6】 用戴维南定理计算图 4-14（a）所示桥式电路中的电阻 R_1 上的电流 I。

解　将图 4-14（a）中 R_1 支路断开，剩下部分电路为一有源二端网络如图 4-14（b）所示。

（1）计算 a、b 端口的开路电压 U_{oc} 为

$$U_{oc} = I_S R_2 - U_S = 2 \times 4 - 10 = -2(\text{V})$$

（2）将有源二端网络除源如图 4-14（c）所示，因 R_3 和 R_4 被短接线短路，所以其等效电阻为

$$R_S = R_2 = 4\Omega$$

（3）画出戴维南等效电路如图 4-14（d）点画线框部分，连接断开的 R_1 支路，即可方便求出电流 I

$$I = \frac{U_S}{R_S + R_1} = \frac{-2}{4 + 9} = -\frac{2}{13}(\text{A})$$

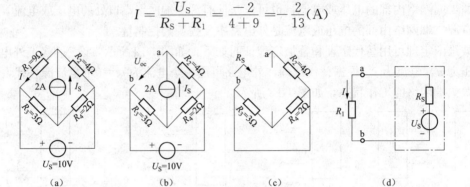

图 4-14　［例 4-6］图

（a）初始电路；（b）断开 R_1 支路后二端网络；（c）有源二端网络除源后电路；（d）戴维南等效电路

【例 4-7】　用戴维南定理求图 4-15（a）中的电流 I。

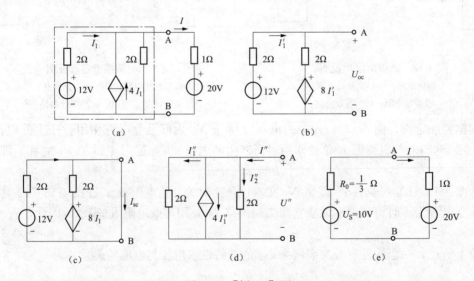

图 4-15　［例 4-7］图

（a）初始电路；（b）CCCS 变换成 CCVS 电路；（c）二端网络短接后电路；
（d）A、B 端口外加电压 U'' 电器；（e）等效电路

解　将图 4-15（a）电路在 A、B 处分开，移走被求电流 I 支路，左面点划线框内为含受控源的有源二端网络。在分割网络时要注意将受控源与它的控制量分割在同一部分电路中。如果受控源与它的控制量位于不同分离部分，则应根据 KVL 和 KCL 将控制量转换到

受控源所在的分离部分中。

(1) 求点画线框内有源二端网络的开路电压 u_{oc}。先将 CCCS 变换成 CCVS 如图 4-15 (b) 所示，根据 KVL 有

$$2I_1' + 2I_1' + 8I_1' = 12$$
$$I_1' = 1(A)$$
$$U_S = U_{oc} = 2I_1' + 8I_1' = 10(V)$$

(2) 求二端网络的端口电阻 R_0。求含受控源二端网络的端口电阻时可用开短路法或加压求流法，但使用加压求流法时应注意将有源二端网络中的独立源除源，受控源保留。当受控源的控制量方向改变时，受控量的方向也改变。

1) 开短路法。将图 4-15 (b) 二端网络短接，如图 4-15 (c) 所示。由图 4-15 (c) 可得

$$I_{sc} = \frac{12}{2} + \frac{8I_1}{2} = \frac{12}{2} + \frac{8 \times \frac{12}{2}}{2} = 30(A)$$

$$R_0 = \frac{U_{oc}}{I_{sc}} = \frac{10}{30} = \frac{1}{3}(\Omega)$$

2) 加压求流法。给有源二端网络 A、B 端口外加电压 U''，如图 4-15 (d) 所示。电路 I_1'' 的方向与图 4-15 (a) 中 I_1 的方向相反，受控源 $4I_1''$ 的电流方向也与图 4-15 (a) 中的 $4I_1$ 方向相反。由图 4-15 (d) 可得

$$I_1'' = \frac{U''}{2}$$
$$I_2'' = \frac{U''}{2}$$
$$I'' = I_1'' + 4I_1'' + I_2'' = 5 \times \frac{U''}{2} + \frac{U''}{2} = 3U''$$

所以
$$R_0 = R_{AB} = \frac{U''}{I''} = \frac{1}{3}(\Omega)$$

(3) 将电流 I 支路接于戴维南等效电路 A、B 端口处，如图 4-15 (e) 所示，于是

$$I = \frac{10 - 20}{\frac{1}{3} + 1} = -7.5(A)$$

4.3.2　诺顿定理

任何一个线性有源二端口网络 N_S，对外电路而言，它可以用一个电压源 i_S 和电导 G_0 的并联组合电路来等效。该等效电压源的电流 I_S 等于该有源二端网络在端口处的短路电流 i_{sc}，其等效电导 G_0 等于该有源二端网络 N_S 对应的令独立源为零时二端网络 N_0 的等效电导。诺顿定理的内容说明如图 4-16 所示。有源二端网络 N_S 用诺顿电路变换后，不影响对外电路的分析计算，即等效变换后，外电路的电压、电流保持不变，如图 4-16 所示电压 u 和电流 i。

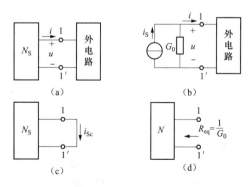

图 4-16　诺顿定理说明
(a) 初始电路；(b) 等效电路；
(c) 求短路电流；(d) 求等效电阻

诺顿定理的证明和戴维南定理的证明类似，此处不再赘述。

应用等效电源定理，关键是掌握如何正确求出有源二端网络的开路电压或短路电流，求出有源二端网络除源后的等效电阻。

求等效电源有两种途径：

（1）用两种电源模型的等效变换将复杂的有源二端网络化简为一等效电源。

（2）用所学过的任何一种电路分析方法求有源二端网络的开路电压 U_{oc} 或短路电流 I_{sc}，并用下列方法求戴维南等效电路或诺顿等效电路中的 R_S：

1）电阻串并联法：利用电阻串并联化简的方法。

2）加压求流法：将有源二端网络除源以后，在端口处外加一个电压 u，求其端口处的电流 i，则其端口处的等效电阻为

$$R_0 = \frac{u}{i} \tag{4-4}$$

3）开短路法：根据戴维南定理和诺顿定理，显然有

$$R_0 = \frac{u_{oc}}{i_{sc}} \tag{4-5}$$

可见只要求出有源二端网络的开路电压 u_{oc} 和短路电流 I_{sc}，就可计算出 R_0。

值得注意的是，戴维南定理和诺顿定理对被等效网络的要求是该二端网络必须是线性的，而对外电路则无此要求。另外，还要求二端网络与外电路之间没有耦合关系，例如外电路的某受控源受网络内某支路电流或电压的控制。

【例 4-8】 分别用戴维南定理和诺顿定理求图 4-17（a）电路中 R 支路的电流 I。

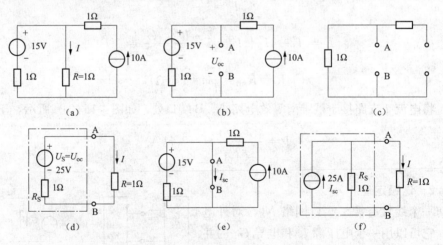

图 4-17 ［例 4-8］图

（a）初始电路；（b）将 R 支路划出后电路；（c）有源二端网络除源后电路；（d）戴维南等效电路；
（e）图 4-17（b）中 A、B 端口短接后电路；（f）诺顿等效电路

解 （1）用戴维南定理求解。

将图 4-17（a）中 R 支路划出，剩下一有源二端网络如图 4-17（b）所示。

1）计算 A、B 端口的开路电压 U_{oc}

$$U_{oc} = 15 + 1 \times 10 = 25 \text{(V)}$$

2）将有源二端网络除源如图 4-17（c）所示，其等效电阻为

$$R_0 = R_{AB} = 1(\Omega)$$

3）画出戴维南等效电路如图 4-17（d）点画线框部分。其中 $U_S = U_{oc} = 25\text{V}$，$R_S = R_0 = 1\Omega$

$$I = \frac{U_S}{R_S + R} = \frac{25}{1+1} = 12.5(\text{A})$$

（2）用诺顿定理求解。将图 4-17（b）有源二端网络 A、B 端口短接，如图 4-17（e）所示。利用叠加原理求短路电流 I_{sc} 为

$$I_{sc} = \frac{15}{1} + 10 = 25(\text{A})$$

诺顿等效电路中的 R_S 与戴维南等效电路中的求法相同，于是画出诺顿等效电路如图 4-17（f）点画线框部分。其中 $I_S = I_{sc} = 25\text{A}$，$R_S = R_0 = 1\Omega$。将划出的 R 支路接于诺顿等效电路端口，求 R 支路电流为

$$I = \frac{1}{2} \times 25 = 12.5(\text{A})$$

可见，由两个定理分析的结果是一致的。实际上，诺顿等效电路也可用电源的两种电路模型的等效变换直接由戴维南等效电路求得。

【例 4-9】 求图 4-18（a）所示电路中通过 1Ω 电阻的电流 I。

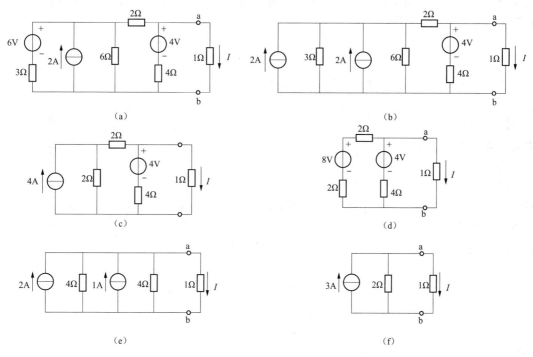

图 4-18 ［例 4-9］图
(a) 初始电路；(b)～(f) 化简电路

解 用电源两种模型等效变换的方法，将图 4-18（a）所示电路中除 1Ω 电阻支路以外的电路部分化简为图 4-18（f）所示的诺顿等效电路，由此可得

$$I = \frac{2}{2+1} \times 3 = 2(\text{A})$$

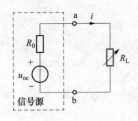

图 4-19　最大功率
传输条件

4.3.3　最大功率传输定理

在电子技术中，常常要求负载从给定信号源获得最大功率，这就是最大功率传输问题。

若将信号源视为一个有源二端网络，用戴维南定理可将该二端网络用它的戴维南等效电路去等效，由于信号源已给定，所以图 4-19 中的独立电压源 u_{oc} 和电阻 R_0 为定值，负载电阻 R_L 的吸收功率 P 只随的阻值 R_L 变化。

在图 4-19 中，负载电阻 R_L 吸收的功率为

$$P = i^2 R_L = \left(\frac{u_{oc}}{R_0 + R_L}\right)^2 R_L$$

当 $R_L=0$ 或 $R_L=\infty$ 时，$p=0$，所以 R_L 为（0，∞）区间的某个值时可获得最大功率，此时

$$\frac{dP}{dR_L} = \frac{u_{oc}^2 \left[(R_L + R_0)^2 - 2R_L(R_L + R_0)\right]}{(R_L + R_0)^4} = 0$$

可得 $R_L = R_0$。

因此，在负载电阻 R_L 与信号源内阻 R_0 相等的条件下，负载电阻 R_L 可获得最大功率，故这个条件称为最大功率传输条件，此时称负载电阻 R_L 与信号源达到最大功率匹配，负载电阻 R_L 获得的最大功率为

$$p_{max} = \frac{u_{oc}^2}{4R_0}$$

从上式不难看出，求解最大功率传输问题的关键是求信号源的戴维南等效电路。

【例 4-10】　电路如图 4-20（a）所示，试求电阻 R_L 为何值时可获得最大功率，最大功率为多少？

解　首先将图 4-20（a）ab 端以左的电路看作一个有源二端网络，应用戴维南定理可以求得其戴维南等效电路如图 4-20（b）所示，u_{oc} 和 R_0 分别为

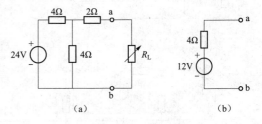

(a)　　　　　　　　　(b)

图 4-20　[例 4-10] 题图
(a) 初始电路；(b) 戴维南等效电路

$$u_{oc} = \frac{4}{4+4} \times 24 = 12(V)$$

$$R_0 = 2 + \frac{4 \times 4}{4+4} = 4(\Omega)$$

因此，当 $R_L = R_0 = 4\Omega$ 时可获得最大功率。最大功率为

$$p_{max} = \frac{u_{oc}^2}{4R_0} = \frac{12^2}{4 \times 4} = 9(W)$$

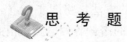 思 考 题

1. 图 4-17（e）和图 4-17（f）中的 I_{sc} 方向为何相反？

2. 欲求有源二端线性网络 N_A 的戴维南等效电路，现有直流电压表、直流电流表各一块，电阻一个，如何用实验的方法求得？

4.4　特 勒 根 定 理

特勒根定理是电路理论中普遍适用的基本定理。它和基尔霍夫定律一样，与电路中各元件的性质无关，适用于线性、非线性、时变和非时变电路。

特勒根定理 1　对于一个具有 n 个节点、b 条支路的电路，若各支路电压、电流取关联参考方向，并用 i_1，i_2，$\cdots$，i_b 和 u_1，u_2，$\cdots$，u_b 分别表示 b 条支路的电流和电压，则在任何瞬间，有

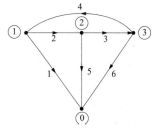

$$\sum_{k=1}^{b} u_k i_k = 0 \qquad (4\text{-}6)$$

式（4-6）表明，在任一时刻各支路吸收或提供的功率之和等于零。因此特勒根定理 1 又称为功率定理，其实质是功率守恒的具体体现。

图 4-21　特勒根定理的证明

此定理可通过图 4-21 所示电路证明如下：令 u_{n1}、u_{n2}、u_{n3} 分别表示节点①、②、③的节点电压，按 KVL 可得出各支路电压、节点电压的关系为

$$\left.\begin{aligned}
u_1 &= u_{n1}\\
u_2 &= u_{n1} - u_{n2}\\
u_3 &= u_{n2} - u_{n3}\\
u_4 &= u_{n3} - u_{n1}\\
u_5 &= u_{n2}\\
u_6 &= u_{n3}
\end{aligned}\right\} \qquad (4\text{-}7)$$

对节点①、②、③应用 KCL，有

$$\left.\begin{aligned}
i_1 + i_2 - i_4 &= 0\\
-i_2 + i_3 + i_5 &= 0\\
-i_3 + i_4 + i_6 &= 0
\end{aligned}\right\} \qquad (4\text{-}8)$$

而

$$\sum_{k=1}^{6} u_k i_k = u_1 i_1 + u_2 i_2 + u_3 i_3 + u_4 i_4 + u_5 i_5 + u_6 i_6$$

把支路电压用节点电压表示后，代入上式整理得

$$\sum_{k=1}^{b} u_k i_k = u_{n1} i_1 + (u_{n1} - u_{n2}) i_2 + (u_{n2} - u_{n3}) i_3 + (-u_{n1} + u_{n3}) i_4 + u_{n2} i_5 + u_{n3} i_6$$

$$= (i_1 + i_2 - i_4) u_{n1} + (-i_2 + i_3 + i_5) u_{n2} + (-i_3 + i_4 + i_6) u_{n3}$$

引用式（4-8）得

$$\sum_{k=1}^{6} u_k i_k = 0$$

上述证明可推广到任何具有 n 个节点和 b 条支路的电路，即有

$$\sum_{k=1}^{b} u_k i_k = 0$$

特勒根定理 2 如果有两个具有 n 个节点、b 条支路的电路，它们具有相同的拓扑图，但由内容不同的支路组成。假设各支路电流、电压取关联参考方向，并分别用 $u_k(k=1, 2, 3, \cdots, b)$、$i_k$ $(k=1, 2, 3, \cdots, b)$ 和 $\hat{u}_k$ $(k=1, 2, 3, \cdots, b)$、$\hat{i}_k$ $(k=1, 2, 3, \cdots, b)$ 来表示两个电路中 b 条支路的电流和电压，则在任何瞬间，有

$$\sum_{k=1}^{b} u_k \hat{i}_k = 0 \tag{4-9}$$

$$\sum_{k=1}^{b} \hat{u}_k i_k = 0 \tag{4-10}$$

式（4-9）和式（4-10）中 $u_k \hat{i}_k$ 和 $\hat{u}_k i_k$ 虽然都具有功率量纲，但却不是 k 支路的功率，故不能用功率守恒来解释。式（4-9）和式（4-10）仅仅是说明对具有相同拓扑图的电路，一个电路的支路电压和另一个电路对应支路的电流，或者是同一电路在不同时刻的相同支路的电压和电流所必须遵循的数学关系。不过因为仍有功率量纲，所以有时称之为"拟功率定理"。

特勒根定理 2 的证明：设两个电路的图如图 4-21 所示。对电路 1 应用 KVL 可写出式（4-7），对电路 2 应用 KCL，有

$$\left.\begin{aligned}
\hat{i}_1 + \hat{i}_2 - \hat{i}_4 &= 0 \\
-\hat{i}_2 + \hat{i}_3 + \hat{i}_5 &= 0 \\
-\hat{i}_3 + \hat{i}_4 + \hat{i}_6 &= 0
\end{aligned}\right\} \tag{4-11}$$

利用式（4-7）可得出

$$\sum_{k=1}^{6} u_k \hat{i}_k = u_{n1}(\hat{i}_1 + \hat{i}_2 - \hat{i}_4) + u_{n2}(-\hat{i}_2 + \hat{i}_3 + \hat{i}_5) + u_{n3}(-\hat{i}_3 + \hat{i}_4 + \hat{i}_6)$$

再利用式（4-11）即可得出

$$\sum_{k=1}^{6} u_k \hat{i}_k = 0$$

此证明可推广到任何具有 n 个节点、b 条支路的两个电路，只要它们具有相同的图。同理

$$\sum_{k=1}^{b} \hat{u}_k i_k = 0$$

【例 4-11】 图 4-22 所示电路中，N 为线性无源电阻电路，求图 4-22（b）中的电压 $\hat{u}$。

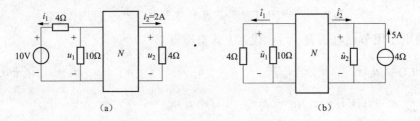

图 4-22 ［例 4-11］图

(a) 初始电路；(b) 求解电路

解 支路电压、电流的参考方向如图 4-22（a）和图 4-22（b）所示，由特勒根定理 2 有

$$u_1\hat{i}_1 + u_2\hat{i}_2 = \sum_{k=3}^{b} u_k\hat{i}_k = 0 \tag{1}$$

$$\hat{u}_1 i_1 + \hat{u}_2 i_2 + \sum_{k=3}^{b} \hat{u}_k i_k = 0 \tag{2}$$

由于 N 内为无源电阻电路，所以

$$u_k\hat{i}_k = i_k R_k \hat{i}_k = i_K \hat{u}_k$$

即

$$\sum_{k=1}^{b} u_k\hat{i}_k = \sum_{k=3}^{b} \hat{u}_k i_k$$

所以由式（1）和式（2）得

$$u_1\hat{i}_1 + u_2\hat{i}_2 = \hat{u}_1 i_1 + \hat{u}_2 i_2$$

由图 4-22（a）和图 4-22（b）可知

$$u_1 = 4i_1 + 10, \quad i_2 = 2\mathrm{A}, \quad u_2 = 4i_2 = 8\mathrm{V}$$

$$\hat{u}_2 = (5 + \hat{i}_2) \times 4 = 4\hat{i}_2 + 20, \quad \hat{i}_1 = \frac{1}{4}\hat{u}_1$$

于是得

$$(4i_1 + 10) \times \frac{1}{4}\hat{u}_1 + 8\hat{i}_2 = \hat{u}_1 i_1 + (4\hat{i}_2 + 20) \times 2$$

$$\hat{u}_1 i_1 + 2.5\hat{u}_1 + 8\hat{i}_2 = \hat{u}_1 i_1 + 8\hat{i}_2 + 40$$

$$\hat{u}_1 = \frac{40}{2.5} = 16(\mathrm{V})$$

4.5 互 易 定 理

互易定理是线性电路的一个重要定理，它揭示了线性无源定常电路，在满足一定条件时还具有互易特性。所谓互易性是指当线性电路只有一个激励的情况下，激励与其在另一支路中的响应可以等价地互换位置，且由同一激励所产生的响应应保持不变。

互易定理有 3 种基本形式。

互易定理 1 在图 4-23（a）与图 4-23（b）所示电路中，N_0 为仅由电阻组成的线性无源电阻电路，有 $\dfrac{i_2}{u_{S1}} = \dfrac{\hat{i}_1}{u_{S2}}$。

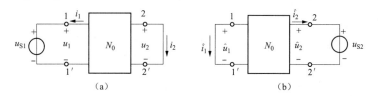

图 4-23 互易定理 1

(a) 电路（一）；(b) 电路（二）

互易定理 1 用特勒根定理 2 很容易证明。设图 4-23（a）所示方框外接 1－1′和 2－2′支路电压和电流分别为 u_1、u_2 和 i_1、i_2，N_0 中有 $(b-2)$ 条支路，各支路电压为 $u_k(k=3, 4, \cdots, b)$，支路电流为 $i_k(k=3, 4, \cdots, b)$，且所有支路电压和电流均取关联参考方向。同理设

图 4-23 （b）中支路电压和电流分别为 $\hat{u}_k$ 和 $\hat{i}_k$ （$k=1$，2，$\cdots$，b）。根据特勒根定理 2 有

$$u_1\hat{i}_1 + u_2\hat{i}_2 + \sum_{k=3}^{b} u_k\hat{i}_k = 0$$

$$\hat{u}_1 i_1 + \hat{u}_2 i_2 + \sum_{k=3}^{b} \hat{u}_k i_k = 0$$

由于 N_0 内各支路均为电阻，所以

$$u_k\hat{i}_k = i_k R_k \hat{i}_k = i_k \hat{u}_k = \hat{u}_k i_k$$

因此
$$u_1\hat{i}_1 + u_2\hat{i}_2 = \hat{u}_1 i_1 + \hat{u}_2 i_2 \tag{4-12}$$

由图 4-23 （a）和图 4-23 （b）可见

$$u_2 = 0, \quad \hat{u}_1 = 0, \quad u_1 = u_{S1}, \quad \hat{u}_2 = u_{S2}$$

所以
$$u_{S1}\hat{i}_1 = u_{S2} i_2$$

即

$$\frac{i_2}{u_{S1}} = \frac{\hat{i}_1}{u_{S2}}$$

互易定理 2　在图 4-24 （a）与图 4-24 （b）所示电路中，N_0 为仅由电阻组成的线性无源电阻电路，有 $\dfrac{u_2}{i_{S1}} = \dfrac{\hat{u}_1}{i_{S2}}$。

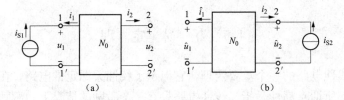

图 4-24　互易定理 2
(a) 电路 （一）；(b) 电路 （二）

证明：与定理 1 的假设相同，同理可得到式 （4-12）。

由图 4-24 可见

$$i_1 = -i_{S1}, \quad i_2 = 0, \hat{i}_1 = 0, \quad \hat{i}_2 = -i_{S2}$$

代入式 （4-12）得

$$-i_{S1}\hat{u}_1 = -i_{S2} u_2$$

即

$$\frac{u_2}{i_{S1}} = \frac{\hat{u}_1}{i_{S2}}$$

也就是说，对于不含受控源的单一激励的线性电阻电路，互易激励 （电流）与响应 （电压）的位置，其响应与激励的比值不变。当激励 $i_{S1} = i_{S2}$ 时，则 $u_2 = \hat{u}_1$。

互易定理 3　在图 4-25 （a）与图 4-25 （b）所示电路中，N_0 为仅由电阻组成的线性无源电阻电路，有 $\dfrac{i_2}{i_S} = \dfrac{\hat{u}_1}{u_S}$。

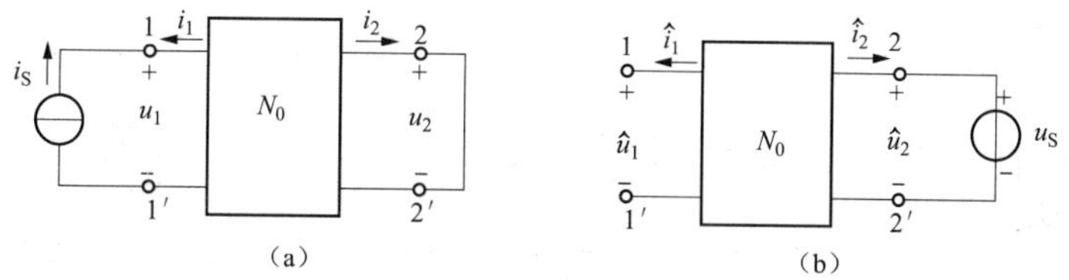

图 4-25　互易定理 3

(a) 电路（一）；(b) 电路（二）

证明：与定理 1 的假设相同，同理可得到式（4-12）。

由图 4-25 可见

$$i_1 = -i_S, \quad u_2 = 0, \quad \hat{i}_1 = 0, \quad \hat{u}_2 = u_S$$

代入式（4-12）得

$$-\hat{u}_1 i_S + u_S i_2 = 0$$

即

$$\frac{i_2}{i_S} = \frac{\hat{u}_1}{u_S}$$

对于不含受控源的单一激励的线性电阻电路，互易激励与响应的位置，且把电流源激励换为电压源激励，把原电流响应改为电压响应，则互换位置后响应与激励的比值保持不变。如果在数值上 $u_S = i_S$，则在数值上 $\hat{u}_1 = i_2$。

【例 4-12】 图 4-26（a）所示电路中，N 为线性无源电阻电路，已知 $i_S = 2A$，$u_1 = 20V$，$u_2 = 5V$。若把电流源接在输出端 2－2′端口，同时在输入端 1－1′接入一个 10Ω 的电阻，如图 4-26（b）所示，求解流过 10Ω 电阻的电流。

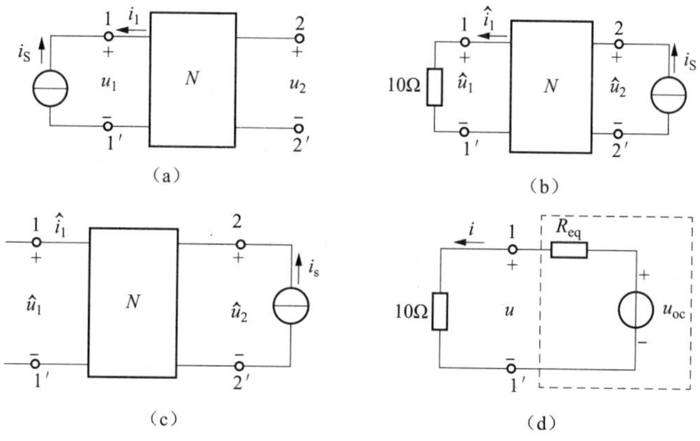

图 4-26　[例 4-12] 图

(a) 初始电路；(b) 变换电路（一）；(c) 变换电路（二）；(d) 变换电路（三）

解　电流源变换位置后，电路的结构发生了变化 [图 4-26（b）电路中接入了一个 10Ω 电阻]，不能直接应用互易定理。但若电流源换位置后，10Ω 电阻不接入，即可应用互易定理，如图 4-26（c）所示。由互易定理 2 可得

$$\hat{u}_1 = u_2 = 5V$$

即 1－1′端口的开路电压 $u_{oc} = \hat{u}_1 = 5V$。由图 4-26（d）可得 1－1′端口以右部分的戴维南等效电阻

$$R_{eq} = \frac{u_1}{-i_1} = \frac{u_1}{i_S} = \frac{20}{2} = 10(\Omega)$$

因此得到 $1-1'$ 端口以右部分的戴维南等效电路如图 4-26（d）虚线框所示。由图 4-26（d）可得流过 10Ω 电阻的电流为

$$i = \frac{5}{10+10} = 0.25(A)$$

应用互易定理时必须注意：

（1）互易定理只适用于单一激励作用的不含受控源的线性电阻电路。

（2）所谓互易是指激励和响应的互易，不是电源和负载（例如电阻）的互换位置，即互易前后电路的拓扑结构应保持不变。

（3）激励和响应所在支路的参考方向，在互易前后应保持一致。

4.6 对 偶 原 理

对偶原理在电路理论中占有重要地位。电路元件的特性、电路方程及其解答都可以通过它们的对偶元件、对偶方程的研究而获得。电路的对偶性，存在于电路变量、电路元件、电路定律、电路结构和电路方程之间的一一对应中。例如电阻的伏安关系式为 $u=Ri$，而电导的伏安关系式为 $i=Gu$。若将这两个关系式中 u、i 互换，R、G 互换，则这两个关系式即可彼此转换。再例如，电感元件的伏安关系式为 $u=L\dfrac{\mathrm{d}i}{\mathrm{d}t}$，而电容元件的伏安关系式为 $i=C\dfrac{\mathrm{d}u}{\mathrm{d}t}$，若将这两个关系式中 u、i 互换，L、C 互换，则这两个关系式即可彼此转换。再例如，图 4-27（a）和图 4-27（b）所示电路的节点电压方程和网孔电流方程分别为

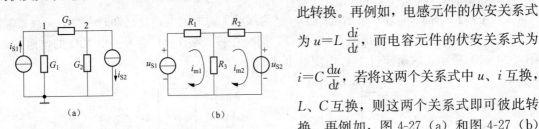

图 4-27 对偶电路
(a) 电路（一）；(b) 电路（二）

$$\left.\begin{array}{l}(G_1+G_2)u_{n1} - G_3 u_{n2} = i_{S1} \\ -G_3 U_{n1} + (G_2+G_3)u_{n2} = -i_{S2}\end{array}\right\} \tag{4-13}$$

$$\left.\begin{array}{l}(R_1+R_2)i_{m1} - R_3 i_{m2} = u_{S1} \\ -R_3 i_{m1} + (R_2+R_3)i_{m2} = -u_{S2}\end{array}\right\} \tag{4-14}$$

考察式（4-13）和式（4-14）不难看出，这两组方程具有完全相同的形式。如果 G 和 R 互换，i_S 和 u_S 互换，节点电压 u_n 和网孔电流 i_m 互换，则上述两组方程即可彼此转换。而且如果 G 和 R 互换，i_S 和 u_S 互换，电路串联和并联互换，节点电压 u_n 和网孔电流 i_m 互换，则图 4-27（a）和图 4-27（b）即可相互转换。

这些可以相互转换的元素称为对偶元素，如电阻和电导，电压和电流、电感和电容、串联和并联。电路中某些元素之间的关系（或方程），用它们的对偶元素对应地置换后，所得的新关系（或新方程）也一定成立。这个新关系（或新方程）与原关系（或原方程）互为对偶，这就是对偶原理。如果两个平面电路，其中一个的网孔电流方程组（或节点电压方程组）由对偶元素对应地置换后，可以转换为另一个电路的节点电压方程组（或网孔电流方程

组），那么这两个电路便互为对偶，或称为对偶电路。

根据对偶原理，如果导出了一个电路的某一个关系式和结论，就等于解决了与之对偶的电路的另一个关系式和结论。但是必须指出，两个电路互为对偶，决非意指这两个电路等效，"对偶"和"等效"是两个完全不同的概念，不可混淆。

电路中一些对偶元素、对偶元件、对偶结构、对偶定律和对偶关系式见表 4-1。

表 4-1 对 偶 元 素 表

电压源	电阻	电压	电感	串联	网孔	分压	Y 连接	KCL 定律	开路
电流源	电导	电流	电容	并联	节点	分流	△连接	KVL 定律	短路

【**例 4-13**】 验证图 4-28 所示两个电路互为对偶电路。

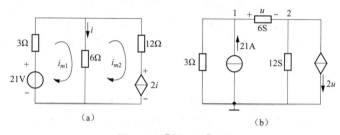

图 4-28 ［例 4-13］图
(a) 电路（一）；(b) 电路（二）

解 根据对偶原理可知，如果图 4-28（a）和图 4-28（b）两个电路互为对偶，则对图 4-28（a)电路列写的网孔电流方程必然与图 4-28（b）电路列写的节点电压方程在形式上完全相同。

对图 4-28（a）所示电路，设网孔电流 i_{m1}、i_{m2} 如图所示，列写网孔电流方程式为

$$\left.\begin{array}{l} 9i_{m1} - 6i_{m2} = 21 \\ -6i_{m1} + 18i_{m2} = -2i = -2(i_{m1} - i_{m2}) \end{array}\right\}$$

整理得

$$\left.\begin{array}{l} 9i_{m1} - 6i_{m2} = 21 \\ -4i_{m1} + 16i_{m2} = 0 \end{array}\right\} \qquad (4\text{-}15)$$

对图 4-28（b）所示电路，设节点电压 u_{n1}、u_{n2}，列写节点电压方程式为

$$\left.\begin{array}{l} 9u_{n1} - 6u_{n2} = 21 \\ -6u_{n1} + 18u_{n2} = -2u = -2(u_{n1} - u_{n2}) \end{array}\right\}$$

整理得

$$\left.\begin{array}{l} 9u_{n1} - 6u_{n2} = 21 \\ -4u_{n1} + 16u_{n2} = 0 \end{array}\right\}$$

比较所得式（4-15）和式（4-16）可知，这两组方程互为对偶方程，所以对应的图 4-28（a）和图 4-28（b）所示电路互为对偶电路。

本 章 小 结

（1）叠加定理适用于有唯一解的任何线性电路。它允许用分别计算每个独立电源产生的

电压或电流，然后相加的方法，求得含多个独立电源线性电路的电压或电流。

（2）替代定理指出，已知电路中某条支路或某个二端网络的端电压或电流时，只要电路在用独立电源替代前和后均存在唯一解，可用量值相同的电压源或电流源来替代支路或二端网络，而不影响电路其余部分的电压和电流。

（3）等效电源定理包括戴维南定理和诺顿定理。该定理指出可将有源二端网络等效成恒压源与电阻串联支路（戴维南等效电路）或恒流源与电阻并联支路（诺顿等效电路）。当只需求解复杂电路中某一支路的电流（或电压）时，采用等效电源定理较简单方便。用等效电源定理求解电路是本章的重点内容之一。

（4）特勒根定理是电路理论中普遍适用的基本定理，它和基尔霍夫定律一样，与电路中各元件的性质无关，适用于线性、非线性，时变和非时变电路。

特勒根定理 1　对于一个具有 n 个节点、b 条支路的电路，若各支路电压、电流取关联参考方向，并用 i_1，i_2，$\cdots$，i_b 和 u_1，u_2，$\cdots$，u_b 分别表示 b 条支路的电流和电压，则在任何瞬间，有

$$\sum_{k=1}^{b} u_k i_k = 0$$

特勒根定理 2　如果有两个具有 n 个节点、b 条支路的电路，它们具有相同的拓扑图，但由内容不同的支路组成。假设各支路电流和电压取关联参考方向，并分别用 $u_k(k=1，2，3，\cdots，b)$、$i_k(k=1，2，3，\cdots，b)$ 和 $\hat{u}_k(k=1，2，3\cdots，b)$、$\hat{i}_k(k=1，2，3\cdots，b)$ 来表示两个电路中 b 条支路的电流和电压，则在任何瞬间，有

$$\sum_{k=1}^{b} u_k \hat{i}_k = 0$$

（5）互易定理是线性电路的一个重要定理。互易性是指当线性电路只有一个激励的情况下，激励与其在另一支路中的响应可以等价地互换位置，且由同一激励所产生的响应应保持不变。

（6）对偶原理在电路理论中占有重要地位。电路元件的特性、电路方程及其解答都可以通过它们的对偶元件、对偶方程的研究而获得。电路中某些元素之间的关系（或方程），用它们的对偶元素对应地置换后，所得的新关系（或新方程）也一定成立。这个新关系（或新方程）与原关系（或原方程）互为对偶，这就是对偶原理。

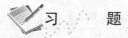

习　　题

1. 用叠加定理求图 4-29 所示电路中的 i 和 u。

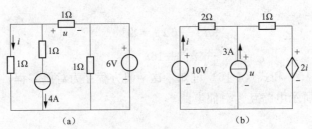

(a)　　　　　　　　　　(b)

图 4-29　题 1 图

2. 试用叠加定理求图 4-30 所示电路中的电流 I。

3. 试用叠加原理求图 4-31 所示电路中的电压 U，已知 $R_1 = R_2 = 3\Omega$，$R_3 = R_4 = 6\Omega$，

$I_S = 3A$，$U_S = 9V$。若 U_S 由 9V 变为 12V，U 变化了多少？

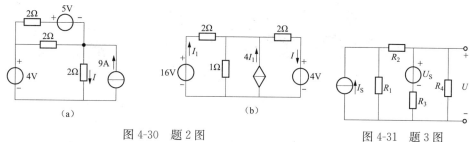

图 4-30 题 2 图

图 4-31 题 3 图

4. 在图 4-32 所示电路中，$R_2 = R_3$。当 $I_S = 0$ 时，$I_1 = 2A$，$I_2 = I_3 = 4A$，求 $I_S = 10A$ 时的 I_1、I_2 和 I_3。

5. 用叠加原理求图 4-33 所示电路中的电流 I。

6. 在图 4-34 所示电路中，$U_{S1} = 24V$，$U_{S2} = 6V$，$I_S = 10A$，$R_1 = 3\Omega$，$R_2 = R_3 = R_L = 2\Omega$，试用戴维南定理求电流 I_L。

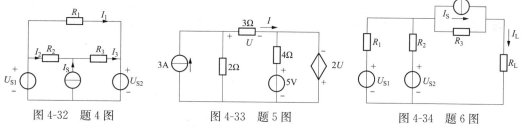

图 4-32 题 4 图

图 4-33 题 5 图

图 4-34 题 6 图

7. 求图 4-35 所示电路中流过 ab 支路的电流 I_{ab}。

8. 电路如图 4-36 所示，当开关 S 闭合时，电流表读数为 0.6A，电压表读数为 6V；当开关 S 断开时，电压表读数为 6.4V。试求 U_S、R_0、R_L。

9. 求图 4-37 所示电路中 R 获得最大功率的阻值及最大功率。已知 $R_1 = 20\Omega$，$R_2 = 5\Omega$，$U_S = 140V$，$I_S = 15A$。

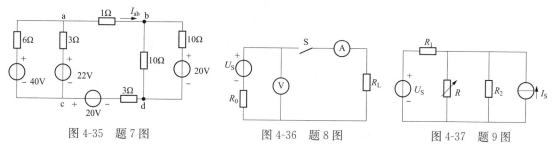

图 4-35 题 7 图

图 4-36 题 8 图

图 4-37 题 9 图

10. 试用戴维南定理计算图 4-38 所示电路中 R_1 上的电流 I。

11. 已知图 4-39 所示电路中，$R_1 = R_2 = R_3 = R_4 = 1\Omega$，$I_S = 1A$，$U_S = 6V$，求 R_4 上的电压 U。

12. 求图 4-40 所示电路的戴维南等效电路。

13. 图 4-41 所示电路中，$R_1 = 20\Omega$，$R_2 = 10\Omega$，$U_{S1} = 10V$，$U_{S2} = 5I_1$，求 I_2。

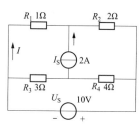

图 4-38 题 10 图

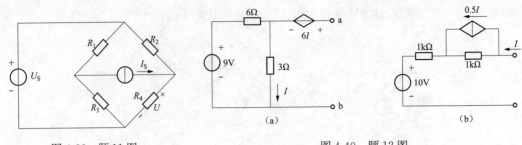

图 4-39　题 11 图　　　　　　　　图 4-40　题 12 图

14. 图 4-42 所示电路中，$I_S = 1A$，$U_S = 2U$，$R_1 = 4\Omega$，$R_2 = 2\Omega$，求电流源及 VCVS 的功率，并指出谁供出功率。

15. 图 4-43 所示电路中，$I_S = 2I_1$，$U_S = 10V$，$R_1 = 10\Omega$，$R_2 = 2\Omega$，求电压源及 CCCS 的功率，并指出谁供出功率。

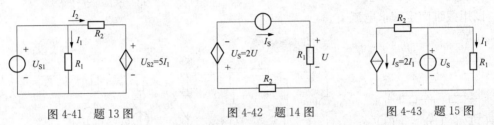

图 4-41　题 13 图　　　　　图 4-42　题 14 图　　　　　图 4-43　题 15 图

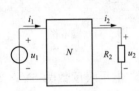

图 4-44　题 16 图

16. 在图 4-44 所示电路中，N 为仅由电阻组成的无源线性网络。当 $R_2 = 2\Omega$、$u_1 = 6V$ 时，测得 $i_1 = 2A$、$u_2 = 2V$，当 $\hat{R}_2 = 4\Omega$、$\hat{u}_1 = 10V$ 时，测得 $\hat{i}_1 = 2A$。试用特勒根定理确定 $\hat{u}_2$ 的值。

17. 试用互易定理求解图 4-45 所示电路中直流电流表的读数（电流表内阻忽略不计）。

18. 电路如图 4-46 所示，列出其网孔电流方程，用对换对偶元素的方法求出其对偶方程。试根据对偶方程画出对偶电路，与图 4-47 所示电路进行比较。

19. 电路如图 4-47 所示，列出其节点电压方程，用对换对偶元素的方法求出其对偶方程并与图 4-46 电路方程进行比较，并总结出根据一电路画出其对偶电路的方法。

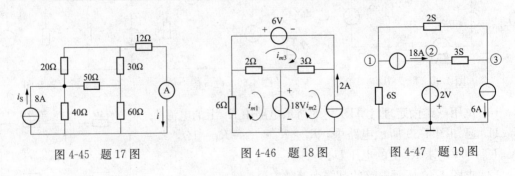

图 4-45　题 17 图　　　　　图 4-46　题 18 图　　　　　图 4-47　题 19 图

第5章 正弦交流电路

所谓正弦交流电路，是指激励和响应均按正弦规律变化的电路。交流发电机产生的电动势和正弦信号发生器输出的信号电压，都是随时间按正弦规律变化的。在生产和日常生活中所用的交流电，一般都是指正弦交流电。因此，研究正弦交流电路具有重要的现实意义。本章首先介绍正弦交流电路的基本概念及相量表示法，然后讨论电阻、电感、电容元件的串并联和混联交流电路，再分析并讨论正弦交流电路的功率以及功率因数的提高。

 学习重点

理解正弦量的基本概念，掌握正弦量的三要素；掌握正弦量的相量法及定律的相量形式；理解复阻抗和复导纳的含义，会计算和分析正弦交流电路。

5.1 正弦量的基本概念

直流电路中电流和电压的大小与方向（或电压的极性）是不随时间而变化的。正弦电压和电流的大小和方向都是按照正弦规律周期性变化的，其波形如图 5-1（a）所示。

由于正弦电压和电流的方向是周期性变化的，在电路图上所标的参考方向代表正半周时的方向，如图 5-1（b）所示。在负半周时，由于所标的参考方向与实际方向相反，则其值为负，如图 5-1（c）。图中的虚线箭标代表电流的实际方向；$\oplus$、$\ominus$ 代表电压的实际方向（极性）。

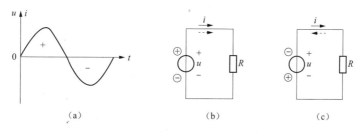

图 5-1 正弦电压和电流
(a) 波形；(b) 正半周；(c) 负半周

正弦电压或电流等物理量，常统称为正弦量。正弦量的特征表现在变化的快慢、大小及初始值三个方面，它们分别由角频率 ω、幅值 U_m 或 I_m 和初相位 φ_0 来确定。所以角频率、幅值和初相位称为确定正弦量的三要素。正弦量（电压或电流）的一般表示式为

$$u = U_m \sin(\omega t + \varphi_0) \text{ 或 } i = I_m \sin(\omega t + \varphi_0) \tag{5-1}$$

5.1.1 周期、频率、角频率

正弦量变化一周所需的时间（单位为 s）称为周期 T，每秒内变化的次数称为频率 f，它的单位是 Hz（赫兹）。频率是周期的倒数，即

$$f = \frac{1}{T} \tag{5-2}$$

我国和大多数国家都采用 50Hz 作为电力标准频率,有些国家(如美国、日本等)采用 60Hz。这种频率在工业上应用广泛,习惯上也称为工频。通常的交流电动机和照明负载都用这种频率。在其他各种不同的技术领域内使用着各种不同的频率。例如,收音机中波段的频率是 $530 \sim 1600\text{kHz}$,短波段的频率是 $2.3 \sim 23\text{MHz}$。

正弦量变化的快慢除用周期和频率表示外,还可用角频率 ω 来表示。在一个周期 T 内相角变化了 $2\pi\text{rad}$,所以角频率为

$$\omega = \frac{2\pi}{T} = 2\pi f \tag{5-3}$$

它的单位是 rad/s(弧度每秒)。式(5-3)表示 T、f、ω 三者之间的关系,只要知道其中之一,则其余各量均可求得。

5.1.2 幅值与有效值

正弦量在任一时刻的值称为瞬时值,用小写字母来表示,如 i、u、e 分别表示电流、电压、电动势的瞬时值。瞬时值中最大的值称为幅值或最大值,用带下标 m 的大写字母来表示,如 U_m、I_m、E_m 分别表示电流、电压、电动势的幅值。

正弦电流、电压和电动势的大小往往不是用它们的幅值计算,而是采用有效值(均方根值)来计量。通常所说的交流电压值 220、380V 以及交流电压表、电流表上的读数均为有效值。

有效值是由电流的热效应来规定的。不论是周期性变化的电流还是直流,只要它们在相等的时间内通过同一电阻而两者的热效应相等,就把它们的电流值看做是等效的。也就是说,若一个周期电流 i 通过电阻 R,在一个周期内产生的热量和另一个直流电流 I 通过同样大小的电阻在相等的时间内产生的热量相等,那么这个周期性变化的电流 i 的有效值在数值上就等于这个直流电流 I。

由上述定义可得

$$\int_0^T i^2 R \mathrm{d}t = RI^2 T$$

则周期电流的有效值为

$$I = \sqrt{\frac{1}{T} \int_0^T i^2 \mathrm{d}t} \tag{5-4}$$

当周期电流为正弦量时,即 $i = I_\text{m}\sin(\omega t + \varphi_0)$,则式(5-4)可写为

$$I = \sqrt{\frac{1}{T} \int_0^T [I_\text{m}\sin(\omega t + \varphi_0)]^2 \mathrm{d}t}$$

因为

$$\int_0^T \sin^2(\omega t + \varphi_0)]\mathrm{d}t = \int_0^T \frac{1 - \cos 2(\omega t + \varphi_0)}{2} \mathrm{d}t = \frac{T}{2}$$

所以

$$I = \sqrt{\frac{1}{T} I_\text{m}^2 \frac{T}{2}} = \frac{I_\text{m}}{\sqrt{2}}$$

即

$$I_\text{m} = \sqrt{2} I \tag{5-5}$$

可见,最大值为有效值的 $\sqrt{2}$ 倍,同理

$$U_{\mathrm{m}} = \sqrt{2}U, \quad E_{\mathrm{m}} = \sqrt{2}E \tag{5-6}$$

5.1.3　初相位与相位差

将正弦量 $u = U_{\mathrm{m}}\sin(\omega t + \varphi_0)$ 中 $\omega t + \varphi_0$ 称为正弦量的相位（相位角），它反映正弦量的变化进程。当相位角随时间连续变化时，正弦量的瞬时值也随之连续变化。在正弦量的一般表达式 $u = U_{\mathrm{m}}\sin(\omega t + \varphi_0)$ 中，当 $t = 0$ 时的相位角称为初相位角或初相位 φ_0。

在同一个正弦交流电路中，电压 u 和电流 i 的频率是相同的，但初相位不一定相同，如图 5-2（a）所示。图中 u 和 i 的波形可用下式表示

$$u = U_{\mathrm{m}}\sin(\omega t + \varphi_1)$$
$$i = I_{\mathrm{m}}\sin(\omega t + \varphi_2)$$

它们的初相位分别为 φ_1 和 φ_2。

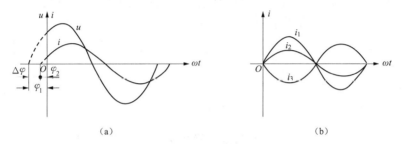

图 5-2　同频率正弦量的相位关系
（a）u 与 i 的初相位不相等；（b）正弦量的同相和反相

两个同频率正弦量的相位角之差或初相位之差，称为相位角差或相位差，用 $\Delta\varphi$ 表示，即

$$\Delta\varphi = (\omega t + \varphi_1) - (\omega t + \varphi_2) = \varphi_1 - \varphi_2 \tag{5-7}$$

相位差与时间 t 无关，它表明了在同一时刻两个同频率的正弦量间的相位关系。若 $\Delta\varphi = \varphi_1 - \varphi_2 > 0$，则称正弦电流 u 比 i 超前 $\Delta\varphi$ 角或称 i 比 u 滞后 $\Delta\varphi$ 角，其波形如图 5-2（a）所示。超前与滞后是相对的，是指它们到达正的最大值的先后顺序。若 $\Delta\varphi = \varphi_1 - \varphi_2 < 0$，则称 u 比 i 滞后 $\Delta\varphi$ 角或说 i 比 u 超前 $\Delta\varphi$ 角。

如图 5-2（b）中 i 与 i_2 所示，$\Delta\varphi = \varphi_1 - \varphi_2 = 0$，则称 i_1 与 i_2 同相位，简称同相。如图 5-2（b）中 i_1 与 i_3 所示，$\Delta\varphi = \varphi_1 - \varphi_3 = 180°$，则称 i_1 与 i_3 反相位，简称反相。

通常，正弦量的初相位和相位差用绝对值小于等于 π 的角度表示。若初相和相位差大于 π，要用（$\omega t \pm 2\pi$）的角度表示。例如 $u = U_{\mathrm{m}}\sin(\omega t + 240°)$ 中，初相位可写为 $240° - 360° = -120°$，即电压表达式可写为 $u = U_{\mathrm{m}}\sin(\omega t - 120°)$。

在正弦交流电路分析中，当所有正弦量的初相位都未知时，常设其中一个正弦量的初相为零，其余各正弦量的初相位都以它们与此正弦量的相位差表示。所设初相为零的正弦量称为参考正弦量。

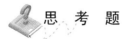 思　考　题

1. 若某电路中，$u = 380\sin(314t - 30°)\mathrm{V}$。

试完成：（1）指出它的频率、周期、角频率、幅值、有效值及初相位各为多少。

（2）画出波形图。

2. 若 $u_1=10\sin(100\pi t+30°)\mathrm{V}$，$u_2=15\sin(200\pi t-15°)\mathrm{V}$，则两者的相位差为 $\Delta\varphi=30°-(-15°)=45°$，对吗？为什么？

3. 若 $u_1=10\sin(100\pi t+30°)\mathrm{V}$，$i_1=2\sin(100\pi t+60°)\mathrm{A}$，则 u_1 与 i_1 的相位关系是什么？

4. 已知某正弦电压在 $t=0$ 时为 230V，其初相位为 $45°$，试求它的有效值。

5.2 正弦量的相量法

相量法是线性正弦稳态电路分析的一种有效而又简便的方法。但复数运算是其基础，为此先对复数的相关知识做一简单复习。

5.2.1 复数

（1）复数的主要表示形式。

1）代数形式。复数 F 的代数形式为

$$F = a + \mathrm{j}b \tag{5-8}$$

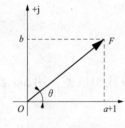

图 5-3 复数的表示

式中：a、b 分别为复数 F 的实部和虚部；j 为虚数单位，在数学中，虚数单位为 i，在电工技术中，因 i 已表示了电流，故采用 j 表示虚数单位，以免混淆。

式（5-8）又称为复数的代数式。

复数 F 既可以在复平面上用一个点 F 表示，也可用一条从坐标原点 O 指向 F 的有向线段表示，如图 5-3 所示。a、b 则表示 F 在复平面上对应的坐标。

2）复数的三角形式。复数 F 的三角形式为

$$F = |F|(\cos\theta + \mathrm{j}\sin\theta) \tag{5-9}$$

式中：$|F|$ 称作复数 F 的模（值）；θ 为复数的幅角，即 $\theta=\mathrm{argtan}F$。

上述两种表示形式之间的关系为

$$a = |F|\cos\theta, \quad b = |F|\sin\theta, \quad |F| = \sqrt{a^2+b^2}, \quad \theta = \mathrm{argtan}\frac{b}{a}$$

3）指数形式。复数 F 的指数形式为

$$F = |F|\mathrm{e}^{\mathrm{j}\theta} \tag{5-10}$$

4）极坐标形式。复数 F 的极坐标形式为

$$F = |F|\underline{/\theta} \tag{5-11}$$

（2）复数的四则运算。设复数

$$F_1 = a_1 + \mathrm{j}b_1 = |F_1|\mathrm{e}^{\mathrm{j}\theta_1}, \quad F_2 = a_2 + \mathrm{j}b_2 = |F_2|\mathrm{e}^{\mathrm{j}\theta_2}$$

1）复数的相等运算。

$$a_1 = a_2, b_1 = b_2 \text{ 或 } |F_1| = |F_2|, \theta_1 = \theta_2.$$

2）复数的加减运算。
$$F_1 \pm F_2 = (a_1 + \mathrm{j}b_1) \pm (a_2 + \mathrm{j}b_2) = (a_1 + a_2) + \mathrm{j}(b_1 \pm b_2)$$

3）复数相乘除运算。
$$F_1 F_2 = |F_1| \angle \theta_1 \ |F_2| \angle \theta_2 = |F_1||F_2| \angle \theta_1 + \theta_2$$
$$\frac{F_1}{F_2} = \frac{|F_1| \angle \theta_1}{|F_2| \angle \theta_2} = \frac{|F_1|}{|F_2|} \angle \theta_1 - \theta_2$$

5.2.2　正弦量的相量表示

一个复数可以用复平面内的一个有向线段（复矢量）来表示，故正弦量可以用这样的旋转矢量表示。

为了与一般的复数相区别，把表示正弦量的复数称为相量，并在大写字母上打"·"表示。表示正弦电压 $u = U_\mathrm{m}\sin(\omega t + \varphi)$ 的相量为
$$\dot{U} = U_\mathrm{m}(\cos\varphi + \mathrm{j}\sin\varphi) = U_\mathrm{m} \angle \varphi \tag{5-12}$$
或
$$\dot{U} = U(\cos\varphi + \mathrm{j}\sin\varphi) = U \angle \varphi \tag{5-13}$$

式中：$\dot{U}_\mathrm{m}$ 为电压的幅值相量；$\dot{U}$ 为电压的有效值相量，一般用有效值相量表示正弦量。

注意，相量只是表示正弦量，而不是等于正弦量。由于在分析线性电路时，正弦激励和响应均为同频率的正弦量，频率是已知的，可不必考虑，只要求出正弦量的幅值（或有效值）和初相位即可。

只有正弦量才能用相量表示，相量不能表示非正弦量。

5.2.3　正弦量的微分、积分以及同频率正弦量的代数和

（1）正弦量的微分。

设正弦量 $i = \sqrt{2}I\cos(\omega t + \psi_1) = \mathrm{Re}[\sqrt{2}\dot{I}\mathrm{e}^{\mathrm{j}\omega t}]$，则有
$$\frac{\mathrm{d}i}{\mathrm{d}t} = \frac{\mathrm{d}}{\mathrm{d}t}\mathrm{Re}[\sqrt{2}\dot{I}\mathrm{e}^{\mathrm{j}\omega t}] = \mathrm{Re}\left[\frac{\mathrm{d}}{\mathrm{d}t}(\sqrt{2}\dot{I}\mathrm{e}^{\mathrm{j}\omega t})\right]$$

即对复指数函数实部的导数就等于对复指数函数求导后取实部，其结果为
$$\frac{\mathrm{d}i}{\mathrm{d}t} = \mathrm{Re}[\sqrt{2}(\mathrm{j}\omega\dot{I})\mathrm{e}^{\mathrm{j}\omega t}] \tag{5-14}$$

即 $\frac{\mathrm{d}i}{\mathrm{d}t}$ 的相量为 i 的相量 $\dot{I} \times \mathrm{j}\omega = \mathrm{j}\omega\dot{I}$。

（2）正弦量的积分。设正弦量 $i = \sqrt{2}I\cos(\omega t + \psi_1) = \mathrm{Re}[\sqrt{2}\dot{I}\mathrm{e}^{\mathrm{j}\omega t}]$，则有
$$\int i\mathrm{d}t = \int \mathrm{Re}[\sqrt{2}\dot{I}\mathrm{e}^{\mathrm{j}\omega t}]\mathrm{d}t = \mathrm{Re}\int \sqrt{2}\dot{I}\mathrm{e}^{\mathrm{j}\omega t}\mathrm{d}t = \mathrm{Re}\left[\sqrt{2}\left(\frac{\dot{I}}{\mathrm{j}\omega}\right)\mathrm{e}^{\mathrm{j}\omega t}\right] \tag{5-15}$$

可见，$\int i\mathrm{d}t$ 的相量为 $\frac{\dot{I}}{\mathrm{j}\omega}$。

（3）同频率正弦量的代数和。

设 $i_1 = \sqrt{2}I_1\cos(\omega t + \psi_1)$，$i_2 = \sqrt{2}I_2\cos(\omega t + \psi_2)$，…，求 $i = i_1 + i_2 + \cdots$。
$$i = \mathrm{Re}[\sqrt{2}\dot{I}_1\mathrm{e}^{\mathrm{j}\omega t}] + \mathrm{Re}[\sqrt{2}\dot{I}_2\mathrm{e}^{\mathrm{j}\omega t}] + \cdots = \mathrm{Re}[\sqrt{2}(\dot{I}_1 + \dot{I}_2 + \cdots)\mathrm{e}^{\mathrm{j}\omega t}]$$

因 $i = \mathrm{Re}[\sqrt{2}\dot{I}\mathrm{e}^{\mathrm{j}\omega t}]$，所以有

$$\mathrm{Re}\left[\sqrt{2}\dot{I}\mathrm{e}^{\mathrm{j}\omega t}\right]=\mathrm{Re}\left[\sqrt{2}(\dot{I}_1+\dot{I}_2+\cdots)\mathrm{e}^{\mathrm{j}\omega t}\right]$$

由于上式对任何时刻 t 都成立，故有

$$\dot{I}=\dot{I}_1+\dot{I}_2+\cdots \tag{5-16}$$

【例 5-1】 试写出表示 $u_\mathrm{A}=220\sqrt{2}\sin314t\mathrm{V}$，$u_\mathrm{B}=220\sqrt{2}\sin(314t-120°)\ \mathrm{V}$ 和 $u_\mathrm{C}=220\sqrt{2}\sin(314t+120°)\ \mathrm{V}$ 的相量，并画出相量图。

解 分别用有效值相量 $\dot{U}_\mathrm{A}$、$\dot{U}_\mathrm{B}$、$\dot{U}_\mathrm{C}$ 表示正弦电压 u_A、u_B 和 u_C，则

$$\dot{U}_\mathrm{A}=220\ \underline{/0°}\ \mathrm{V}=220\mathrm{V}$$

$$\dot{U}_\mathrm{B}=220\ \underline{/-120°}\ \mathrm{V}=220\left(-\frac{1}{2}-\mathrm{j}\frac{\sqrt{3}}{2}\right)\mathrm{V}$$

$$\dot{U}_\mathrm{C}=220\ \underline{/120°}\ \mathrm{V}=220\left(-\frac{1}{2}-\mathrm{j}\frac{\sqrt{3}}{2}\right)\mathrm{V}$$

相量图如图 5-4 所示。

【例 5-2】 在图 5-5 所示的电路中，设 $i_1=30\sqrt{2}\sin(\omega t+0°)\mathrm{A}$，$i_2=40\sqrt{2}\sin(\omega t+90°)\mathrm{A}$，试求总电流 i。

解 根据表示正弦量的几种方法对本题分别进行计算如下。

（1）用相量法求解。

将 $i=i_1+i_2$ 化为基尔霍夫电流定律的相量表示式，则 i 的相量 $\dot{I}$ 为

$$\dot{I}=\dot{I}_1+\dot{I}_2=I_1\ \underline{/\varphi_1}+I_2\ \underline{/\varphi_2}=30\ \underline{/0°}+40\ \underline{/90°}$$
$$=(30\cos0°+\mathrm{j}30\sin0°)+(40\cos90°+\mathrm{j}40\sin90°)$$
$$=30+\mathrm{j}0+0+\mathrm{j}40=50\ \underline{/53.1°}\ (\mathrm{A})$$

则 $$i=50\sqrt{2}\sin(\omega t+53.1°)\mathrm{A}$$

（2）用相量图法求解。先作出表示 i_1 和 i_2 的相量 $\dot{I}_1$ 和 $\dot{I}_2$，而后以 $\dot{I}_1$ 和 $\dot{I}_2$ 为两邻边作一平行四边形，其对角线即为总电流 i 的有效值相量 $\dot{I}$，它与横轴正方向间的夹角即为初相位，如图 5-6 所示。相量图求解法采用矢量图的加减乘除作图规则。

　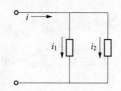　

图 5-4 [例 5-1] 图　　　图 5-5 ［例 5-2］图（一）　　　图 5-6 [例 5-2] 图（二）

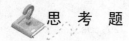 思 考 题

说明同频率正弦量才能用相量进行运算的原因。

5.3　电路定律的相量形式

5.3.1　基尔霍夫定律的相量形式

在正弦交流电路中，由于激励源都是同频率的正弦量，因此电路中所有的响应（电压和电流）也都必然是与激励同频率的正弦量，应用相量法就可以得到 KVL 的相量形式。

在时域电路中，对任何一个节点，根据 KCL 必有

$$\sum i = 0$$

由于各支路电流也都是同频率正弦量，故可得其相量形式为

$$\sum \dot{I} = 0$$

同理，对电路中的任何一个回路，根据 KVL 必有

$$\sum u = 0$$

由于各支路电压也都是同频率正弦量，故可得其相量形式为

$$\sum \dot{U} = 0$$

5.3.2　电阻、电感、电容元件的电压、电流关系的相量形式

分析各种正弦交流电路，主要是确定电路中电压与电流之间的关系（包括大小和相位）。分析各种交流电路时，首先掌握单一参数电路中电压与电流之间的关系，其他电路是一些单一参数元件的组合。下面分析电阻、电感、电容元件的单一参数交流电路。

1. 电阻元件

在图 5-7（a）所示电阻元件（阻值为 R）中，其 u_R、i_R 符合欧姆定律，即

$$u_R = R i_R \left(\text{或 } i_R = \frac{u_R}{R} \right)$$

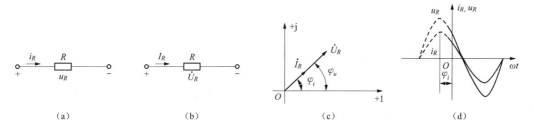

图 5-7　电阻元件的电压、电流关系

(a) 电路；(b) 相量模型；(c) $\dot{U}_R$、$\dot{I}_R$ 相量图；(d) u_R、i_R 波形图

假定加在电阻元件两端的交流电压为 $u_R = \sqrt{2} U_R \sin(\omega t + \varphi_u)$，则流过电阻元件的电流 i_R 也必为同频率的正弦量，其一般式为

$$i_R = \sqrt{2} I_R \sin(\omega t + \varphi_i)$$

代入电阻元件的电压、电流关系式，即可得到

$$U_R = R I_R, \quad \varphi_u = \varphi_i$$

其 VCR 的相量式为

$$\dot{U}_R = R\dot{I}_R \ \text{或}\ \dot{I}_R = G\dot{U}_R, \quad G = \frac{1}{R}$$

其中

$$\dot{U}_R = U_R \underline{/\varphi_u}, \quad \dot{I}_R = I_R \underline{/\varphi_i}$$

由此可得电阻元件的相量模型，如图 5-7（b）所示。由于 u_R 与 i_R 同相位，故相位差 $\varphi = \varphi_u - \varphi_i = 0$，电压 $\dot{U}_R$ 与电流 $\dot{I}_R$ 的相量图以及 u_R、i_R 的波形图如图 5-7（c）和图 5-7（d）所示。

　　2. 电感元件

　　在图 5-8（a）所示电感元件（电感值为 L）中，其 u_L、i_L 取关联参考方向，则有 $u_L = L\dfrac{\mathrm{d}i_L}{\mathrm{d}t}$。假定

$$i_L = \sqrt{2}I_L \sin(\omega t + \varphi_i)$$

则 u_L 必有下述一般式

$$u_L = \sqrt{2}U_L \sin(\omega t + \varphi_u)$$

　　利用正弦量微分的相量形式，则其相量式为

$$\dot{U}_L = \mathrm{j}\omega L \dot{I}_L$$

其中

$$\dot{U}_L = U_L \underline{/\varphi_u}, \quad \dot{I}_L = I_L \underline{/\varphi_i}$$

所以有

$$U_L = \omega L I_L = X_L I_L, \quad \varphi_u = \varphi_i + 90°$$

式中 $X_L = \omega L$ 称作电感的感抗，单位为 Ω。

　　由上述可以看出：电感电压 $\dot{U}_L$ 比电流 $\dot{I}_L$ 超前 90°。X_L 与 ω 成正比，当 $\omega = 0$ 时，$X_L = \omega L = 0$，说明电感在直流电路中相当于短路。电感元件在电路中的相量模型如图 5-8（b）所示。电压 $\dot{U}_L$ 与电流 $\dot{I}_L$ 的相量图以及 u_L、i_L 的波形图如图 5-8（c）和图 5-8（d）所示。

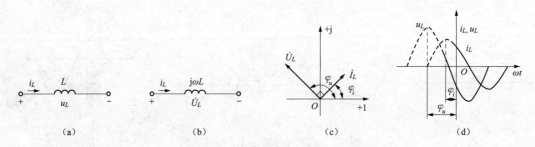

图 5-8　电感元件的电压、电流关系

(a) 电路；(b) 相量模型；(c) $\dot{U}_L$、$\dot{I}_L$ 相量图；(d) u_L、i_L 波形图

　　3. 电容元件

　　在图 5-9（a）所示电容元件（其电容值为 C）中，其 u_C、i_C 取关联参考方向，则有 $i_C = C\dfrac{\mathrm{d}u_C}{\mathrm{d}t}$。假定

$$u_C = \sqrt{2}U_C \sin(\omega t + \varphi_u)$$

则 i_C 必有下述一般式

$$i_C = \sqrt{2}I_C\sin(\omega t + \varphi_i)$$

利用正弦量微分的相量形式，则其相量式为

$$\dot{I} = \mathrm{j}\omega C\dot{U}_C, \quad \dot{U}_C = \frac{1}{\mathrm{j}\omega C}\dot{I}_C$$

其中　　　　　　　　$\dot{U}_C = U_C \angle \varphi_u, \quad \dot{I}_C = I_C \angle \varphi_i$

所以有

$$U_C = \frac{1}{\omega C}I_C = X_C I_C, \quad \varphi_u = \varphi_i - 90°$$

式中：$X_C = \dfrac{1}{\omega C}$ 称作电容的容抗，单位为 Ω。

　　由上述可以看出：电容电压 $\dot{U}_C$ 比电流 $\dot{I}_C$ 滞后 90°。X_C 与 ω 成反比，当 $\omega = 0$ 时 $X_C \to \infty$，说明电容在直流电路中相当于开路，即电容元件具有隔直作用。电容元件的相量模型如图 5-9（b）所示。电压 $\dot{U}_C$ 与电流 $\dot{I}_C$ 的相量图以及 u_C、i_C 的波形图如图 5-9（c）和图 5-9（d）所示。

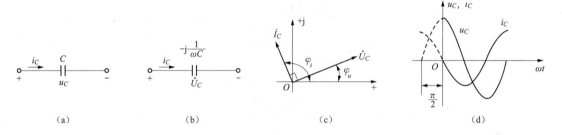

图 5-9　电容元件的电压、电流关系式

（a）电路；（b）相量模型；（c）$\dot{U}_C$、$\dot{I}_C$ 相量图；（d）u_C、i_C 波形图

 思　考　题

1. 指出下列各式哪些是对的，哪些是错的（均为单一参数电路）。

（1）$\dfrac{u}{i} = X_L$

（2）$\dfrac{\dot{U}}{\dot{I}} = \mathrm{j}\omega L$

（3）$\dfrac{U}{\dot{I}} = X_C$

（4）$\dot{I} = -\mathrm{j}\dfrac{\dot{U}}{\omega L}$

（5）$\dot{I} = \mathrm{j}\omega C\dot{U}$

（6）$i = Ru$

2. 交流电压 $u = 100\sqrt{2}\sin 314t$ V 作用在 20Ω 电阻两端，试写出电流的瞬时值函数式。

3. 正弦电源电压为 220V，频率 $f = 50\text{Hz}$，若将此电源电压加于电感 $L = 0.024\text{H}$ 而电

阻很小可忽略不计的线圈两端，试求：

(1) 线圈的感抗 X_L；

(2) 线圈中的电流。

4. 已知某电容器的电容为 $C=10\mu\mathrm{F}$，若将它分别接在工频、220V 和 500Hz、220V 的电源上，求通过电容器的电流。

5.4　复阻抗和复导纳

复阻抗和复导纳的概念及运算是正弦稳态电路分析的重要内容之一。下面以 RLC 串并联电路为例来引入复阻抗和复导纳的概念。

5.4.1　复阻抗

RLC 串联电路如图 5-10 所示。

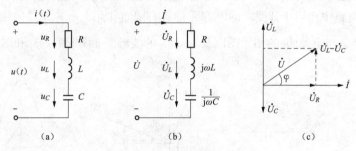

图 5-10　RLC 串联电路

(a) 电路图；(b) 相量模型；(c) 相量图

图 5-10 (a) 是一个由 R、L 和 C 串联组成的电路，当电路在正弦电压 $u(t)$ 的激励下，有正弦电流 $i(t)$ 通过，而且在各元件上引起的响应 u_R、u_L 和 u_C 也是同频率的正弦量，它们的相量关系为

$$\dot{U}_R = R\dot{I}, \quad \dot{U}_L = \mathrm{j}\omega L\dot{I}, \quad \dot{U}_C = \frac{\dot{I}}{\mathrm{j}\omega C}$$

与图 5-10 (a) 电路对应的相量模型如图 5-10 (b) 所示。由基尔霍夫电压定律，可写出电阻、电感与电容串联电路的电压相量方程式为

$$\dot{U} = \dot{U}_R + \dot{U}_L + \dot{U}_C$$

因串联电路中各元件上的电流是相同的，故选电流 $\dot{I}$ 为参考相量，电阻两端电压 $\dot{U}_R$ 与电流 $\dot{I}$ 同相，电感两端电压 $\dot{U}_L$ 超前电流 $\dot{I}$ 90°，电容两端电压 $\dot{U}_C$ 滞后电流 $\dot{I}$ 90°，由此做出电路的相量图，如图 5-10 (c) 所示。由图 5-10 (c) 可得

$$U = \sqrt{U_R^2 + (U_L - U_C)^2} = I\sqrt{R^2 + (X_L - X_C)^2} = I\sqrt{R^2 + X^2} \tag{5-17}$$

式中：$X = X_L - X_C$ 称为电路电抗，它是反映感抗和容抗的综合限流作用而导出的参数。

因为串联的电感与电容上电压的相位差为 180°，故其等效电压为它们的相量之和，即

$$\dot{U}_X = \dot{U}_L + \dot{U}_C = \mathrm{j}X_L\dot{I} - \mathrm{j}X_C\dot{I} = \mathrm{j}(X_L - X_C)\dot{I} = \mathrm{j}X\dot{I}$$

由式 (5-17) 可以看出，$\dot{U}$、$\dot{U}_X$、$\dot{U}_R$ 构成一直角三角形，称为电压三角形，如图 5-11 (a) 所示，由图可得

$$\dot{U} = \dot{I}\left(R + j\omega L - j\frac{1}{\omega C}\right) = \dot{I}[R + j(X_L - X_C)] = \dot{I}(R + jX) = \dot{I}Z \qquad (5\text{-}18)$$

$$Z = R + jX = |Z| \angle \varphi \qquad (5\text{-}19)$$

式中：Z 称为复阻抗，简称为阻抗，它是反映电阻和电抗的综合限流作用而导出的参数，即

$$|Z| = \sqrt{R^2 + X^2} = \sqrt{R^2 + (X_L - X_C)^2} \qquad (5\text{-}20)$$

式中：$|Z|$ 为电路的阻抗，Ω（欧）。由式（5-20）可知，Z、R、X 之间的关系构成阻抗三角形，如图 5-11（b）所示。

$$\varphi = \arctan \frac{X}{R} = \arctan \frac{X_L - X_C}{R} \qquad (5\text{-}21)$$

$\dot{U} = \dot{I}Z$ 称为欧姆定律的相量式。若设 $\dot{U} = U \angle \varphi_u$，$\dot{I} = I \angle \varphi_i$，则

$$Z = \frac{\dot{U}}{\dot{I}} = \frac{U \angle \varphi_u}{I \angle \varphi_i} = \frac{U}{I} \angle (\varphi_u - \varphi_i) = |Z| \angle \varphi \qquad (5\text{-}22)$$

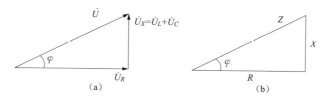

图 5-11 电压三角形和阻抗三角形

(a) 电压三角形；(b) 阻抗三角形

根据 φ 或 X 均可判断电路的性质：若 $X_L > X_C$，即 $\varphi > 0$，则在相位上电压超前电流 φ 角，电路中电感的作用大于电容的作用，电路为电感性；若 $X_L < X_C$，即 $\varphi < 0$，则在相位上电压滞后电流 φ 角，电路中电感的作用小于电容的作用，电路为电容性；若 $X_L = X_C$，即 $\varphi = 0$，则在相位上电压与电流同相，电路呈纯电阻性。

【例 5-3】 在 RLC 串联电路中，已知 $R = 15\Omega$，$L = 12\text{mH}$，$C = 5\mu\text{F}$，电源电压 $u = 220\sqrt{2}\sin(314t + 30°)\text{V}$，试求电路在稳态时的电流和各元件上的电压，并画出相量图。

解 （1）先写出已知相量和元件的导出参数，即

$$\dot{U} = 220 \angle 30° \text{ V}$$

$$X_L = \omega L = 314 \times 12 \times 10^{-3} = 3.768(\Omega)$$

$$X_C = \frac{1}{\omega C} = \frac{1}{314 \times 5 \times 10^{-6}} = 636.94(\Omega)$$

（2）相量模型如图 5-12（a）所示，由相量模型可求得

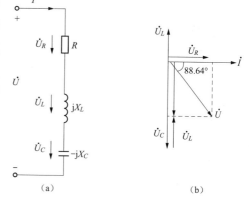

图 5-12 ［例 5-3］图

(a) 相量模型；(b) 相量图

$$Z = R + j(X_L - X_C) = 15 + j(3.768 - 636.94) = 633.35 \angle -88.64°(\Omega)$$

$$\dot{I} = \frac{\dot{U}}{Z} = \frac{220 \angle 30°}{633.35 \angle -88.64°} = 0.347 \angle 118.64° \text{ (A)}$$

$$\dot{U}_R = \dot{I}R = 0.347\underline{/118.64°} \times 15 = 5.21\underline{/118.64°}\text{(V)}$$

$$\dot{U}_L = j\omega L\dot{I} = 3.768\underline{/90°} \times 0.347\underline{/118.64°} = 1.307\underline{/208.64°}\text{(V)}$$

$$\dot{U}_C = -j\frac{1}{\omega C}\dot{I} = 636.94\underline{/-60°} \times 0.347\underline{/118.64°} = 221.01\underline{/28.64°}\text{(V)}$$

（3）由各相量写出相应的瞬时表达式为

$$i = 0.347\sqrt{2}\sin(314t+118.64°)\text{A}$$

$$u_R = 5.21\sqrt{2}\sin(314t+118.64°)\text{V}$$

$$u_L = 1.307\sqrt{2}\sin(314t+208.64°)\text{V}$$

$$u_C = 221.01\sqrt{2}\sin(314t+28.64°)\text{V}$$

根据结果以电流为参考相量画相量图，如图 5-12（b）所示。

5.4.2 复导纳

复导纳 Y 可定义为复阻抗 Z 的倒数，即

$$Y = \frac{\dot{I}}{\dot{U}} = \frac{1}{Z} = \frac{I}{U}\underline{/\varphi_i-\varphi_u} = |Y|\underline{/\varphi} \tag{5-23}$$

式中：$|Y|$ 称作 Y 的模，$|Y|=\frac{I}{U}$；φ 称作导纳角，$\varphi=\varphi_i-\varphi_u$。

导纳的代数形式可写作

$$Y = G+jB \tag{5-24}$$

式中：G、B 分别称作电导和电纳。

如果电路由 RLC 并联构成，如图 5-13（a）所示，当电路在正弦电压 $u(t)$ 的激励下，在各元件上引起的响应 i_R、i_L 和 i_C 也是同频率的正弦量，相量模型如图 5-13（b）所示，由基尔霍夫电流定律，可列出 RLC 并联电路的电流相量方程式，即

$$\dot{I} = \dot{I}_R + \dot{I}_L + \dot{I}_C \tag{5-25}$$

各支路电流相量分别表示为

$$\dot{I}_R = \frac{\dot{U}}{R}, \quad \dot{I}_L = \frac{\dot{U}}{jX_L} = -j\frac{\dot{U}}{X_L}, \quad \dot{I}_C = \frac{\dot{U}}{-jX_C} = j\frac{\dot{U}}{X_C}$$

故有

$$Y = \frac{\dot{I}}{\dot{U}} = \frac{1}{R} + \frac{1}{j\omega L} + j\omega C = G + j\left(\omega C - \frac{1}{\omega L}\right)$$

$$= G + j\omega(B_G - B_L) = G + jB = |Y|\underline{/\varphi} \tag{5-26}$$

其中

$$|G| = \sqrt{G^2+B^2} = \sqrt{G^2+(B_C-B_L)^2}$$

$$\varphi = \arctan\frac{B}{G} = \arctan\frac{\omega C - \frac{1}{\omega L}}{G} \tag{5-27}$$

式中：B_C 为容纳；B_L 为感纳。

在并联电路中，由于各支路的端电压相同，选电压为参考相量，画出相量图如图 5-13（c）所示。

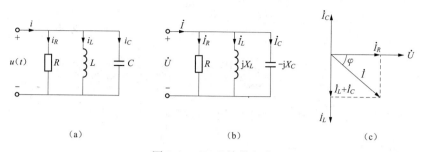

图 5-13　RLC 并联电路

(a) 初始电路；(b) 相量模型；(c) 相量图

5.4.3　复阻抗（复导纳）的串联和并联

1. 串联

图 5-14 所示是两个复阻抗 Z_1 和 Z_2 串联的电路，根据 KVL 可写出它的相量式

$$\dot{U} = \dot{U}_1 + \dot{U}_2 = \dot{I}Z_1 + \dot{I}Z_2 = \dot{I}(Z_1 + Z_2)$$

两个串联的复阻抗可用一个等效复阻抗来代替，在同样电压的作用下，电路中电流的有效值和相位保持不变。根据图 5-14 (b) 所示的等效电路可写出

$$\dot{U} = \dot{I}Z$$

其中

$$Z = Z_1 + Z_2$$

可见，电路的等效复阻抗等于各个串联复阻抗之和。

n 个复阻抗 Z_1、Z_2，…，Z_n 相串联，也可以等效为一个复阻抗 Z，即

$$Z = Z_1 + Z_2 + \cdots + Z_n$$

2. 并联

图 5-15 (a) 是两个复阻抗 Z_1 和 Z_2 并联电路，根据 KCL 可写出它的相量式

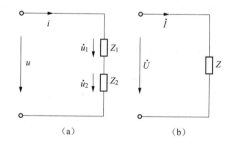

图 5-14　复阻抗串联电路

(a) 复阻抗的串联电路；(b) 等效电路

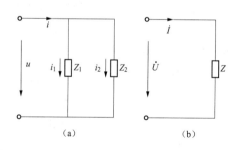

图 5-15　复阻抗并联电路

(a) 复阻抗的并联电路图；(b) 等效电路

$$\dot{I} = \dot{I}_1 + \dot{I}_2 = \frac{\dot{U}}{Z_1} + \frac{\dot{U}}{Z_2} = \dot{U}\left(\frac{1}{Z_1} + \frac{1}{Z_2}\right) = \frac{\dot{U}}{Z} = \dot{U}Y$$

可见，两个并联的复阻抗可用一个等效复阻抗 Z 来代替，其中

$$\frac{1}{Z} = \frac{1}{Z_1} + \frac{1}{Z_2}（或 Y = Y_1 + Y_2）$$

即

$$Z = \frac{Z_1 Z_2}{Z_1 + Z_2}$$

同理，n 个复阻抗 Z_1，Z_2，…，Z_n 相并联，也可以等效为一个复阻抗 Z，即

$$Y = Y_1 + Y_2 + \cdots + Y_n \left(或 \frac{1}{Z} = \frac{1}{Z_1} + \frac{1}{Z_2} + \cdots + \frac{1}{Z_n} \right)$$

思 考 题

1. 在下列 RLC 串联电路中，试判断下列各式哪些是错的，哪些是对的。

(1) $i = \dfrac{u}{|Z|}$

(2) $I = \dfrac{U}{R + X_L + X_C}$

(3) $I = \dfrac{U}{R + j\omega L - j\dfrac{1}{\omega C}}$

(4) $I = \dfrac{U}{\sqrt{R^2 + (X_L - X_C)^2}}$

(5) $u = u_R + u_L + u_C$

(6) $U = U_R + U_L + U_C$

(7) $u = Ri + L\dfrac{\mathrm{d}i}{\mathrm{d}t} + \dfrac{1}{C}\int i\mathrm{d}t$

(8) $U = U_R + U_L + U_C$

(9) $I = \dfrac{U}{|Z|}$

2. RL 串联电路的阻抗 $Z = 3 + j4\Omega$。试问该电路的电阻和感抗各为多少？若电源电压的有效值为 110V，则电路的电流为多少？

3. 有一 RLC 并联电路，已知 $R = X_L = X_C = 10\Omega$，电源电压为 20V，求总电流 I，并画出相量图。

4. 在图 5-16 所示的各电路中，由已知 $U_1 = 60V$，$U_2 = 80V$，$I_1 = 3A$，$I_2 = 4A$，求各未知量 U 或 I，并画出相量图。

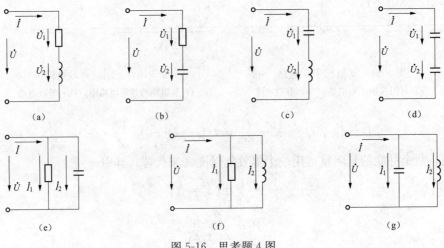

图 5-16 思考题 4 图

5.5　正弦稳态电路的分析

从以上各节的讨论可以看出：应用相量法分析正弦交流电路是通过引入正弦量的相量、复阻抗、复导纳的概念和元件的 VCR 及 KVL、KCL 的相量形式实现的，它们在形式上都与线性电阻电路相似。可见，用相量法分析线性正弦稳态电路时，在线性电阻电路中使用的各种分析方法和电路定理、定律这里均可应用，只是要注意这里的方程、定理、定律也都是用相量形式描述的，其计算规则为复数运算。

【例 5-4】　电路参数如图 5-17 所示，电源电压 $\dot{U}=220\angle 0°$ V，试求各支路电流 $\dot{I}_1$、$\dot{I}_2$、$\dot{I}_3$ 及电压 $\dot{U}_1$、$\dot{U}_{23}$。

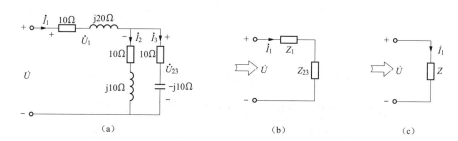

图 5-17　［例 5-4］图
(a) 电路图；(b) 化简电路（一）；(c) 化简电路（二）

解　各支路的阻抗和电路的等效复阻抗为

$$Z_1 = 10+j20 = 10\sqrt{5}\angle 63.5°(\Omega)$$
$$Z_2 = 10+j10 = 10\sqrt{2}\angle 45°(\Omega)$$
$$Z_3 = 10-j10 = 10\sqrt{2}\angle -45°(\Omega)$$
$$Z_{23} = \frac{Z_2 Z_3}{Z_2+Z_3} = \frac{10\sqrt{2}\angle 45°\times 10\sqrt{2}\angle -45°}{10+j10+10-j10} = 10(\Omega)$$
$$Z = Z_1+Z_{23} = 10+10+j20 = 20\sqrt{2}\angle 45°(\Omega)$$

各支路电流和电压为

$$\dot{I}_1 = \frac{\dot{U}}{Z} = \frac{220\angle 0°}{20\sqrt{2}\angle 45°} = 7.78\angle -45°\text{(A)}$$
$$\dot{U}_1 = \dot{I}_1 Z_1 = 7.78\angle -45°\times 10\sqrt{5}\angle 63.5° = 174\angle 18.5°\text{(V)}$$
$$\dot{U}_{23} = \dot{I}_{23}Z_{23} = 7.78\angle -45°\times 10 = 77.8\angle -45°\text{(V)}$$
$$\dot{I}_2 = \frac{\dot{U}_{23}}{Z_2} = \frac{77.8\angle -45°}{10\sqrt{2}\angle 45°} = 5.5\angle -90°\text{(A)}$$
$$\dot{I}_3 = \frac{\dot{U}_{23}}{Z_3} = \frac{77.8\angle -45°}{10\sqrt{2}\angle -45°} = 5.5\text{(A)}$$

【例 5-5】　在图 5-18（a）所示的电路中，已知 $R=15\Omega$，$X_L=2\Omega$，$X_{C_1}=3\Omega$，$X_{C_2}=$

12Ω，$U_S = 10 \angle 0°$ V，试用戴维南定理求通过 AB 支路的电流 I。

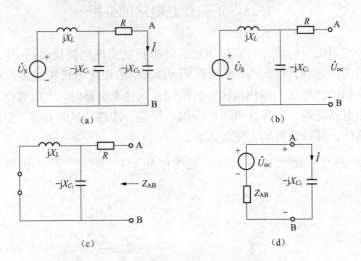

图 5-18　［例 5-5］图

(a) 电路图；(b) 求开路电压；(c) 求等效阻抗；(d) 等效电路

解　从 A、B 处将电路断开，如图 5-18 (b) 所示，求 A、B 两点的开路电压 U_{oc}。

$$U_{oc} = \frac{-jX_{C_1}}{jX_L - jX_{C_1}} = \frac{-j3}{j2 - j3} \times 10 \angle 0° = 30 \angle 0° \text{(V)}$$

将电压源短路，如图 5-18 (c) 所示，求 A、B 两点的复阻抗 Z_{AB}。

$$Z_{AB} = \frac{jX_L(-jX_{C_1})}{jX_L - jX_{C_1}} + R = \frac{j2 \times (-j3)}{j2 - j3} + 15 = 15 + j6 \text{(}\Omega\text{)}$$

做出戴维南等效电路，如图 5-18 (d) 所示，求 AB 支路的电流。

$$I = \frac{\dot{U}_{oc}}{Z_{AB} - jX_{C_2}} = \frac{30 \angle 0°}{15 + j6 - j12} = 1.85 \angle 12.8° \text{(A)}$$

【例 5-6】　如在图 5-19 (a) 所示电路中，$I_1 = I_2 = 10A$，$U = 100V$，$\dot{U}$ 与 $\dot{I}$ 同相，试求 I、R、X_C 及 X_L。

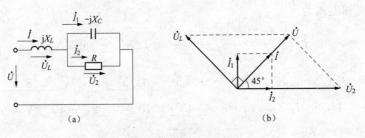

图 5-19　［例 5-6］图

(a) 电路图；(b) 相量图

解　以 $\dot{U}_2$ 为参考相量，作相量图如图 5-19 (b) 所示。由相量图中的电流三角形可得

$$I = \sqrt{I_1^2 + I_2^2} = \sqrt{10^2 + 10^2} = 10\sqrt{2} \text{(A)}$$

$$\varphi = \arctan \frac{I_1}{I_2} = \arctan 1 = 45°$$

根据给定的条件，$\dot{U}$ 与 $\dot{I}$ 同相位，$\dot{U}_L$ 超前于 $\dot{I}$ 90°，$\dot{U}_2$ 与 $\dot{I}_2$ 同相位，从相量图中看到电压三角形为一个等腰直角三角形，因此得

$$U_2 = U/\cos 45° = 141(V)$$
$$U_L = U = 100(V)$$
$$X_L = U_L/I = 100/(10\sqrt{2}) = 7.07(\Omega)$$
$$X_C = U_2/I_1 = 141/10 = 14.1(\Omega)$$
$$R = U_2/I_2 = 141/10 = 14.1(\Omega)$$

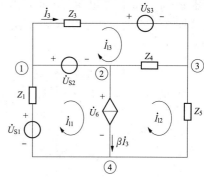

图 5-20 [例 5-7] 图

【例 5-7】 电路如图 5-20 所示，试列写电路的节点电压方程和回路电流方程。

解 此电路中存在无伴电流源和无伴电压源。列节点电压方程时，可选②作为参考节点，使

$$\dot{U}_{n1} = \dot{U}_{S2}$$

只需对节点③、④列节点方程如下

$$-Y_3\dot{U}_{n1} + (Y_3 + Y_4 + Y_5)\dot{U}_{n3} - Y_5\dot{U}_{n4} = -Y_3\dot{U}_{S3}$$

$$-Y_1\dot{U}_{n1} - Y_5\dot{U}_{n3} + (Y_1 + Y_5)\dot{U}_{n4} = \beta\dot{I}_3 - Y_1\dot{U}_{S1}$$

辅助方程为

$$\dot{I}_3 = Y_3(\dot{U}_{n1} - \dot{U}_{n3} - U_{S3})$$

$$\dot{U}_{n1} = \dot{U}_{S2}$$

列回路电流方程时，选网孔作为独立回路，并指定电流方向，如图 5-20 所示。设受控电流源的端电压为 $\dot{U}_6$，根据 KVL，有

$$\dot{I}_{l1}Z_1 + \dot{U}_6 = \dot{U}_{S1} - \dot{U}_{S2}$$

$$-\dot{U}_6 + (Z_4 + Z_5)\dot{I}_{l2} - Z_4\dot{I}_{l3} = 0$$

$$-Z_4\dot{I}_{l2} + (Z_3 + Z_4)\dot{I}_{l3} = \dot{U}_{S2} - \dot{U}_{S3}$$

辅助方程为

$$\dot{I}_{l1} - \dot{I}_{l2} = \beta\dot{I}_3$$

$$\dot{I}_3 = \dot{I}_{l3}$$

5.6 交流电路的功率

5.6.1 电路的功率

对图 5-21（a）所示的任意交流电路，在正弦稳态条件下，设其端口电压为 $u = U_m \sin(\omega t + \varphi_u)$，电流为 $i = I_m \sin(\omega t + \varphi_i)$，方向如图所示，为关联参考方向，则电路在任一瞬时的功率即瞬时功率为

$$p = ui = U_{\mathrm{m}} I_{\mathrm{m}} \sin(\omega t + \varphi_u) \sin(\omega t + \varphi_i) = 2UI\left[\frac{1}{2}\cos(\varphi_u - \varphi_i) - \frac{1}{2}\cos(2\omega t + \varphi_u + \varphi_i)\right]$$

$$= UI\cos\varphi - UI\cos(2\omega t + \varphi_u + \varphi_i) \tag{5-28}$$

式中 $\varphi = \varphi_u - \varphi_i$，是电压与电流的相位差，式（5-28）说明，网络吸收的瞬时功率包含有恒定分量（第一项）和正弦分量（第二项）两部分，且正弦分量的频率为电流（或电压）频率2倍。

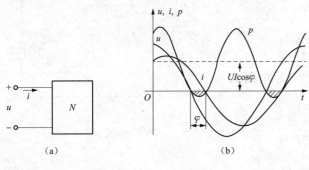

图 5-21　交流电路的功率
(a) 电路图；(b) 波形图

瞬时功率 p、电压 u、电流 i 的波形表示如图 5-21 (b) 所示。从图示波形可以看出：当 u 和 i 符号相同时，$p>0$，表示网络 N 从外电路吸收功率；当 u 和 i 符号相反时，$p<0$，表示网络 N 向外电路供出功率。网络 N 向外电路供出功率的大小，取决于 φ 的大小。当 $\varphi=0$（即 u 和 i 同相）时，p 始终为非负值，此时网络 N 只从外电路吸收功率；随着 $|\varphi|$ 的逐渐增大，p 的波形逐渐下移，$p<0$ 的区域逐渐增大；当 $|\varphi| = \dfrac{\pi}{2}$ 时，$p>0$ 和 $p<0$ 各占正弦波的半周，此时的物理过程反映了 N 完全的储存与释放能量过程，表现出电感和电容元件的功率特性；$|\varphi|$ 继续增大，p 的波形继续下移，此时，p 的波形大部分在横轴之下；当 $|\varphi| = \pi$（即 u 和 i 反相）时，则 p 的波形全部位于横轴之下，此时，网络只向外电路供出功率。

从上述讨论可以看出，就一般网络而言，事实上，当 $|\varphi| > \dfrac{\pi}{2}$ 时，网络 N 向外电路供出率大于从外电路吸收的功率，网络实际上是向外电路供电，N 中必有独立源。如果网络是无源的，则 φ 必为该网络的阻抗角，即 $0 \leqslant |\varphi| \leqslant \dfrac{\pi}{2}$，此时，$p<0$ 的波形包围的面积不会大于 $p>0$ 的波形包围的面积。其中两种极端情况是：① $\varphi=0$，$p \geqslant 0$，此时网络呈现纯阻性质，从外电路吸收功率；② $|\varphi| = \dfrac{\pi}{2}$，$p>0$ 和 $p<0$ 各占正弦波半周，此时网络呈纯电抗性质，一周期中，一半时间从外电路吸收功率（能量）并储存于电抗元件的电磁场中，另一半时间储存的能量向外电路释放（供出），网络本身不消耗能量（功率）。处于这两种情况之间时，网络从外电路吸收功率大于网络向外电路释放（供出）的功率，这主要是因为 N 吸收的功率的一部分被网络 N 中的电阻消耗掉了，而网络 N 吸收功率的另一部分则反映了外施电源与网络 N 的能量交换。

由于瞬时功率不便于测量，实际意义也不大，故引入了平均功率的概念。平均功率指瞬时功率在一个周期内的平均值，又称有功功率，其定义式为

$$p = \frac{1}{T}\int_0^T p\,\mathrm{d}t = \frac{1}{T}\int_0^T \left[UI\cos\varphi - UI\cos(2\omega t + \varphi_u + \varphi_i)\right]\mathrm{d}t = UI\cos\varphi \tag{5-29}$$

有功功率表示一端口网络 N 实际消耗的功率，显然，它是瞬时功率的恒定分量。有功

功率不仅与电压、电流有效值的乘积有关，而且还与它们之间的相位差有关，工程上把 $\cos\varphi$ 称作功率因数。当网络的输入阻抗 $Z_{in}=R$ 时，$\cos\varphi=1$；$Z_{in}=\pm jX$ 时，$\cos\varphi=0$。一般情况下，$Z_{in}=R\pm jX$，则 $0<\cos\varphi<1$，故电路的有功功率 $P<UI$。极端情况下，当 $|\varphi|=\dfrac{\pi}{2}$ 时，不管 U、I 为何值，总有 $P=UI\cos\left|\dfrac{\pi}{2}\right|=0$。

当网络为单个元件 R、L、C（或等效为 R、L、C）时，有 $\varphi=0°$、$\dfrac{\pi}{2}$、$-\dfrac{\pi}{2}$，所以有

$$P_R=UI=RI^2=\frac{U^2}{R}\quad P_L=0\quad P_C=0$$

可见，由于 L、C 元件均不消耗有功功率，所以有功功率实际上就是电阻元件消耗的功率。

工程上，把电压和电流的乘积定义为网络的视在功率（因为电力设备的容量是由其额定电压和额定电流的乘积决定的），用 S 标记，定义为

$$S=UI \tag{5-30}$$

引入视在功率后

$$P=UI\cos\varphi=S\cos\varphi$$

与有功功率相对应，工程上还引入了无功功率的概念，用 Q 表示，其定义为

$$Q=UI\sin\varphi=S\sin\varphi \tag{5-31}$$

对无源网络而言，当 $\varphi>0°$ 网络为感性时，$Q>0$，此时说明网络"吸收"无功功率；当 $\varphi<0°$ 网络容性时，$Q<0$，此时说明网络"发出"无功功率。按照定义，对电感和电容元件 $\varphi=\dfrac{\pi}{2}$、$-\dfrac{\pi}{2}$，有

$$Q_L=U_LI_L\sin\varphi=+U_LI_L=\frac{U_L^2}{\omega L}>0$$

$$Q_C=U_CI_C\sin\varphi=-U_CI_C=-\omega CU_C^2<0$$

无功功率并不表示网络在单位时间消耗的能量，但却表示网络与外电路进行能量交换的速率。P、Q 和 S 之间的关系为

$$\left.\begin{array}{l}P=S\cos\varphi\\Q=S\sin\varphi\\S=\sqrt{P^2+Q^2}\end{array}\right\} \tag{5-32}$$

显然，它们也可以用一个直角三角形（功率三角形）来表示，如图 5-22 所示。电压、功率和阻抗三角形相似。

P、Q、S 的量纲显然相同，为了区别，在 SI 单位中，P 为瓦特（W），Q 为乏（var），S 为伏安（VA）。

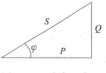

图 5-22　功率三角形

如果电路中同时接有若干个不同功率因数的负载，电路总的有功功率为各负载有功功率的算术和，无功功率为无功功率的代数和，即

$$\sum P=P_1+P_2+P_3+\cdots+P_n \tag{5-33}$$

$$\sum Q=Q_1+Q_2+Q_3+\cdots+Q_n \tag{5-34}$$

则视在功率为

$$S = UI = \sqrt{\left(\sum P\right)^2 + \left(\sum Q\right)^2} \qquad (5\text{-}35)$$

式（5-35）中的 U 和 I 分别代表电路的总电压和总电流。当负载为感性负载，Q 为正值；当负载为容性负载，Q 为负值。

【例 5-8】 计算 ［例 5-4］ 中电路的有功功率、无功功率和视在功率。

解 电路如图 5-17（a）所示，已知 $U = 220 \angle 0° \text{ V}$，$R_1 = 10Ω$，$X_{L_1} = 20Ω$，$R_2 = 10Ω$，$X_{L_2} = 10Ω$，$R_3 = 10Ω$，$X_{C_3} = 10Ω$，并已求得 $I_1 = 7.78 \angle -45° \text{ A}$，$I_2 = 5.5 \angle -90° \text{ A}$，$I_3 = 5.5 \angle 0° \text{ A}$，因此

$$Q_1 = I_1^2 X_{L_1} = (7.78)^2 \times 20 = 1210.3(\text{var})$$
$$Q_2 = I_2^2 X_{L_2} = (5.5)^2 \times 10 = 302.5(\text{var})$$
$$Q_3 = -I_3^2 X_{C_3} = (5.5)^2 \times 10 = -302.5(\text{var})$$
$$P_1 = I_1^2 R_1 = (7.78)^2 \times 10 = 605.3(\text{W})$$
$$P_2 = I_2^2 R_2 = (5.5)^2 \times 10 = 302.5(\text{W})$$
$$P_3 = I_3^2 R_3 = (5.5)^2 \times 10 = 302.5(\text{W})$$
$$\sum Q = Q_1 + Q_2 + Q_3 = 1210.3(\text{var})$$
$$\sum P = P_1 + P_2 + P_3 = 605.3 + 302.5 + 302.5 = 1210.3(\text{W})$$
$$S = \sqrt{\left(\sum P\right)^2 + \left(\sum Q\right)^2} = \sqrt{1210.3^2 + 1210.3^2} = 1712(\text{VA})$$

或
$$S = UI = 220 \times 7.78 = 1712(\text{VA})$$

5.6.2　功率因数的提高

由有功功率公式 $P = UI\cos\varphi$ 可知，在一定的电压和电流的情况下，电路获得的有功功率取决于功率因数的大小，而 $\cos\varphi$ 的大小只取决于负载本身的性质。一般的用电设备，如感应电动机、感应炉、日光灯等都属于电感性负载，它们的功率因数都是比较低的。如交流感应电动机在轻载运行时，功率因数为 $0.2 \sim 0.3$，即使在额定负载下运行时，功率因数也只为 $0.8 \sim 0.9$。因此，供电系统的功率因数总是在 $0 \sim 1$ 之间。

负载的功率因数太低，将使发电设备的利用率和输电线路的效率降低。

发电机（或变压器）都有它的额定电压 U_N、额定电流 I_N 和额定视在功率 S_N。但发电机发出的有功功率 $P = U_N I_N \cos\varphi = S_N \cos\varphi$ 与负载的功率因数 $\cos\varphi$ 成正比，即负载的 $\cos\varphi$ 越高，发电机发出的有功功率越大，其容量才能得到充分的利用。例如容量为 1000kVA 的变压器，如果 $\cos\varphi = 1$，即发出 1000kW 的有功功率，而在 $\cos\varphi = 0.7$ 时，则只能发出 700kW 的有功功率。

在供电方面，当发电机的电压 U 和输出的功率 P 一定时，电流与功率因数成反比，而线路和发电机绕组上的功率损耗则与 $\cos\varphi$ 的平方成反比，即

$$\Delta P = I^2 R = \frac{P^2 R}{U^2 \cos^2\varphi} \qquad (5\text{-}36)$$

可见，功率因数越高，线路上的电流越小，所损失的功率也就越小，从而提高了输电效率。从以上分析可见，功率因数的提高，能使发电设备的容量得到充分利用，同时也是节约能源和提高电能质量的重要措施。

功率因数低的原因在于供电系统中存在有大量的电感性负载，由于电感性负载需要一定的无功功率，如交流感应电动机需要一定的感性无功电流来建立磁场。为了提高功率因数，

必须使负载所需要的无功功率不全部取自电源，而是部分地由电路本身来提供，并且在采取提高 $\cos\varphi$ 的措施时，应当保证负载的正常运行状态（电压、电流和功率）不受影响。根据这些原则，通常在电感性负载的两端并联一补偿电容器来提高供电系统的功率因数，其电路图和相量图如图 5-23 所示。

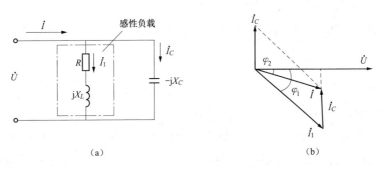

图 5-23　功率因数提高电路与相量图
(a) 电路图；(b) 相量图

相量图表明，在感性负载的两端并联适当的电容，可使电压与电流的相位差 φ 减小，即原来是 φ_1，现减小为 φ_2，$\varphi_2 < \varphi_1$，故 $\cos\varphi_2 > \cos\varphi_1$；同时线路电流由并联前的 I_1 减小为 I（此时线路电流 $\dot{I} = \dot{I}_1 + \dot{I}_C$）。而原感性负载其端电压、电流、功率因数、功率都不变。这时能量互换部分发生在感性负载与电容器之间，因而使电源设备的容量得到充分利用，线路上的能耗和压降也减小了。

未并入电容时，电路的无功功率为

$$Q = UI_1\sin\varphi_1 = UI_1\frac{\sin\varphi_1\cos\varphi_1}{\cos\varphi_1} = P\tan\varphi_1$$

并入电容后，电路的无功功率为

$$Q' = UI\sin\varphi_2 = P\tan\varphi_2$$

电容需要补偿的无功功率为

$$Q_C = Q - Q' = P(\tan\varphi_1 - \tan\varphi_2)$$

又因

$$Q_C = I_C^2 X_C = \frac{U^2}{X_C} = \omega C U^2$$

故所需并联的电容器的电容量为

$$C = \frac{Q_C}{\omega U^2} = \frac{P}{2\pi f U^2}(\tan\varphi_1 - \tan\varphi_2) \tag{5-37}$$

式中：P 为负载所吸收的功率，U 为负载的端电压，φ_1 和 φ_2 分别为补偿前和补偿后的功率因数角。

【例 5-9】　一低压工频配电变压器，额定容量为 50kVA，输出额定电压为 220V，供电给一电感性负载，其功率因数为 0.7，若将一组电容与负载并联，使功率因数提高到 0.85，试求所需的电容量为多少？电容器并联前后，其输出电流各为多少？

解　　　　　　　$P = S\cos\varphi_1 = 50 \times 0.7 = 35$（kW）

$$\cos\varphi_1 = 0.7,\quad \tan\varphi_1 = 1.02;\quad \cos\varphi_2 = 0.85,\quad \tan\varphi_2 = 0.62$$

由式（5-37）得

$$C = \frac{P}{\omega U^2}(\tan\varphi_1 - \tan\varphi_2) = \frac{35 \times 10^3}{314 \times 220^2} \times (1.02 - 0.62) = 921(\mu F)$$

电容器并联前，变压器输出电流为额定电流

$$I_1 = \frac{S}{U} = \frac{50 \times 10^3}{220} = 227.3(A)$$

电容器并联后，线路的有功功率不变，即 $UI_1\cos\varphi_1 = UI\cos\varphi_2$，则电容器并联后输出电流为

$$I = \frac{UI_1\cos\varphi_1}{U\cos\varphi_2} = I_1\frac{\cos\varphi_1}{\cos\varphi_2} = 227.3 \times \frac{0.7}{0.85} = 187.2(A)$$

5.6.3　复功率

复功率是正弦交流电路中的有功功率、无功功率和视在功率三者的复合"表述"形式。如果假设二端网络端口的电压相量为 $\dot{U} = U\underline{/\varphi_u}$，电流相量为 $\dot{I} = I\underline{/\varphi_i}$，则端口的复功率 $\bar{S}$ 可定义为

$$
\begin{aligned}
\bar{S} = \dot{U}\overset{*}{I} &= U\underline{/\varphi_u} \cdot I\underline{/-\varphi_i} = UI\underline{/\varphi_u - \varphi_i} \\
&= UI\cos\varphi + jUI\sin\varphi \\
&= P + jQ
\end{aligned}
\tag{5-38}
$$

其中 $\overset{*}{I} = I\underline{/-\varphi_i}$，称作 $\dot{I}$ 的共轭复数。如果 $\dot{U}$、$\dot{I}$ 取关联参考方向，则 $\bar{S}$ 为端口吸收的复功率，否则为端口发出的复功率。

应该强调指出：$\dot{U}$、$\dot{I}$ 相乘并无实际意义。另外，功率并不是瞬时功率的相量，因为瞬时功率不是正弦量，而是非正弦周期量。

5.6.4　最大功率传输

在工程实际中，特别是在电子技术中，有时只需考虑和研究负载在什么条件下可获得最大功率问题。

在这种情况下，除负载之外网络的其余部分就是一个有源二端网络。根据戴维南定理，就可以将图 5-24（a）所示的网络电路等效为图 5-24（b）所示的电路，其中 Z 为负载阻抗，$\dot{U}_{oc}$、Z_{eq} 为该有源二端网络的戴维南等效参数。当网络给定后，其 $\dot{U}_{oc}$、Z_{eq} 就是确定值，问题就可以从等效电路图 5-24（b）来研究。

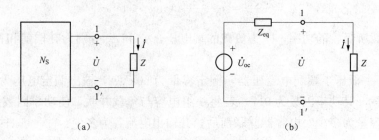

图 5-24　最大功率传输示意图

(a) 网络电路；(b) 等效电路

如设图中 $Z_{eq}=R_0+jX_0$，$Z=R+jX$，则

$$P = RI^2 = \frac{RU_{oc}^2}{(R+R_0)^2+(X+X_0)^2} \tag{5-39}$$

如果 R、X 可任意变动，而其他参数不变时，则获得最大功率的条件从式（5-39）可得

$$X+X_0=0$$

$$\frac{d}{dR}\left[\frac{(R+R_0)^2}{R}\right]=0$$

解得
$$X=-X_0 \qquad R=R_0$$

即有
$$Z = R_0 - jX_0 = \overset{*}{Z}_{eq}$$

此时获得最大功率
$$P_{max} = \frac{U_{oc}^2}{4R_0}$$

常把这种情况称作共轭匹配或最佳匹配。负载阻抗等于给定网络（或电源）内阻抗的共轭复数就可以获得最大功率，这就是最大功率传输定理，条件就是 $Z=Z_0$。

实现最佳匹配时，内阻抗 Z_0 与负载阻抗 Z 消耗相等的功率，作为电源的电能传输效率仅为 50%。因此，在电力系统中，电路不能工作在这种状态。但在电子、通信及控制系统中，由于电路传输功率一般都很小，所以总希望电路工作在最佳匹配状态以求负载获得最大功率传输。

思　考　题

1. 下列各式中 S 为视在功率，P 为有功功率，Q 为无功功率，正弦交流电路的视在功率正确的表示式为_____。

（1）$S=P+Q_L-Q_C$；（2）$S^2=P^2+Q_L^2-Q_C^2$；（3）$S^2=P^2+(Q_L-Q_C)^2$；（4）$S=\sum S$

（5）$S=UI$；（6）$S=I\sum U$；（7）$S=\sqrt{(\sum P)^2+(\sum Q)^2}$

2. RL 串联电路的阻抗为 $Z=3+j4\Omega$，试问该电路的电阻和感抗各为多少？若电源电压的有效值为 110V，则电路的电流为多少？

3. 在供电电路中电路的功率因数，是否因并联电容越大功率因数就提高越多？

5.7　电路中的谐振

在具有电感和电容元件的电路中，电路两端的电压与其中的电流一般是不相同的，如果调节电路的参数或电源的频率而使它们相同，这时电路就发生谐振现象。按发生谐振电路的不同，谐振现象可分为串联谐振和并联谐振。

5.7.1　串联谐振

在 R、L、C 串联电路中，见图 5-25，当 $X_L=X_C$ 时，电路中的电压和电流同相，电路发生串联谐振。此时 $\varphi=\arctan\dfrac{X_L-X_C}{R}=0$，$\cos\varphi=1$，电路呈电阻性。令谐振频率为 ω_0，则由 $X_L=X_C$ 得：

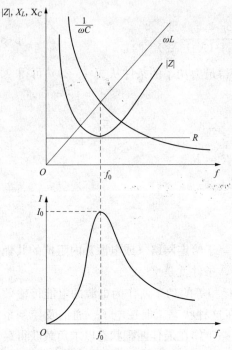

图 5-25 阻抗与电流等随频率变化曲线

$$\omega_0 L = \frac{1}{\omega_0 C}, \quad \omega_0 = \sqrt{\frac{1}{LC}}$$

则
$$f = f_0 = \frac{1}{2\pi \sqrt{LC}} \tag{5-40}$$

可见只要调节 L、C 和电源频率 f 都能使电路发生谐振。串联谐振具有以下特征：

（1）电路的阻抗模 $|Z| = \sqrt{R^2 + (X_L - X_C)^2} = R$，其值最小。因此，在电源电压 U 不变的情况下，电路中的电流将在谐振时达到最大值，即 $I = I_0 = \frac{U}{R}$。在图 5-25 中分别画出了阻抗和电流等随频率变化的曲线。

（2）由于电源电压与电路中电流同相（$\varphi = 0$），因此电路对电源呈现电阻性。电源供给电路的能量全被电阻所消耗，电源与电路之间不发生能量的互换。能量的互换只发生在电感和电容之间。

（3）由于 $X_L = X_C$，于是 $U_L = U_C$。而 $\dot{U}_L$ 和 $\dot{U}_C$ 在相位上相反，互相抵消，对整个电路不起作用，因此电源电压 $\dot{U} = \dot{U}_R$（见图 5-26）。但 U_L 和 U_C 的单独作用不容忽视。因为

$$\left. \begin{array}{l} U_L = X_L I = X_L \dfrac{U}{R} \\[2mm] U_C = X_C I = X_C \dfrac{U}{R} \end{array} \right\} \tag{5-41}$$

图 5-26 串联谐振相量图

当 $X_L = X_C > R$ 时，U_L 和 U_C 都高于电源电压 U。如果电压过高，可能击穿线圈和电容器的绝缘。因此，在电力工程中一般应避免发生串联谐振。但在无线电工程中，则常利用串联谐振以获得较高电压，电容和电感电压常高于电源电压几十倍或几百倍，所以串联谐振也称为电压谐振。U_L 和 U_C 与电源电压 U 的比值通常称为电路的品质因数 Q，即

$$Q = \frac{U_C}{U} = \frac{U_L}{U} = \frac{1}{\omega_0 CR} = \frac{\omega_0 L}{R} \tag{5-42}$$

式（5-42）的意义是表示在谐振时电容和电感元件上的电压是电源电压的 Q 倍。在无线电中通常利用这一特征选择信号并将小信号放大。

如图 5-27 所示，当谐振曲线比较尖锐时，稍有偏离谐振频率 f_0，信号就大大减弱。就是说，谐振曲线越尖锐，选择性越强。选择性一般用通频带来表示，通频带宽度规定为在电流 I 等于最大值 I_0 的 70.7 %（即 $\frac{1}{\sqrt{2}}$）处频率的上下限之间的宽度，即 $\Delta f = f_2 - f_1$。

通频带宽度越小，表明谐振曲线越尖锐，电路的频率选择性越强。对于谐振曲线，Q 值越大，曲线越尖锐，则电路的频率选择性也越强。

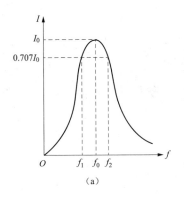
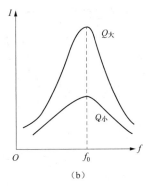

图 5-27　串联谐振曲线

（a）通频带宽度；（b）Q 与谐振曲线的关系

5.7.2　并联谐振

图 5-28 所示是电容器与电感线圈并联的电路，电路的等效阻抗为

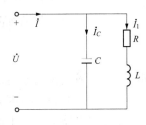

图 5-28　并联电路

$$Z = \frac{\dfrac{1}{\mathrm{j}\omega C}(R+\mathrm{j}\omega L)}{\dfrac{1}{\mathrm{j}\omega C}+(R+\mathrm{j}\omega L)} = \frac{R+\mathrm{j}\omega L}{1+\mathrm{j}\omega RC-\omega^2 LC}$$

通常线圈的电阻很小，即 $\omega L \gg R$，则上式可写成

$$Z \approx \frac{\mathrm{j}\omega L}{1+\mathrm{j}\omega RC-\omega^2 LC} = \frac{1}{\dfrac{RC}{L}+\mathrm{j}\left(\omega C-\dfrac{1}{\omega L}\right)} \tag{5-43}$$

由式（5-43）可得并联谐振频率，即将电源频率 ω 调到 ω_0 时发生谐振，这时

$$\omega_0 C - \frac{1}{\omega_0 L} \approx 0 \quad 或 \quad f = f_0 \approx \frac{1}{2\pi\sqrt{LC}} \tag{5-44}$$

与串联谐振频率近于相等。

并联谐振具有下列特征：

（1）由式（5-43）可知，谐振时电路的阻抗模

$$|Z_0| = \frac{1}{\dfrac{RC}{L}} = \frac{L}{RC} \tag{5-45}$$

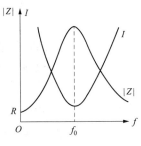

图 5-29　阻抗和电流
随频率变化曲线

其值最大，因此在电源电压 U 一定的情况下，电路中的电流 I 将在谐振时达到最小值，即

$$I = I_0 = \frac{U}{\dfrac{L}{RC}} = \frac{U}{|Z_0|} \tag{5-46}$$

（2）由于电源电压与电路中电流同相（$\varphi=0$），因此，电路对电源呈现电阻性，谐振时电路的阻抗模 $|Z|$ 与电流的谐振曲线如图 5-29 所示。

（3）谐振时各并联支路的电流为

$$I_I = \frac{U}{\sqrt{R^2 + (2\pi f_0 L)^2}} \approx \frac{U}{2\pi f_0 L}$$

$$I_C = \frac{U}{\dfrac{1}{2\pi f_0 C}} = 2\pi f_0 C U$$

而

$$|Z_0| = \frac{L}{RC} = \frac{2\pi f_0 L}{R(2\pi f_0 C)} \approx \frac{(2\pi f_0 L)^2}{R}$$

当 $2\pi f_0 L \gg R$ 时

$$2\pi f_0 L \approx \frac{1}{2\pi f_0 C} \ll \frac{(2\pi f_0 L)^2}{R} = |Z_0|$$

于是可得 $I_I \approx I_C \gg I_0$，即在谐振时并联支路的电流近于相等，而比总电流大许多倍。因此，并联谐振也称为电流谐振。I_C 或 I_I 与总电流 I_0 的比值为电路的品质因数

$$Q = \frac{I_I}{I_0} = \frac{2\pi f_0 L}{R} = \frac{\omega_0 L}{R}$$

即在谐振时，支路电流 I_C 或 I_I 是总电流 I_0 的 Q 倍。

（4）如果并联电路由恒流源供电，当电源为某一频率时电路发生谐振，电路阻抗最大，电流通过时电路两端产生的电压也是最大。当电源为其他频率时电路不发生谐振，阻抗较小，电路两端的电压也较小。这样起到选频的作用。Q 越大，选择性越好。

应用小知识

1. 电容器电车

利用电容器的充放电作为城市无轨电车的电源，这种新型的城市电车已在我国开始使用。当电车停站时。接触网上的直流电源通过受电器给电车上的电容器充电，充电时间约 1min。随后充了电的电容器作为电源向电车上的牵引电动机供电，驱动车辆前进，可行驶 3～5km。到站后再充电，如此继续。它消除了蓄电池对环境的污染，大有发展前途。

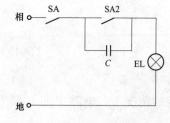

图 5-30　电容降压节能灯电路

2. 电容降压节能灯电路

通常，为节约用电起见，楼房及家庭的楼梯、过道和厨房等处不需要照明很亮，仅需安上一盏小功率灯泡就行了，但这种灯泡市场供应较少。电容降压节能灯，可使大功率灯泡变成小功率，还能延长灯泡的使用寿命，并且对供电线路功率因数的改善有好处。

图 5-30 所示为电容降压节能灯电路图。其工作原理是利用电容器作为降压元件串联在灯泡回路中，降低灯泡工作电压，达到使灯泡功率变小的目的。

本 章 小 结

（1）正弦量的三要素为幅值、（角）频率和初相位。正弦量的大小通常用有效值表示，

有效值为幅值的 $\dfrac{1}{\sqrt{2}}$。

（2）相位差定义为两个同频率正弦量的相位之差，它等于初相之差。相位差表明了两个同频率的正弦量的相位关系，不同频率的两个正弦量不能进行相位比较。

（3）相量法是线性正弦稳态电路分析的一种有效而又简便的方法，复数运算是其基础。

（4）电路定律的相量形式包括基尔霍夫定律的相量形式和电阻、电感与电容元件的欧姆定律相量形式。

KCL 相量形式为

$$\sum \dot{I} = 0$$

KVL 相量形式为

$$\sum \dot{U} = 0$$

电阻、电感与电容元件的电压、电流关系的相量形式

$$\dot{U}_R = R\dot{I}_R \quad \dot{U}_L = \mathrm{j}\omega L\dot{I}_L \quad \dot{U}_C = \frac{1}{\mathrm{j}\omega C}\dot{I}_C$$

（5）复阻抗为 $Z=\dfrac{\dot{U}}{\dot{I}}=R+\mathrm{j}X=|Z|\underline{/\varphi}$，其中，阻抗值 $|Z|=\sqrt{R^2+X^2}$，阻抗角 $\varphi=\arctan\dfrac{X}{R}$。当 $\varphi>0$ 时，电路呈感性，等效相量模型为 R 与 $\mathrm{j}X_L$ 串联；当 $\varphi<0$ 时，电路呈容性，等效相量模型为 R 与 $-\mathrm{j}X_L$ 串联；当 $\varphi=0$ 时，电路呈电阻性，可等效为一电阻元件。复导纳 Y 可定义为复阻抗 Z 的倒数，即

$$Y = \frac{\dot{U}}{\dot{I}} = \frac{1}{Z} = \frac{I}{U}\underline{/\varphi_i - \varphi_u} = Y\underline{/\varphi}$$

（6）用相量法分析线性正弦稳态电路时，在线性电阻电路中使用的各种分析方法和电路定理、定律这里均可应用，只是要注意这里的方程、定理、定律也都是用相量形式描述的，其计算规则为复数运算。

（7）交流电路的功率包括视在功率、有功功率、无功功率，它们和电压、电流之间的关系为

$$S = UI$$
$$P = UI\cos\varphi = S\cos\varphi$$
$$Q = UI\sin\varphi = S\sin\varphi$$

（8）$\cos\varphi=\dfrac{P}{S}$ 是电路的功率因数，功率因数低会增加线路的功率损耗，降低供电质量，并且不能使电源的能力得以充分利用。通常采用并联电容的方法提高感性电路的功率因数。

（9）含 R、L、C 元件的交流电路，电压与电流同相时，电路呈谐振状态。

1）谐振发生在串联电路中称串联谐振，串联谐振电路的特点为：①u_L 与 u_C 大小相等，相位相反，即 $\dot{U}_L+\dot{U}_C=0$；②阻抗最小，$Z=R$，电流最大 $I=\dfrac{U}{R}$。

2）谐振发生在并联电路中称为并联谐振，并联谐振电路的特点为：①$\dot{I}_L$ 与 $\dot{I}_C$ 大小相

等，相位相反，即 $\dot{I}_L + \dot{I}_C = 0$；②阻抗 $Z = R$ 最大，总电流最小，$I = I_R = \dfrac{U}{R}$。

3）产生谐振的条件为 $\omega_0 = \dfrac{1}{\sqrt{LC}}$。

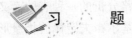 习　　题

1. 将合适的答案填入空内。

（1）正弦交流电可用_____、_____及_____来表示，它们都能完整地描述出正弦交流电随时间变化的规律。

（2）某初相角为 $60°$ 的正弦交流电流，在 $t = T/2$ 时的瞬时值 $i = 0.8\text{A}$，则此电流的有效值 $I =$ _____，最大值 $I_m =$ _____。

（3）已知三个同频率的正弦交流电流 i_1、i_2 和 i_3，它们的最大值分别为 4、3A 和 5A；i_1 比 i_2 超前 $30°$，i_2 比 i_3 超前 $15°$，i_1 初相角为零。则 $i_1 =$ _____，$i_2 =$ _____，$i_3 =$ _____。

（4）已知 $i_1 = 20\sin(\omega t + 60°)\text{A}$，$i_2 = 10\sin(\omega t - 30°)\text{A}$，则 $i_1 + i_2$ 的有效值为 _____，i_1 的初相角为 _____。

（5）在正弦交流电路中，某元件的电压 $u = 100\sin(314t + \pi)\text{V}$，电流 $i = 10\sin(314t + \pi/2)\text{A}$，则该元件是 _____ 元件，有功功率为 _____，无功功率为 _____。

（6）在 RLC 串联电路中，已知 $R = 3\Omega$，$X_L = 5\Omega$，$X_C = 8\Omega$，则电路的性质为 _____ 性，总电压比总电流 _____。

（7）RLC 串联电路发生谐振时，其条件是 _____，其谐振频率 $f_0 =$ _____。谐振时，_____ 达到最大值。

（8）已知某电路电压相量 $\dot{U} = 100 \angle 10° \text{V}$，电流相量 $\dot{I} = 5 \angle -20° \text{A}$，则该电路的有功功率 $P =$ _____，无功功率 $Q =$ _____，视在功率 $S =$ _____。

（9）对于感性负载，可以采用 _____ 的方法提高功率因数。

2. 画出下列正弦量的相量图。

（1）$u_1 = 30\sqrt{2}\sin(\omega t - 60°)\text{V}$

（2）$i_1 = 5\sin10t + 3\cos10t\text{A}$

（3）$u_2 = -2\sqrt{2}\sin(\omega t + 30°)\text{V}$

3. 计算下列各题

（1）已知 $\dot{U} = 86.6 + j50\text{V}$，$\dot{I} = 8.66 + j5\text{A}$，求 Z、P、Y、Q、S 和 $\cos\varphi$。

（2）已知 $u = 200\sqrt{2}\sin(314t + 60°)\text{V}$，$i = 5\sqrt{2}\sin(314t + 30°)\text{A}$，求 Z、Y、R、P、Q、S 和 $\cos\varphi$。

4. 在图 5-31 所示电路中，试分别求出 PA0 表和 PV0 表上的读数，并画出相量图。

5. 在图 5-32 所示电路中，已知 $i_s = 10\sqrt{2}\sin(2t + 45°)\text{A}$，$u_R = 5\sin(2t)\text{V}$，求 i_R、i_C、i_L 和 L。

6. 电路如图 5-33 所示，若已知 $\omega = 10\text{rad/s}$，求 Z_{ab}。

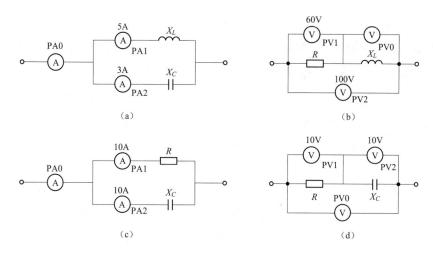

图 5-31　题 4 图

7. 在图 5-34 所示电路中，电压表 PV、PV1、PV3 的读数分别为 10V、6V、6V。

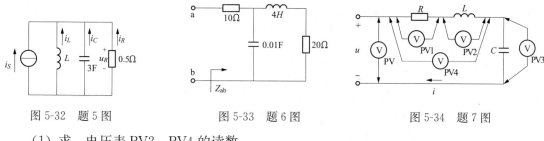

图 5-32　题 5 图　　　　　图 5-33　题 6 图　　　　　图 5-34　题 7 图

（1）求：电压表 PV2、PV4 的读数。

（2）若电流有效值 $I=0.1$A，求电路的复阻抗。

（3）分析该电路的性质。

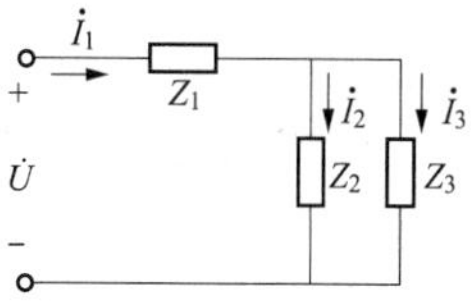

8. 图 5-35 所示电路中，$Z_1=4+$j10Ω，$Z_2=8-$j6Ω，$Z_3=$ j8.33Ω，$\dot{U}=60\angle 0°$ V，求各支路电流，并画出电压和各电流相量图。

图 5-35　题 8 图

9. 图 5-36 示为-RC 选频网络，试求 $\dot{U}_i$ 和 $\dot{U}_o$ 同相的条件及 $\dot{U}_i$ 和 $\dot{U}_o$ 的比值。

10. 求图 5-37 所示电路的阻抗 Z_{ab}。

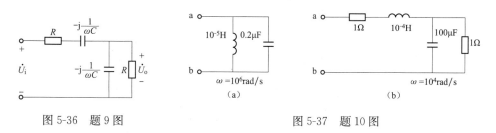

图 5-36　题 9 图　　　　　　　　图 5-37　题 10 图

11. 求图 5-38 所示电路，已知电路中 $I_1=I_2=10$A，$U=150$V，$\dot{U}$ 滞后总电流 $\dot{I}$ 45°，试求电路中总电流 I 及支路的电阻 R 值并画出相量图。

12. 图 5-39 所示电路中，已知 $U=100$V，$X_L=5\sqrt{2}\Omega$，$X_C=10\sqrt{2}\Omega$，$R=10\sqrt{2}\Omega$，且 $\dot{U}$

与 $\dot{I}$ 同相。试求电流 I、有功功率 P 及功率因数 $\cos\varphi$。

13. 图 5-40 所示电路中，支路的电流 $I_1=4\text{A}$，$I_2=2\text{A}$，功率因数为 $\cos\varphi_1=0.8$，$\cos\varphi_2=0.3$，求总的电流及总的功率因数。

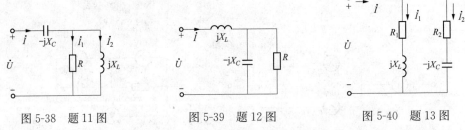

图 5-38 题 11 图　　　　图 5-39 题 12 图　　　　图 5-40 题 13 图

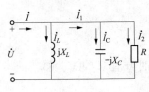

图 5-41 题 14 图

14. 图 5-41 所示电路中，已知电流有效值 $I=I_L=I_1=2\text{A}$，电路的有功功率 $P=100\text{W}$，求 R、X_L、X_C。

15. 已知 R、L 串联电路的电流 $i=50\sqrt{2}\sin(314t+20°)$ A，有功功率 $P=8.8\text{kW}$，无功功率 $Q=6.6\text{kvar}$。试求：

(1) 电源电压 u。

(2) 电路参数 R、L。

16. 额定容量为 40kVA 的电源，额定电压为 220V，专供照明用。试求：

(1) 如果照明灯用 220V、40W 的普通电灯，最多可点多少盏？

(2) 如果照明灯用 220V、40W，$\cos\varphi=0.5$ 的日光灯，最多可点多少盏？

17. 把一只日光灯接到 220V、50Hz 的电源上，已知电流有效值为 0.366A，功率因数为 0.5，现欲将功率因数提高到 0.9，应并联多大的电容？

18. 欲用频率为 50Hz、额定电压为 220V、额定容量为 9.6kVA 的正弦交流电源供电给额定功率为 4.5kW、额定电压为 220V、功率因数为 0.5 的感性负载。试求：

(1) 该电源供电的电流是否超过其额定电流。

(2) 若将电路功率因数提高到 0.9，应并联多大电容？

(3) 并联电容后还可接多少盏 220V、40W 的电灯才能充分发挥电源的能力？

第6章 耦合电感电路

互感电路在日常生产和生活中有着广泛的应用，如测量仪表、变压器等。互感电路基于互感现象，本章首先介绍互感（磁耦合）现象、耦合系数、同名端、磁通链等基本概念；接着介绍耦合电感元件的电路模型和电压电流关系；最后介绍含有耦合电感电路以及理想变压器的电路分析计算方法。

 学习重点

本章主要讨论含耦合电感电路的电压与电流关系，用直接法和去耦等效电路法分析电路；理想变压器的电压、电流和阻抗变换的分析计算。

6.1 互感现象及耦合电感的伏安特性

两个或两个以上彼此靠近的线圈，如果某一个线圈中的磁通和感应电动势是由流经靠近它的其他线圈中的电流产生的，则这种现象就称作互感现象（或磁耦合现象），感应电动势就称作互感电动势，存在互感现象的线圈称为互感线圈或耦合线圈或耦合电感，含有互感现象的电路就称为互感电路。互感现象表明把电磁能量从一个线圈传递到另一个线圈。通常把通入交流电的线圈称作自感元件。互感电路的特殊问题是互感电压，而互感电压又与同名端、电压、电流的参考方向关系密切。

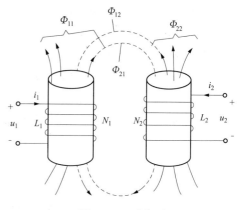

图 6-1 互感线圈

6.1.1 互感现象和同名端

图 6-1 所示为两个具有互感的线圈，匝数分别为 N_1、N_2，为方便表示，称左边为线圈 1，称右边为线圈 2。线圈 1 中通入交流电流 i_1，线圈 2 中通入交流电流 i_2。

电流 i_1 在自身线圈 1 中产生的磁通称作自感磁通，记作 Φ_{11}，相应的磁链称作自感磁链，记作 Ψ_{11}，且有 $\Psi_{11} = N_1 \Phi_{11}$。自磁通除与线圈 1 本身交链外，还有一部分与线圈 2 相交链，即由 i_1 产生同时又穿过线圈 2 的磁通称作线圈 2 的互感磁通，记作 Φ_{21}，相应的磁通链称作互感磁通链，记作 Ψ_{21}，且有 $\Psi_{21} = N_2 \Phi_{21}$。根据电感的定义有

$$L_1 = \frac{\Psi_{11}}{i_1} = \frac{N_1 \Phi_{11}}{i_1} \tag{6-1}$$

线圈 1 对线圈 2 的互感系数为

$$M_{21} = \frac{\Psi_{21}}{i_1} = \frac{N_2 \Phi_{21}}{i_1} \tag{6-2}$$

同理，电流 i_2 在自身线圈 2 也产生自感磁通 Φ_{22}，自感通磁链 Ψ_{22}，且有 $\Psi_{22}=N_2\Phi_{22}$，线圈 2 对线圈 1 产生的互感磁通 Φ_{12}，作互感磁通链 Ψ_{12}，且有 $\Psi_{12}=N_1\Phi_{12}$。根据电感的定义：

线圈 2 的电感（自感系数）为

$$L_2=\frac{\Psi_{22}}{i_2}=\frac{N_2\Phi_{22}}{i_2} \tag{6-3}$$

线圈 2 对线圈 1 的互感系数为

$$M_{12}=\frac{\Psi_{12}}{i_2}=\frac{N_1\Phi_{12}}{i_2} \tag{6-4}$$

线圈周围没有铁磁型物质时，对于相对静止的线圈，由电磁场理论可以证明在线性情况下，线圈 1 和线圈 2 相互间的互感系数是相等的，即

$$M_{12}=M_{21}=M \tag{6-5}$$

为了定量地描述两个线圈耦合程度，一般取耦合系数 k 进行衡量

$$k=\frac{M}{\sqrt{L_1L_2}}=\sqrt{\frac{\Psi_{21}}{\Psi_{11}}\frac{\Psi_{12}}{\Psi_{22}}} \tag{6-6}$$

k 为两线圈的耦合系数。显然线圈 1（或线圈 2）产生的磁通不可能全部通过线圈 2（或线圈 1），有漏感的存在，即 $\Psi_{21}\leqslant\Psi_{11}$，$\Psi_{12}\leqslant\Psi_{22}$，所以有 $0\leqslant k\leqslant1$，k 越大说明耦合越紧密。当 $k=0$ 时，说明两线圈无磁耦合，此时两线圈处于垂直状态；当 $k=1$ 时，由于 $\Psi_{21}=\Psi_{11}$，$\Psi_{12}=\Psi_{22}$，说明两线圈是全耦合，此时两线圈处于重叠状态，则

$$M=\sqrt{L_1L_2} \tag{6-7}$$

k 的大小取决于线圈的结构、两线圈的相对位置以及周围介质的导磁性能。为使两线圈耦合紧密，可采用密绕、双线并绕的办法，也可采用铁磁材料作为线圈芯子的办法；为了减弱以致消除磁耦合，则可采用远离、线圈轴线互相垂直、甚至用磁屏蔽的方法。

由上述分析可以得到每个耦合电感（线圈）中自感磁通链和互感磁通链的代数和为该耦合电感的总磁通链，记作 Ψ。如果线圈中自感磁通和互感磁通的方向相同，称为磁通相助；如果线圈中自感磁通和互感磁通的方向相反，称为磁通相消。

由右手螺旋法则可以判断图 6-1 中线圈 1 和线圈 2 的自感磁通和互感磁通的方向均相反，说明线圈 1 中的磁通链 Ψ_{11}、Ψ_{12} 是互相抵消的，线圈 2 中的磁通链 Ψ_{22}、Ψ_{21} 也是互相抵消的，则有

$$\left.\begin{aligned}\Psi_1&=\Psi_{11}-\Psi_{12}\\\Psi_2&=\Psi_{22}-\Psi_{21}\end{aligned}\right\} \tag{6-8}$$

如果用右手螺旋法则判断图 6-1 中线圈 1 和线圈 2 的自感磁通链和互感磁通链的方向相同，说明线圈 1 和线圈 2 中的磁通是加强的，则有

$$\left.\begin{aligned}\Psi_1&=\Psi_{11}+\Psi_{12}\\\Psi_2&=\Psi_{22}+\Psi_{21}\end{aligned}\right\} \tag{6-9}$$

综合式（6-8）和式（6-9），可写为

$$\left.\begin{aligned}\Psi_1&=\Psi_{11}\pm\Psi_{12}\\\Psi_2&=\Psi_{22}\pm\Psi_{21}\end{aligned}\right\} \tag{6-10}$$

互感磁通链前面的符号取正或负，取决于两线圈磁通的相助或相消，这与线圈的绕向和电流的方向有关。在工程上将起到磁通相助的电流的入端（或出端）称为耦合电感的同名端，并采用相同的标记"·"或"＊"进行标识。当两个以上的线圈彼此之间存在耦合，同

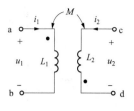

名端应当一对一地加以标记，每一对宜用不同符号标记。这图 6-1 所示电路可用耦合电感元件的电路符号进行表示，如图 6-2 所示。

6.1.2　互感电压

联立式（6-1）～式（6-5）可得

$$\left.\begin{array}{l}\Psi_1 = L_1 i_1 \pm M i_2 \\ \Psi_2 = L_2 i_2 \pm M i_1\end{array}\right\} \tag{6-11}$$

图 6-2　耦合电感元件的电路符号

根据电磁感应定律，变化的磁通链将在耦合电感（线圈）中产生感应电压，u_1 和 i_1、u_2 和 i_2 均取关联参考方向，得

$$\left.\begin{array}{l}u_1 = \dfrac{d\Psi_1}{dt} = L_1 \dfrac{di_1}{dt} \pm M \dfrac{di_2}{dt} = u_{11} \pm u_{12} \\[3mm] u_2 = \dfrac{d\Psi_2}{dt} = L_2 \dfrac{di_2}{dt} \pm M \dfrac{di_1}{dt} = u_{22} \pm u_{21}\end{array}\right\} \tag{6-12}$$

式（6-12）中，$u_{11}=L_1\dfrac{di_1}{dt}$ 为线圈 1 的自感电压，$u_{22}=L_2\dfrac{di_2}{dt}$ 为线圈 2 的自感电压，$u_{12}=M\dfrac{di_2}{dt}$ 为线圈 2 对线圈 1 的互感电压，$u_{21}=M\dfrac{di_1}{dt}$ 为线圈 1 对线圈 2 的互感电压。当两线圈的磁通方向一致磁通相助时，互感电压和自感电压同号，式（6-12）中取"＋"号；当两线圈的磁通方向相反磁通相消时，互感电压和自感电压异号，式（6-12）中取"－"号。

对于正弦交流电流，在稳态情况下，式（6-12）可用相量表示为

$$\left.\begin{array}{l}\dot U_1 = j\omega L_1 \dot I_1 \pm j\omega M \dot I_2 = \dot U_{11} \pm \dot U_{12} \\ \dot U_2 = j\omega L_2 \dot I_2 \pm j\omega M \dot I_1 = \dot U_{22} \pm \dot U_{21}\end{array}\right\} \tag{6-13}$$

式中：$j\omega M$ 为互感电抗，$j\omega L$ 为自感电抗。

很显然，互感的耦合作用可以用受控源表示，式（6-12）的等效电路如图 6-3 所示。

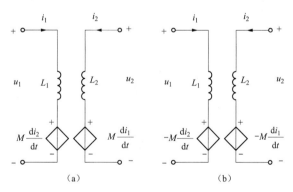

图 6-3　耦合电感元件的等效电路
（a）相助等效；（b）相消等效

【例 6-1】 已知耦合电感电路如图 6-4 所示，试写出各个耦合电感元件的端电压和电流间的关系。

解　（1）耦合电感 L_1 和 L_2 的端电压和电流均为方向关联，因此自感电压符号取"＋"，同时判断耦合电感 L_1 和 L_2 磁通相消，因此互感电压符号应与自感电压符号相反，取"－"，有

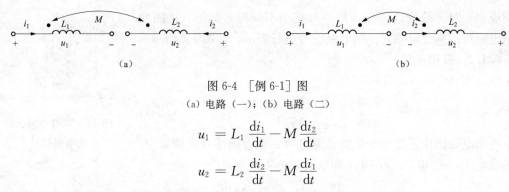

图 6-4　[例 6-1] 图

(a) 电路（一）；(b) 电路（二）

$$u_1 = L_1 \frac{\mathrm{d}i_1}{\mathrm{d}t} - M \frac{\mathrm{d}i_2}{\mathrm{d}t}$$

$$u_2 = L_2 \frac{\mathrm{d}i_2}{\mathrm{d}t} - M \frac{\mathrm{d}i_1}{\mathrm{d}t}$$

（2）耦合电感 L_1 的端电压和电流为方向关联，因此自感电压符号取"＋"，而 L_2 的端电压和电流均为方向非关联，因此自感电压符号取"－"；同时判断耦合电感 L_1 和 L_2 磁通相消，因此耦合电感 L_1 的互感电压符号应与自感电压符号相反，取"－"，耦合电感 L_2 的互感电压符号应与自感电压符号相反，取"＋"，有

$$u_1 = L_1 \frac{\mathrm{d}i_1}{\mathrm{d}t} - M \frac{\mathrm{d}i_2}{\mathrm{d}t}$$

$$u_2 = -L_2 \frac{\mathrm{d}i_2}{\mathrm{d}t} + M \frac{\mathrm{d}i_1}{\mathrm{d}t}$$

思 考 题

1. 试写出图 6-5 中各个耦合电感元件的伏安关系。

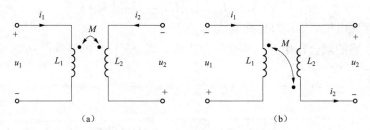

图 6-5　思考题 1 图

(a) 电路（一）；(b) 电路（二）

2. 试画出图 6-3 所示耦合电感元件的等效电路的相量电路图。

应用小知识

在工程实践中，当互感线圈的同名端无法辨认时，通常采用实验的方法来确定。如图 6-6 所示为直流判别法互感线圈同名端电路，其原理是：使其中一个线圈通过开关接入干电池，a 接正极性，b 接负极性，另一个线圈接入直流电压表，c 接正极性，d 接负极性，当开关 S 突然闭合时，若直流电压表指针发生正偏转，则称 a 和 c 为同名端；若直流电压表指针发生反偏转，则称 a 和 c 为异名端。

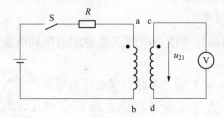

图 6-6　直流法判别互感线圈同名端电路

因为当开关 S 闭合时，电流流入线圈的 a 端，且电流随时间增大，在另一个线圈中会感应出互感电压，当直流电压表指针发生正偏转，表明 c 端的电压高于 d 端，根据同名端的意义，可知 a 和 c 为同名端。

6.2　空心变压器和理想变压器

变压器是电工电子技术领域中的一种电气设备，是依靠磁耦合实现电磁能量或电磁信号传递，具有变换电压、变换电流和变换阻抗的功能，因而在各工业领域获得了广泛的应用。

无论何种变压器，其基本结构都一样，就是由两个具有互感的线圈构成。变压器中与电源连接的线圈称为初级线圈或一次线圈，它从电源吸收电能；与负载连接的线圈称为次级线圈或二次线圈，它输出电能给负载。两种线圈共同绕在同一根芯子上，初级和次级线圈的匝数分别为 N_1 和 N_2 匝。

6.2.1　空心变压器

如果两种线圈绕制的芯子是由非铁磁材料制成或是空心的，这种变压器就称作空心变压器。由丁其周围介质的磁导系数为常数，所以它是一种线性电路元件，常应用于高频电子线路和测量仪器中。

空心变压器的电路如图 6-7 所示，其中 Z_1、L_1、Z_2、L_2 及 M 是电路参数，$\dot{U}_\mathrm{S}$ 为正弦电压源的电压。

容易判断耦合电感 L_1 和 L_2 磁通相消，且由互感电压产生 $\dot{I}_2$，电压和电流方向取如图 6-7 所示中的参考方向，对一次回路和二次回路，根据 KVL 可得

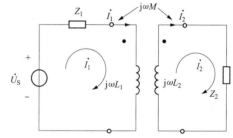

图 6-7　空心变压器的电路

$$\left.\begin{aligned}(Z_1+\mathrm{j}\omega L_1)\dot{I}_1-\mathrm{j}\omega M\dot{I}_2=\dot{U}_\mathrm{S}\\(Z_2+\mathrm{j}\omega L_2)\dot{I}_2-\mathrm{j}\omega M\dot{I}_1=0\end{aligned}\right\}\tag{6-14}$$

令 $Z_{11}=Z_1+\mathrm{j}\omega L_1$，$Z_{22}=Z_2+\mathrm{j}\omega L_2$，$Z_M=\mathrm{j}\omega M$，$Z_{11}$ 称作一次回路的自阻抗，Z_{22} 称作二次回路的自阻抗，Z_M 为互感阻抗，式（6-13）可改写为

$$\left.\begin{aligned}Z_{11}\dot{I}_1-Z_M\dot{I}_2=\dot{U}_\mathrm{S}\\Z_{22}\dot{I}_2-Z_M\dot{I}_1=0\end{aligned}\right\}\tag{6-15}$$

由上述方程可求得

$$\dot{I}_1=\frac{\dot{U}_\mathrm{S}}{Z_{11}-Z_M^2 Y_{22}}=\frac{\dot{U}_\mathrm{S}}{Z_{11}+(\omega M)^2 Y_{22}}=\frac{\dot{U}_\mathrm{S}}{Z_{11}+Z_{f1}}\tag{6-16}$$

式中：$Y_{22}=\dfrac{1}{Z_{22}}$，为一次回路的自阻抗的导纳，$Z_{f1}=(\omega M)^2 Y_{22}$，称为二次回路对一次回路的反映阻抗。由式（6-16）可以得出空心变压器的一次侧等效电路如图 6-8（a）所示。

由式（6-15）可求解出二次回路的电流

$$\dot{I}_2=\frac{Z_M}{Z_{22}}\dot{I}_1\tag{6-17}$$

将式（6-16）代入式（6-17）整理得

$$\dot{I}_2 = \frac{\frac{Z_M}{Z_{11}}\dot{U}_S}{Z_{22}+Z_{f2}} = \frac{Z_M Y_{11}\dot{U}_S}{Z_{22}+Z_{f2}} \tag{6-18}$$

式中：$Y_{11}=\dfrac{1}{Z_{11}}$，$Z_{f2}=(\omega M)^2 Y_{11}$，称为一次侧对二次侧的反映阻抗。由式（6-17）可以得出空心变压器的二次侧等效电路如图 6-8（b）所示，且图中

$$\dot{U}_{oc} = \frac{Z_M}{Z_{11}}\dot{U}_S = Z_M \frac{\dot{U}_S}{Z_{11}} \tag{6-19}$$

式（6-19）相当于图 6-7 中二次回路开路时的开路电压，而 $\dfrac{\dot{U}_S}{Z_{11}}$ 相当于此时一次回路的电流，$\dot{U}_{oc}$ 即是一次回路在二次回路开路时的互感电压即开路电压。

【例 6-2】　如图 6-9 所示电路，求一次侧电流 I_1 和二次侧电流 I_2。

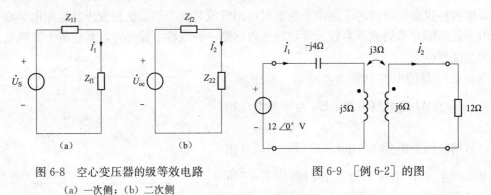

图 6-8　空心变压器的级等效电路
(a) 一次侧；(b) 二次侧

图 6-9　［例 6-2］的图

解　根据图 6-9 可得

$$\left.\begin{array}{l}(Z_1+j\omega L_1)\dot{I}_1 - j\omega M\dot{I}_2 = \dot{U}_S \\[6pt] (Z_2+j\omega L_2)\dot{I}_2 - j\omega M\dot{I}_1 = 0\end{array}\right\}$$

据题意，$Z_2=12\Omega$，$Z_1=-4j\Omega$，$j\omega L_1=j5\Omega$，$j\omega L_2=j6\Omega$，$j\omega M=j3\Omega$，解得

$$\dot{I}_1 = 13.01 \underline{/-49.39^\circ}\ (A)$$

$$\dot{I}_2 = 2.91 \underline{/14.04}\ (A)$$

本题也可根据等效电路进行求解，感兴趣者可以进行尝试。

【例 6-3】　图 6-10 所示电路中，$R_1=50\Omega$，$L_1=0.004H$，$R_2=200\Omega$，$L_2=0.008H$，$M=0.004H$，$u_s=100\sqrt{2}\sin(10^5 t)$ V，负载阻抗为 $Z_L=1000+j800\Omega$。求电流 I_1 以及电压源输入到变压器的功率及负载消耗的功率。

解　电压电流的参考方向如图 6-10 所示，易判断耦合电感 L_1 和 L_2 磁通相消，因此和图 6-7 的分析过程一样，可套用其结论进行求解，即

$$Z_{22} = R_2+j\omega L_2+Z_L = 200+j10^5\times0.008+(1000+j800) = 1200+j1600(\Omega)$$

$$Z_{f1} = (\omega M)^2 Y_{22} = \frac{(\omega M)^2}{Z_{22}} = \frac{(10^5\times0.004)^2}{1200+j1600} = 92.3-j30.7(\Omega)$$

$$Z_{11} = R_1 + j\omega L_1 = 50 + j10^5 \times 0.004 = 50 + j400(\Omega)$$

$$\dot{I}_1 = \frac{\dot{U}_S}{Z_{11} + Z_{f1}} = \frac{100 \underline{/0^\circ}}{50 + j400 + 92.3 - j30.7} = 0.253 \underline{/-69^\circ}(A)$$

根据图 6-8（a）所示的一次侧等效电路，可知电压源输入到变压器的功率

$$P_1 = U_S I_1 \cos\varphi_1 = 100 \times 0.253 \times \cos 69^\circ = 9.07(W)$$

$$Z_M = j\omega M = j10^5 \times 0.004 = j400(\Omega)$$

$$\dot{I}_2 = \frac{Z_M}{Z_{22}}\dot{I}_1 = \frac{j400}{1200 + j1600} \times 0.253 \underline{/-69^\circ} = 0.08 \underline{/2.6^\circ}(A)$$

$$P_L = I_2^2 R_e[Z_L] = 0.08^2 \times 1000 = 6.4(kW)$$

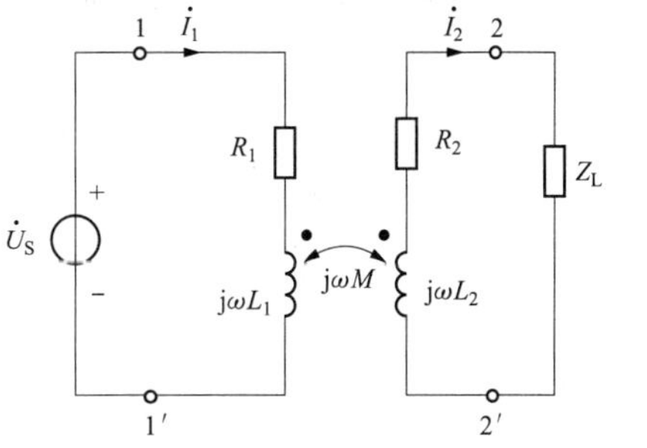

6.2.2　理想变压器

如果两种线圈绕制的芯子是高铁磁材料制成的，则可使这两种线圈紧密耦合，理想情况下达到全耦合，即耦合系数为 1，称为全耦合变压器。

当线圈为全耦合状态时

$$\Phi_{11} = \Phi_{21} \tag{6-20}$$

$$\Phi_{22} = \Phi_{12} \tag{6-21}$$

则有

$$\Psi_{11} = N_1\Phi_{11} = L_1 i_1 \tag{6-22}$$

$$\Psi_{21} = N_2\Phi_{21} = M i_1 \tag{6-23}$$

图 6-10　[例 6-3] 的图

$$\Psi_{22} = N_2\Phi_{22} = L_2 i_2 \tag{6-24}$$

$$\Psi_{12} = N_1\Phi_{12} = M i_2 \tag{6-25}$$

由式（6-22）和式（6-23）得

$$\frac{L_1}{M} = \frac{N_1}{N_2} \tag{6-26}$$

由式（6-24）和式（6-25）得

$$\frac{M}{L_2} = \frac{N_1}{N_2} \tag{6-27}$$

将式（6-26）和式（6-27）相乘得

$$\frac{L_1}{L_2} = \left(\frac{N_1}{N_2}\right)^2 \tag{6-28}$$

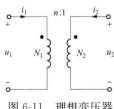

图 6-11　理想变压器
电路模型图

当变压器满足耦合系数为 1，无损耗即本身阻值 $R=0$，L_1、L_2 和 M 均趋于无穷大且 $\sqrt{L_1/L_2} = N_1/N_2$ 为有限值，则称为理想变压器。理想变压器是一种特殊的全耦合变压器，其电路模型如图 6-11 所示，N_1、N_2 分别为一次线圈和二次线圈的匝数，$N_1/N_2 = n$。

一、二次侧电压、电流在图中的参考方向和同名端位置下，有

$$\Psi_1 = N_1(\Phi_{11} + \Phi_{12}) = N_1(\Phi_{11} + \Phi_{22}) = N_1\Phi \tag{6-29}$$

$$\Psi_2 = N_2(\Phi_{22} + \Phi_{21}) = N_2(\Phi_{11} + \Phi_{22}) = N_2\Phi \tag{6-30}$$

因此

$$u_1 = \frac{\mathrm{d}\Psi_1}{\mathrm{d}t} = N_1\frac{\mathrm{d}\Psi_1}{\mathrm{d}t} = N_1\frac{\mathrm{d}\varPhi}{\mathrm{d}t} \tag{6-31}$$

$$u_2 = \frac{\mathrm{d}\Psi_2}{\mathrm{d}t} = N_2\frac{\mathrm{d}\Psi_2}{\mathrm{d}t} = N_2\frac{\mathrm{d}\varPhi}{\mathrm{d}t} \tag{6-32}$$

将式（6-31）和式（6-32）相除得

$$\frac{u_1}{u_2} = \frac{N_1}{N_2} = n \quad \text{或} \quad \frac{\dot{U}_1}{\dot{U}_2} = \frac{N_1}{N_2} = n \tag{6-33}$$

称 n 为变压器变比，这就是理想变压器的电压变换作用。式（6-33）表明：理想变压器一、二次侧的端电压与一、二次侧线圈的匝数成正比。当 $n>1$ 时为降压变压器，$n<1$ 时为升压变压器。

根据图 6-11 所示的电路模型，由 KVL 得

$$\dot{U}_1 = \mathrm{j}\omega L_1\dot{I}_1 + j\omega M\dot{I}_2$$

进一步解得

$$\dot{I}_1 = \frac{\dot{U}_1}{\mathrm{j}\omega L_1} - \frac{M}{L_1}\dot{I}_2 \tag{6-34}$$

由式（6-6）和 $k=1$ 得

$$M = \sqrt{L_1 L_2} \tag{6-35}$$

将式（6-6）代入式（6-34）得

$$\dot{I}_1 = \frac{\dot{U}_1}{\mathrm{j}\omega L_1} - \frac{\sqrt{L_1 L_2}}{L_1}\dot{I}_2 = \frac{\dot{U}_1}{\mathrm{j}\omega L_1} - \sqrt{\frac{L_2}{L_1}}\dot{I}_2 \tag{6-36}$$

因为 L_1 趋于无穷大，并结合式（6-28）可得

$$\frac{\dot{I}_1}{\dot{I}_2} = \frac{1}{n} \tag{6-37}$$

式（6-37）说明，理想变压器负载运行时，其一、二次回路的电流有效值之比，近似等于它们的匝数比的倒数，即变比的倒数，这就是理想变压器的电流变换作用。

式（6-33）和式（6-37）中在正、负号的选择上需要注意：当 u_1 和 u_2 的参考方向的正极设在同名端，则式（6-33）取"＋"；当 u_1 和 u_2 的参考方向的正极设在异名端，则式（6-33）取"－"。当 i_1 和 i_2 的参考方向从变压器的异名端流入或流出，则式（6-37）取"＋"，当 i_1 和 i_2 的参考方向从变压器的同名端流入或流出，则式（6-37）取"－"。

同时，从式（6-33）和式（6-37）易得

$$U_1 I_1 = U_2 I_2 \tag{6-38}$$

式（6-38）说明，理想变压器既不消耗能量也不储存能量，是一种无记忆的多端电路元件。

理想变压器除了有电压、电流的变换作用外，同时还具有阻抗变换作用。在正弦稳态下，如图 6-12（a）为理想变压器的二次侧接入负载 Z_L 的运行电路图。

从一次侧两端看进去可等效为图 6-12（b），则等效阻抗 Z_L' 为

$$Z_L' = \frac{\dot{U}_1}{\dot{I}_1} = \frac{n\dot{U}_2}{-\frac{1}{n}\dot{I}_2} = n^2\left(\frac{\dot{U}_2}{-\dot{I}_2}\right) = n^2 Z_L \tag{6-39}$$

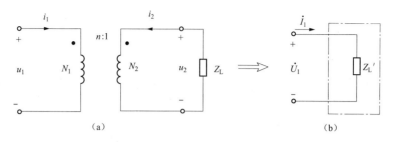

图 6-12　理想变压器运行电路图

（a）理想变压器电路图；（b）理想变压器等效电路图

$n^2 Z_L$ 即为二次侧折算到一次侧的等效阻抗，如果二次侧分别接入 R、L、C 时，折算到一次侧将为 $n^2 R$、$n^2 L$、$\dfrac{C}{n^2}$。式（6-39）说明，接在变压器二次侧的负载阻抗 Z_L，反映到变压器一次侧的等效阻抗是 $Z_L' = n^2 Z_L$，即增大为 n^2 倍，这就是变压器的阻抗变换作用。

变压器的阻抗变换常用于电子电路中。例如，收音机、扩音机中扬声器（喇叭）的阻抗一般为几欧或十几欧，而其功率输出级要求负载与信号源内阻相等时才能使负载获得最大输出功率，这就叫做阻抗匹配。实现阻抗匹配的方法，就是在电子设备功率输出级和负载（如扬声器）之间接入一个输出变压器，适当选择其变比，就能获得所需要的阻抗。

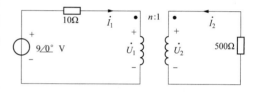

图 6-13　[例 6-4] 图

【例 6-4】　如图 6-13 所示为理想变压器接入负载的电路，求：

（1）变比 n 为 1∶10 时二次侧边电压 U_2。

（2）改变负载的阻值为 250Ω，若此时要求负载能够获得最大功率，则变压器的变比 n 为多少？

解　（1）根据变压器的阻抗变换作用，可得

$$\dot{I}_1 = \frac{\dot{U}_1}{10 + 500 \times 0.1^2} = \frac{9 \underline{/0^\circ}}{15}\,(\text{A})$$

由变压器的电流变换，得

$$\dot{I}_2 = -n\dot{I}_1 = -\frac{1}{10} \times \frac{9 \underline{/0^\circ}}{15} = 0.06 \underline{/180^\circ}\,(\text{A})$$

由欧姆定律可得

$$\dot{U}_2 = -500\dot{I}_2 = 500 \times 0.06 \underline{/0^\circ} = 30 \underline{/0^\circ}\,(\text{V})$$

（2）当负载的阻值为 250Ω，根据变压器的阻抗变换作用，若此时要求负载能够获得最大功率，则

$$250 \times n^2 = 10$$
$$n = 1 \colon 5$$

思 考 题

1. 一理想变压器，一次侧加电压 10V，二次侧电压为 1V，负载阻抗 $Z=8\Omega$，求二次侧电流及变换到一次侧的阻抗值。

2. 一只 3.6Ω 的喇叭，欲利用变压器使其与 350Ω 内阻的信号源相匹配，求变压器的变比。当喇叭功率为 87.5mW 时，一、二次侧电压和电流各为多少？

6.3 耦合电感电路的去耦等效

包含耦合电感电路的正弦稳态分析可采用相量法。只是要注意列写 KVL 方程时，要正确计入互感电压，耦合电感支路的电压不仅与本支路的电流有关，而且还和其他与此支路有互感关系的支路电流有关。耦合电感的基本连接方式有串联和 T 型（即三端）连接。

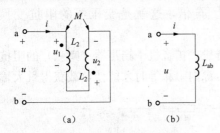

图 6-14 耦合电感顺接串联
（a）耦合电感电路；（b）等效电路图

6.3.1 两耦合电感的串联

有互感的两耦合电感支路串联联接方式因同名端位置不同而等效结果不同。

当异名端相连时，称为正向串联或顺接串联，如图 6-14 （a）所示，易判断两耦合电感磁通相助，因此可得两耦合电感的伏安关系为

$$u_1 = (L_1 + M)\frac{\mathrm{d}i}{\mathrm{d}t} \tag{6-40}$$

$$u_2 = (L_2 + M)\frac{\mathrm{d}i}{\mathrm{d}t} \tag{6-41}$$

$$u = u_1 + u_2 = (L_1 + L_2 + 2M)\frac{\mathrm{d}i}{\mathrm{d}t} \tag{6-42}$$

在正弦稳态情况下

$$\dot{U} = \mathrm{j}\omega(L_1 + L_2 + 2M)\dot{I} \tag{6-43}$$

总的等效电感为

$$L_{ab} = L_1 + L_2 + 2M = (L_1 + M) + (L_2 + M) \tag{6-44}$$

因此，两耦合电感正向串联时，等效电路如图 6-14 （b）所示。式 （6-44）也表明两耦合电感正向串联时，相当于每个耦合电感增加了 M。

当同名端相连时，称为反向串联或反接串联，如图 6-15 （a）所示，易判断两耦合电感磁通相消，因此可得两耦合电感的伏安关系为

$$u_1 = (L_1 - M)\frac{\mathrm{d}i}{\mathrm{d}t} \tag{6-45}$$

$$u_2 = (L_2 - M)\frac{\mathrm{d}i}{\mathrm{d}t} \tag{6-46}$$

$$u = u_1 + u_2 = (L_1 + L_2 - 2M)\frac{\mathrm{d}i}{\mathrm{d}t} \tag{6-47}$$

在正弦稳态情况下

$$\dot{U} = j\omega(L_1 + L_2 - 2M)\dot{I} \tag{6-48}$$

总的等效电感为

$$L_{ab} = L_1 + L_2 - 2M = (L_1 - M) + (L_2 - M) \tag{6-49}$$

因此，两耦合电感反向串联时，有互感的两线圈反向串联时，等效电路如图 6-15（b）所示。式（6-49）也表明两耦合电感反向串联时，相当于每个耦合电感减少了 M。

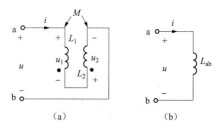

图 6-15　耦合电感反接串联

(a) 耦合电感电路；(b) 等效电路图

6.3.2　两耦合电感的并联

1. 同侧并联

同名端连接在同一个节点上，称为同侧并联，如图 6-16（a）所示。

在正弦稳态情况下，按照图 6-16 中所示的参考方向，列出相量方程为

$$\left.\begin{array}{l} \dot{U} = j\omega L_1 \dot{I}_1 + j\omega M \dot{I}_2 \\ \dot{U} = j\omega L_2 \dot{I}_2 + j\omega M \dot{I}_1 \end{array}\right\} \tag{6-50}$$

又知道

$$\dot{I} = \dot{I}_1 + \dot{I}_2 \tag{6-51}$$

联立式（6-50）和式（6-51）可得

$$\dot{U} = j\omega \frac{L_1 L_2 - M^2}{L_1 + L_2 - 2M} \dot{I} \tag{6-52}$$

可见，同侧并联时等效电感

$$L_{ab} = \frac{L_1 L_2 - M^2}{L_1 + L_2 - 2M} \tag{6-53}$$

等效电路如图 6-16（b）所示。

2. 异侧并联

当异名端连接在同一个节点上时，称为异侧并联，如图 6-17（a）所示。

在正弦稳态情况下，按照图 6-17 所示的正方向，列出相量方程为

$$\left.\begin{array}{l} \dot{U} = j\omega L_1 \dot{I}_1 - j\omega M \dot{I}_2 \\ \dot{U} = j\omega L_2 \dot{I}_2 - j\omega M \dot{I}_1 \end{array}\right\} \tag{6-54}$$

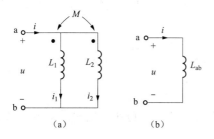

图 6-16　耦合电感的同侧并联电路

(a) 耦合电感电路；(b) 等效图

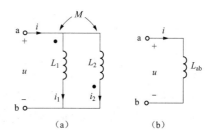

图 6-17　耦合电感的异侧并联电路

(a) 耦合电感电路；(b) 等效电路

同理
$$\dot{I} = \dot{I}_1 + \dot{I}_2 \tag{6-55}$$

联立式（6-54）和式（6-55）可得

$$\dot{U} = j\omega \frac{L_1 L_2 - M^2}{L_1 + L_2 + 2M} \dot{I} \tag{6-56}$$

可见，同侧并联时等效电感

$$L_{ab} = \frac{L_1 L_2 - M^2}{L_1 + L_2 + 2M} \tag{6-57}$$

等效电路如图 6-17（b）所示。

6.3.3 两耦合电感的 T 型连接

当耦合电感之间既不是串联连接，也不是并联方式连接，但有一个公共端时，则为 T 型连接。T 型连接分为同名端连接和异名端连接两种。

1. T 型同名端连接

如图 6-18（a）所示，T 型同名端连接的方式可以是 b 和 d 点相连，也可以是 a 和 c 点相连。

b 和 d 点相连时，在正弦稳态情况下，按照图 6-18 所示的参考方向，列出相量方程为

$$\left.\begin{aligned} \dot{U}_1 &= j\omega L_1 \dot{I}_1 + j\omega M \dot{I}_2 \\ \dot{U}_2 &= j\omega L_2 \dot{I}_2 + j\omega M \dot{I}_1 \end{aligned}\right\} \tag{6-58}$$

可将式（6-58）改写为

$$\left.\begin{aligned} \dot{U}_1 &= (j\omega L_1 - j\omega M)\dot{I}_1 + j\omega M(\dot{I}_1 + \dot{I}_2) \\ \dot{U}_2 &= (j\omega L_2 - j\omega M)\dot{I}_2 + j\omega M(\dot{I}_1 + \dot{I}_2) \end{aligned}\right\} \tag{6-59}$$

此时等效电路如图 6-18（b）所示。

同理，当 a 和 c 点相连时，电路可等效如图 6-18（c）所示。

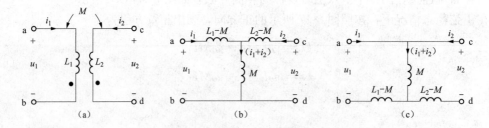

图 6-18　耦合电感的同名端连接 T 型电路

(a) T 型同名端耦合电感电路；(b) bd 相连等效电路；(c) ac 相连等效电路

2. T 型异名端连接

如图 6-19（a）所示，T 型同名端连接的方式可以是 b 点和 d 点相连，也可以是 a 点和 c 点相连。

当 b 和 d 点相连时，在正弦稳态情况下，按照图 6-19 所示的参考方向，列出相量方程为

$$\left.\begin{array}{l}\dot{U}_1 = \mathrm{j}\omega L_1 \dot{I}_1 - \mathrm{j}\omega M \dot{I}_2 \\ \dot{U}_2 = \mathrm{j}\omega L_2 \dot{I}_2 - \mathrm{j}\omega M \dot{I}_1\end{array}\right\} \qquad (6\text{-}60)$$

可将式（6-58）改写为

$$\left.\begin{array}{l}\dot{U}_1 = (\mathrm{j}\omega L_1 + \mathrm{j}\omega M)\dot{I}_1 - \mathrm{j}\omega M(\dot{I}_1 + \dot{I}_2) \\ \dot{U}_2 = (\mathrm{j}\omega L_2 + \mathrm{j}\omega M)\dot{I}_2 - \mathrm{j}\omega M(\dot{I}_1 + \dot{I}_2)\end{array}\right\} \qquad (6\text{-}61)$$

此时，等效电路如图 6-19（b）所示。

同理，当 a 和 c 点相连时，电路可等效如图 6-19（c）所示。

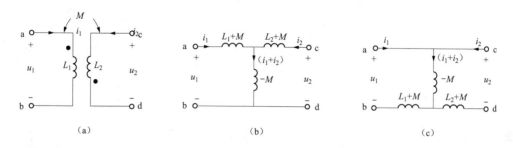

图 6-19　耦合电感的异名端连接 T 型电路

（a）T 型异名端耦合电感电路；（b）bd 相连等效电路；（c）ac 相连等效电路

【例 6-5】　如图 6-20 所示电路，已知 $u_S = 2\sin(2t + 45°)\mathrm{V}$，电感 $L_1 = L_2 = 1.5\mathrm{H}$，$M = 0.5\mathrm{H}$，负载电阻 $R_L = 1\Omega$，求负载上的电流。

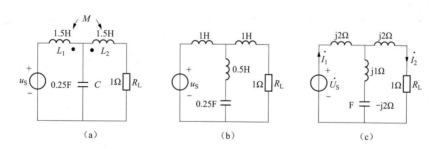

图 6-20　［例 6-5］的图

（a）耦合电感电路；（b）去耦等效电路；（c）去耦等效相量电路

解　可以判断出图 6-20（a）是耦合电感的同名端连接 T 型电路，因此，可以等效为图 6-20（b），并采用相量计算，相应电路图为图 6-20（c）。

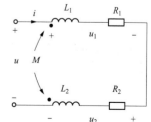

$$\dot{I}_1 = \dfrac{\dot{U}_S}{\dfrac{(1+\mathrm{j}2)(\mathrm{j}-\mathrm{j}2)}{(1+\mathrm{j}2)+(\mathrm{j}-\mathrm{j}2)} + \mathrm{j}2} = 2\angle 0°\,(\mathrm{A})$$

$$\dot{I}_2 = \dfrac{\mathrm{j}-\mathrm{j}2}{\mathrm{j}-\mathrm{j}2+1+\mathrm{j}2}\dot{I}_1 = \sqrt{2}\angle -135°\,(\mathrm{A})$$

【例 6-6】　如图 6-21 所示电路，已知电路参数 L_1、L_2、M、R_1，u 和 i 参考方向如图。求支路电压 u_1。

图 6-21　［例 6-6］的图

解　可以判断出图 6-21 中两耦合电感是反向串联，相当于每个耦合电感减少了 M，因此电压 u_1 是电阻 R_1 和等效电感 L_1-M 的端电压，则

$$u_1 = (L_1 - M)\frac{\mathrm{d}i}{\mathrm{d}t} + iR_1$$

思 考 题

1. 如图 6-22 所示，已知 $u_\mathrm{s}=10\sin\,(10t)$，电感 $L_1=1.5\mathrm{H}$，$L_2=1\mathrm{H}$，$M=0.5\mathrm{H}$，求 ab 端的电压 u。

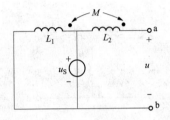

图 6-22　思考题 1 图

2. 有两耦合电感，已知 $\omega L_1=5\Omega$，$\omega L_2=1\Omega$，$\omega M_1=2\Omega$ 忽略电阻，若电源电压为 5V。求两耦合电感分别在正、反向串联及同、异侧并联时，两耦合电感中电流和电压。

应用小知识

将有互感的两线圈正向串联，测得等效电感 L'，再将两线圈反接，测得等效电感 L''，可求得互感系数 $M=\,(L'+L'')/4$。如果线圈的同名端未知，可将两线圈任意串联，测量其总电阻。将某一线圈两端颠倒后再做测量。两次测量中，阻抗较大者为正向串联。由此也可判断两线圈的同名端。

本 章 小 结

(1) 耦合电感的电路模型中自感分别是 L_1、L_2，M 为两耦合电感之间的互感，耦合系数为

$$k = \frac{M}{\sqrt{L_1 L_2}}$$

(2) 耦合电感元件的伏安关系。

1) 设耦合电感电压的参考方向与相应线圈中的电流的参考方向为关联参考方向，则有

$$\left.\begin{aligned} u_1 &= L_1\frac{\mathrm{d}i_1}{\mathrm{d}t} \pm M\frac{\mathrm{d}i_2}{\mathrm{d}t} \\ u_2 &= L_2\frac{\mathrm{d}i_2}{\mathrm{d}t} \pm M\frac{\mathrm{d}i_1}{\mathrm{d}t} \end{aligned}\right\}$$

2）若电路是工作在正弦稳态，其相量形式为

$$\left.\begin{array}{l} \dot{U}_0 = j\omega L_1 \dot{I}_1 \pm j\omega M \dot{I}_2 \\ \dot{U}_2 = j\omega L_2 \dot{I}_2 \pm j\omega M \dot{I}_1 \end{array}\right\}$$

其中当电流均从同名端流入，互感电压取正；电流从异名端流入，互感电压取负。

（3）空心变压器和理想变压器的电路分析。

1）对于由耦合电感构成的空心变压器电路，可直接用网孔法列方程分析，也可用一、二次等效电路来分析。

2）理想变压器具有电压、电流和阻抗变换的作用。

电压变换作用为 $\dfrac{u_1}{u_2} = \dfrac{N_1}{N_2} = \pm n$，注意正负号的选取方法。

电流变换作用为 $\dfrac{i_1}{i_2} = \dfrac{N_1}{N_2} = \pm\dfrac{1}{n}$，注意正负号的选取方法。

阻抗变换作用，即在理想变压器的二次侧接上复阻抗 Z_L，则折合到初级线圈的等效阻抗为 $n^2 Z_L$。

（4）耦合电感的去耦等效电路。用去耦等效电路进行分析，原来具有互感的耦合电感成了等效的纯电感，此时的等效电感之间没有耦合作用了，从而就可采用相量法来进行分析。

1）串联去耦等效：顺向串联时，相当于每个电感增大了 M；反向串联时，相当于每个电感减少了 M。

2）并联连接的去耦等效：并联连接的耦合电感的去耦等效电感

$$L_{ab} = \frac{L_1 L_2 - M^2}{L_1 + L_2 \mp 2M}$$

同侧并联时取"$-$"；异侧并联时取"$+$"。

3）T 型连接的去耦等效：T 型连接的耦合电感的去耦等效为三端连接的等效电感，具体等效电路图见图 6-18 和图 6-19。

习　　　　题

1. 试写出图 6-23 中每个耦合电感上的电压、电流关系。

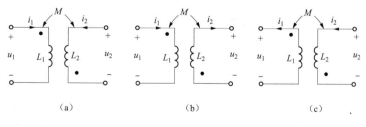

（a）　　　　　　　　（b）　　　　　　　　（c）

图 6-23　题 1 图

2. 已知含耦合电感的电路和电流 i_1 波形如图 6-24 所示，电感 $L_1 = 5\mathrm{H}$，$L_2 = 2\mathrm{H}$，$M = 1\mathrm{H}$，求 de 端的电压 u_{de}。

3. 图 6-25 所示电路为含耦合电感的电路，其中 $R_1=7.5\Omega$，$\omega L_1=30\Omega$，$\dfrac{1}{\omega C_1}=22.5\Omega$，$R_2=60\Omega$，$\omega M=30\Omega$，$\dot{U}_S=15\underline{/0°}$ V，试求 R_2 消耗的功率。

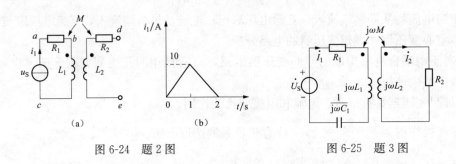

图 6-24　题 2 图　　　　　图 6-25　题 3 图

4. 在图 6-26 所示电路中，$R_1=1\Omega$，$\omega L_1=2\Omega$，$\omega L_2=32\Omega$，$\dfrac{1}{\omega C}=32\Omega$，$\omega M=8\Omega$，试求 $\dot{U}_2$。

5. 在图 6-27 所示电路中，已知，$\omega=10^6$ rad/s，$L_1=L_2=1$mH，$M=20\mu$H，$C_1=C_2=1000$pF，$R_1=10\Omega$，$\dot{U}_S=10\underline{/0°}$ V，R_L 为可变电阻，试求 R_L 能消耗的最大功率。

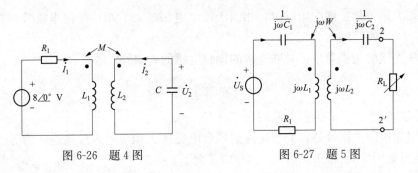

图 6-26　题 4 图　　　　　图 6-27　题 5 图

6. 在图 6-28 所示电路中，已知 $R_1=1\Omega$，$\omega L=200\Omega$，$R_2=100\Omega$，$\dot{U}_S=100\underline{/0°}$ V，变压器变比 $n=1:10$，试求 R_2 消耗的功率。

7. 在图 6-29 所示电路中，已知 $u_S=8\sqrt{2}\sin t$V，其他电路参数值已经标于图中，试求：
(1) 变压器变比 $n=2:1$ 时，R_L 消耗的平均功率。
(2) 若变压器变比可调，当变比 n 为何值时，R_L 可获得的最大功率值为多少？

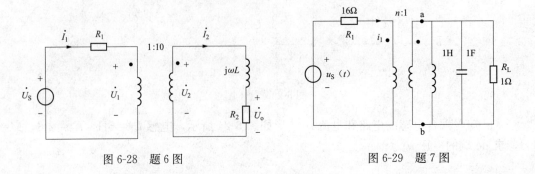

图 6-28　题 6 图　　　　　图 6-29　题 7 图

8. 在图 6-30 所示电路中，试求从 ab 端口看过去的电阻 R_{in}。

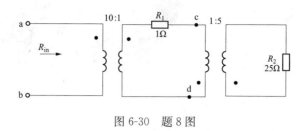

图 6-30 题 8 图

9. 在图 6-31 所示电路中，试求电路 ab 端的等效电感。

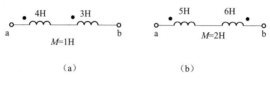

图 6-31 题 9 图

10. 在图 6-32 所示电路中，已知 $L_1=6H$，$L_2=3H$，$M=4H$。试求电路从 $1—1'$ 看进去的等效电感。

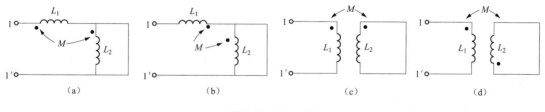

图 6-32 题 10 图

11. 求图 6-33 所示电路从 $1—1'$ 看进去的输入阻抗值（已知 $\omega=1rad/s$）。

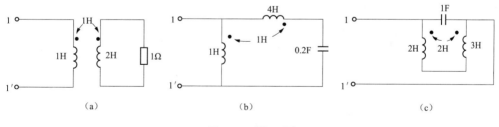

图 6-33 题 11 图

12. 在图 6-34 所示电路中，各参数已知，电路频率为 ω，现要求电流 $\dot{I}_2=0A$，则电路参数和频率之间应满足何种关系？

13. 在图 6-35 所示电路中，交流电压表内阻无穷大，电路参数 $R_1=15\Omega$，$R_2=10\Omega$，$\omega L_1=20\Omega$，$\omega L_2=80\Omega$，耦合系数 $k=0.2$，交流电压表读数 40V，试电压 $\dot{U}$。

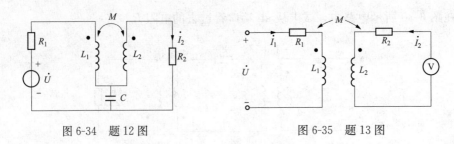

图 6-34 题 12 图 　　　　　　　图 6-35 题 13 图

14. 在图 6-36 所示电路中，已知 $R_1 = R_2 = 1\Omega$，$\omega L_1 = 3\Omega$，$\omega L_2 = 2\Omega$，$\omega M = 2\Omega$，$\dot{U}_1 = 100 \underline{/0°}$ V，试分别求开关 S 在打开和闭合时的电流 $\dot{I}_1$。

15. 在图 6-37 所示电路中，已知 $L_1 = 100\text{mH}$，$L_2 = 1\text{mH}$，若耦合系数由 0.2 增加至 1 时，试求等效电感 L_{ab} 的变化范围。

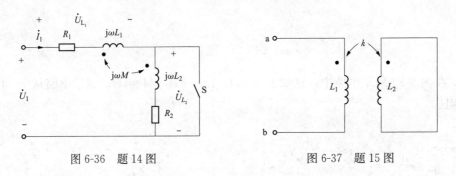

图 6-36 题 14 图 　　　　　　　图 6-37 题 15 图

16. 在图 6-38 所示电路中，已知 $i_S(t) = 2\sqrt{2}\sin t\ \text{A}$，其他参数见电路图中，试求 u_2 的表达式。

17. 在图 6-39 所示电路中，变压器是全耦合变压器，试求：

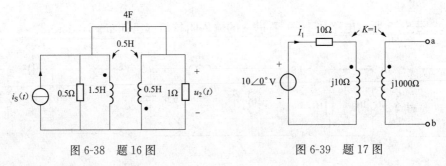

图 6-38 题 16 图 　　　　　　　图 6-39 题 17 图

（1）ab 端的戴维南等效电路。

（2）若 ab 端短路，此时一次绕组中电流 $\dot{I}_1$ 为多少？

18. 在图 6-40 所示的理想变压器电路中，已知 $\dot{U}_S = 30 \underline{/0°}$ V，试求 $\dot{I}_2$ 的值。

19. 今设计出一电路，如图 6-41 所示。该电路的设计值中具有负电感，实际是无法制造的，拟通过耦合电感来实现负电感的功能，试设计出含有耦合电感的电路，并计算所使用的耦合电感的值。

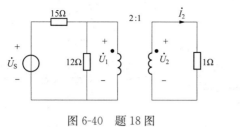

图 6-40　题 18 图

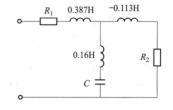

图 6-41　题 19 图

20. 图 6-42 所示的工频电路中，已知 $L_1=0.1\text{H}$，$L_2=0.2\text{H}$，$M=0.05\text{H}$，$\dot{U}=100$ $\underline{/0^\circ}$ V，试求（a）和（b）两种电路中总电流的值。

21. 图 6-43 所示的电路中，已知 $\omega=2\text{rad/s}$，$R_1=12\Omega$，$R_2=10\Omega$，$L_1=L_2=L_3=4\text{H}$，$M=2\text{H}$，试求 ab 端的总阻抗。

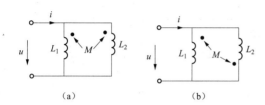

图 6-42　题 20 图

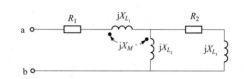

图 6-43　题 21 图

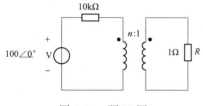

图 6-44　题 22 图

22. 图 6-44 所示电路中，求负载 R 获得的最大功率。

23. 图 6-45 所示电路中，已知 $\omega=2\text{rad/s}$，$R_1=2\Omega$，$R_2=5\Omega$，$R_3=1\Omega$，$L_1=0.5\text{H}$，$L_2=4.5\text{H}$，当变压器变比为 $n=2$ 时，试求 ab 端的总阻抗。

24. 图 6-46 所示电路中，已知 $\omega=1000\text{rad/s}$，$U_s=5\text{V}$，$R_1=500\Omega$，$L_1=2\text{H}$，$L_2=2\text{H}$，$M=1\text{H}$，$C_1=C_2=0.5\mu\text{F}$，试求负载 R_L 获得的最大功率。

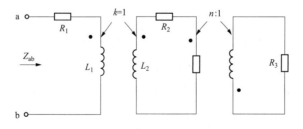

图 6-45　题 23 的图

25. 图 6-47 所示电路中，已知 $\dot{U}_S=10\underline{/0^\circ}$ V，$\omega L_1=4\Omega$，$\omega L_2=3\Omega$，$\omega M=2\Omega$，$\dfrac{1}{\omega C}=2\Omega$，$R=2\Omega$，试求电压 U_2。

26. 在图 6-48 所示理想变压器电路中，已知 $\dot{U}_S=10\underline{/0^\circ}$ V，试求电压 $\dot{U}_C$。

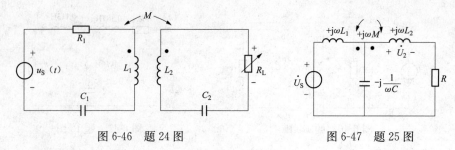

图 6-46 题 24 图   图 6-47 题 25 图

27. 图 6-49 所示理想变压器电路中，试求：

(1) 电流 $\dot{I}_1$ 和 $\dot{I}_2$。

(2) 当二次侧开路时，二次侧的输出阻抗为多少？

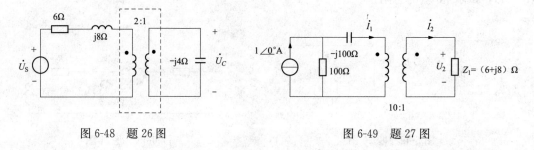

图 6-48 题 26 图   图 6-49 题 27 图

第7章 三 相 电 路

在目前世界的电力工业中，电能的产生、传输和分配大多采用的是三相正弦交流电路的形式，应用十分广泛。在第5章和第6章介绍的稳态电路均为单相（一相）正弦交流电路，其电源为单相正弦交流电源。由三相正弦交流电源构成的电路称为三相电路，其电路的计算有明显的规律性和特殊性。

 学习重点

对称三相电源和连接方式；对称三相电路的分析方法和计算；不对称三相电路的简单计算；三相电路功率的计算和测量以及安全用电与接地保护。

7.1 三 相 电 源

三相交流电源是由三相交流发电机产生，如图7-1（a）所示，当转子铁芯上绕有直流励磁绕组时，选用合适的极面形状和励磁绕组的布置，可以使发电机空气隙中的磁感应强度按正弦规律分布。当转子由原动机（汽轮机、涡轮机等）带动并以均匀速度顺时针方向旋转时，三相定子绕组将依次切割磁力线，产生频率相同、幅值相等的正弦交流电动势 e_A、e_B、e_C。对称三相电源是指三个幅值相等、频率相同、相位依次互差 $120°$ 的正弦交流电压源，按一定的方式连接，构成对称三相正弦交流电源，简称三相电源。三相电源是由三相交流发电机产生提供，一组三相电源的三个正弦交流电压源依次分别称为A、B、C相，用首端A、B、C表示正极性端，用末端X、Y、Z表示负极性端，AX、BY、CZ称为三相母线。三个正弦交流电压源的瞬时值分别用 u_A、u_B、u_C 表示，若以A相电源 u_A 为参考正弦量，三相电源各相瞬时值的表达式为

$$\left.\begin{array}{l} e_A = U_m \sin\omega t \\ e_B = U_m \sin(\omega t - 120°) \\ e_C = U_m \sin(\omega t + 120°) \end{array}\right\} \tag{7-1}$$

其相量形式为

$$\left.\begin{array}{l} \dot{U}_A = U \angle 0° \\ \dot{U}_B = U \angle -120° \\ \dot{U}_C = U \angle 120° \end{array}\right\} \tag{7-2}$$

三相交流发电机图结构和三相电源的时域波形图、相量图表示如图7-1所示。

由图7-1中（a）图和图7-1（b）容易看出三相电源满足

$$e_A + e_B + e_C = 0 \tag{7-3}$$

$$\dot{E}_A + \dot{E}_B + \dot{E}_C = 0 \tag{7-4}$$

即三相电源各相电压源之和恒等于零。

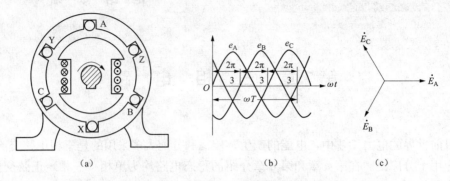

图 7-1　三相交流发电机图、三相电源的时域波形图和相量图
(a) 发电机结构图；(b) 波形图；(c) 相量图

　　工程上把三相电源各相电压源经过某个同一值（如正最大值）的先后顺序称为相序。像上面的三相电源的相序就称作正相序（或顺序），简称正序，表示为 ABC、BCA 或 CAB。如果把上述三相电源将任何两相进行倒相，则此时相序就变为负序（逆序），电力系统一般均采用正序。为方便识别三相电源的相序，在我国的供配电系统中三相电源的各相母线都有规定的颜色，规定 A 相—黄色、B 相—绿色、C 相—红色。相序是非常重要的基本概念，在实际应用中是不容忽视的问题，如变压器在并入电网时必须同名相（即同序）连接，还有一些电气设备的工作状态与三相电源相序有关，如电动机的正反转。无特别说明，三相电源的相序均指正相序。

应用小知识

　　目前世界供电基本上是三相供电系统，分为两大类型：60Hz，正弦电压有效值 120V；50Hz，正弦电压有效值 240V（我国 220V）。

思　考　题

　　1. 若以 A 相电源 u_A 为参考正弦量，且 $u_A = 230\sin(\omega t - 35°)$，试写出正序和负序时三相电源各相瞬时值和相量形式的表达式。

　　2. 已知三相电源 $u_A = 220\sqrt{2}\sin(314t + 30°)$V，$u_B = 220\sqrt{2}\sin(314t - 90°)$，$u_C = 220\sqrt{2}\sin(314t + 150°)$，试判断三相电源的相序关系。

7.2　三相电路的连接

7.2.1　三相电源的连接

　　三相电路是由三相电源供电的电路，对称三相电源有星形（Y）和三角形（△）两种基本连接方式。

　　如图 7-2（a）所示为三相电源星形连接方式，即把三个电源的负极性端连接在一起形成一个节点，称作电源中性点，用 N 表示，三个电源正极性端的引出线称作电源的端线或相线（俗称火线），用 A、B、C 标记。三相电源中每个电源的电压就称作相电压，常用 U_A、

U_B、U_C 表示，一般用 U_{ph} 表示。各端点 A、B、C 之间的电压就称作线电压，常用 U_{AB}、U_{BC}、U_{CA} 表示，一般用 U_l 表示。

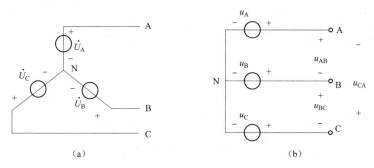

图 7-2　三相电源星形连接方式
（a）方式 1；（b）方式 2

在图 7-2 所示的电源星形连接中，根据 KVL 有

$$\left.\begin{aligned}
\dot{U}_{AB} &= \dot{U}_A - \dot{U}_B = U\underline{/0^\circ} - U\underline{/-120^\circ} = \sqrt{3}U\underline{/30^\circ} \\
\dot{U}_{BC} &= \dot{U}_B - \dot{U}_C = U\underline{/-120^\circ} - U\underline{/120^\circ} = \sqrt{3}U\underline{/-90^\circ} \\
\dot{U}_{CA} &= \dot{U}_C - \dot{U}_A = U\underline{/120^\circ} - U\underline{/0^\circ} = \sqrt{3}U\underline{/150^\circ}
\end{aligned}\right\} \tag{7-5}$$

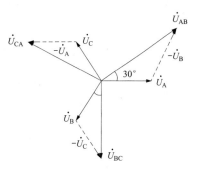

画出各相相电压和线电压相量图如图 7-3 所示，同样可得三相相电压对称则三相线电压对称，线电压等于相应相电压的 $\sqrt{3}$ 倍，角度超前 30°。有效值关系可表示为 $U_l = \sqrt{3}U_{ph}$。

从星形连接方式的电源中性点 N 引出的导线称为中性线，简称中线，此时三相电源的连接方式记为 YN，如图 7-4 所示。

把三相电源依次连接成一个回路，再从连接处 A、B、C 引出端线，如图 7-5 所示，就称作三相电源的三角形（△）连接。三角形连接的三相电源也有相电压、线

图 7-3　三相电源星形（Y）
方式相电压和线电压相量图

电压、相电流、线电流的概念，它们与星形连接相同，只是三角形连接的电源无中性点 N。

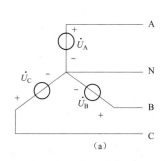

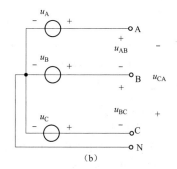

图 7-4　三相电源星形 YN 连接方式
（a）方式 1；（b）方式 2

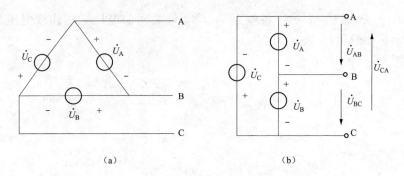

图 7-5　三相电源的三角形连接

(a) 方式 1；(b) 方式 2

在三角形连接的三相电源中

$$\dot{U}_{AB} = \dot{U}_A, \dot{U}_{BC} = \dot{U}_B, \dot{U}_{CA} = \dot{U}_C \tag{7-6}$$

这表明三角形连接的电源端，其线电压等于相应的相电压。

7.2.2　三相负载的连接

三相供电系统中大多数负载也是三相的，三相电路的负载通常也都接成星形（Y）和三角形（△）。如图 7-6 所示。其中每个负载就称作三相负载的一相。如果三相负载相等即 $Z_A = Z_B = Z_C$，就称作对称三相负载。

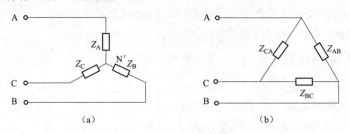

图 7-6　三相负载的连接

(a) 星形；(b) 三角形

三相负载引出端线上的电流称作线电流，规定从各相电源的正极性端流出，流向负载，常用 I_A、I_B、I_C 表示，一般用 I_1 表示，每个负载中流过的电流称作相电流，常用 $I_{A'}$、$I_{B'}$、$I_{C'}$ 表示，一般用 I_{ph} 表示。每两个引出端线上之间的电压称作负载的线电压，每个负载的端电压称作相电压。

三相电路由三相电源、三相负载和连接电源和负载的三相输电线组成，如果电源和负载都是对称的，三相电路就称作是对称三相电路，否则称作不对称三相电路。实际三相电路中，三相电源是对称的，每相输电线阻抗是相等的，但负载不一定是对称的。三相电路接电源和负载的连接形式可分为 Y-Y 连接，Y-△ 连接，△-Y 连接，△-△ 连接 4 种形式，如图 7-7 是 Y-Y 连接和 Y-△ 连接方式，其中 Z_1 为输电线阻抗。

在图 7-7 (a) 所示的 Y-Y 连接中，如果电源中性点 N 和负载中性点 N′ 用导线连接，其阻抗为 Z_N，这种连接形式又称作三相四线制，其余各种连接形式均称作三相三线制。

从图 7-7 (a) 可以看出，Y-Y 连接的对称三相电路中，线电流与相电流是同一电流，即 $\dot{I}_A = \dot{I}_{A'}$、$\dot{I}_B = \dot{I}_{B'}$ 和 $\dot{I}_C = \dot{I}_{C'}$，则对 Y 连接的对称三相电路有

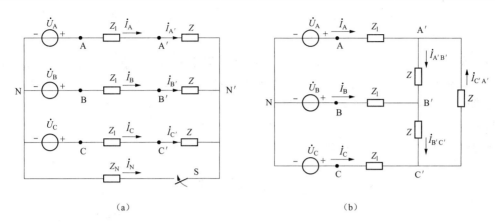

图 7-7　对称三相电路的连接

(a) Y-Y 连接；(b) Y-△连接

$$I_1 = I_{ph} \\ U_1 = \sqrt{3}U_{ph} \bigg\} \tag{7-7}$$

从图 7-7（b）可以看出，在△连接的电路中，线电压就是负载的相电压，根据 KCL，线电流和相电流之间存在着下述关系

$$\dot{I}_A = \dot{I}_{A'B'} - \dot{I}_{C'A'} \\ \dot{I}_B = \dot{I}_{B'C'} - \dot{I}_{A'B'} \\ \dot{I}_C = \dot{I}_{C'A'} - \dot{I}_{B'C'} \Bigg\} \tag{7-8}$$

对于对称三相电路，由于电源对称，负载对称，故三个相电流 $\dot{I}_{A'B'}$、$\dot{I}_{B'C'}$ 和 $\dot{I}_{C'A'}$ 必然对称。现以 $\dot{U}_A$ 和 $\dot{I}_{A'B'}$ 为参考相量，画出相电压和线电压、相电流与线电流的相量图如图 7-8 所示。

可得出如下关系式

$$\dot{I}_A = \sqrt{3}\dot{I}_{A'B'} \angle{-30°} \\ \dot{I}_B = \sqrt{3}\dot{I}_{B'C'} \angle{-30°} \\ \dot{I}_C = \sqrt{3}\dot{I}_{C'A'} \angle{-30°} \Bigg\} \tag{7-9}$$

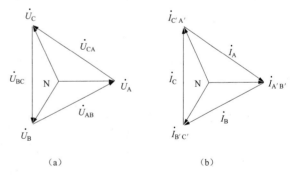

图 7-8　相电压和线电压、相电流与线电流的相量图

(a) 相电压和线电压相量图；(b) 相电流与线电流相量图

即在对称三相电路中，负载做三角形连接时，线电压等于相电压；线电流的数值为其相电流的 $\sqrt{3}$ 倍，相位滞后与相应相电流 30°。其相量关系可表示为

$$\dot{U}_1 = \dot{U}_{ph}, \dot{I}_1 = \sqrt{3}\dot{I}_{ph} \angle{-30°} \tag{7-10}$$

我国的低压配电系统中，使用三相四线制电源额定电压为 380/220V，即相电压 220V，线电压 380V。一般将三相四线制星形连接记为 YN，三相三线制星形连接记为 Y。

应用小知识

当中线接地时,又称为地线或零线。多组三相电源和多组三相负载连接,可构成复杂三相电路。正常情况下,一些电气设备(如电动机、家用电器等)的金属外壳是不带电的。但由于绝缘遭受破坏或老化失效导致外壳带电的情况下,人触及外壳就会触电。接地与接零技术是防止这类事故发生的有效保护措施。在有工作接地的三相四线制低压供电系统中,将用电设备的金属外壳与中性线(零线)可靠地连接起来,称为保护接零。

思 考 题

1. 相电压为 380V 的对称三相电源连接成星形时,其线电压为多少?

2. 对称三相电源连接成三角形时,若电源相电压为 $\dot{U}_A = 220 \underline{/-30°}$ V,则线电压 $\dot{U}_{AC}$ 为多少?

3. 当三相四线制电源的线电压为 380V 时,额定电压为 220V 的照明负载的连接应为_____。[Y、D(△)、YN]

4. 对称的三相电源,其相电压为 220V,做三相四线制供电,问:

(1) 若 A 相断路,各相、线电压为多少?

(2) 若 A 相短路,各相、线电压为多少?

7.3　对称三相电路的分析计算

三相电路实际上是正弦交流电路的一种特殊情况,故正弦稳态电路的分析方法都适用于三相电路。由于对称三相电路的电源对称,当三相负载对称时,无论接法如何,其各处的相电压、相电流和线电压线电流均对称。在星形连接的对称三相电路中,每相的相电流仅由该相的相电压和阻抗决定,因而各相的相电流和相电压的计算具有独立性,可简化为单相进行计算,其他两相的相电流和相电压可以直接写出。

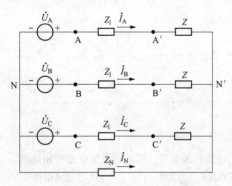

图 7-9　对称 YN-YN 三相四线制电路

电路如图 7-9 所示,为对称的 YN-YN 三相四线制电路,其中 Z_l 为输电线阻抗,Z_N 为中性线阻抗,Z 为各相负载复阻抗,N、N′ 为中性点。

该类电路在分析方法上,一般采用节点电压法,选 N 为参考节点,则 N′ 为独立节点,可得

$$\dot{U}_{N'N} = \frac{(\dot{U}_A + \dot{U}_B + \dot{U}_C)\frac{1}{Z + Z_l}}{\frac{3}{Z + Z_l} + \frac{1}{Z_N}} \tag{7-11}$$

因为电源对称,即 $\dot{U}_A + \dot{U}_B + \dot{U}_C = 0$,所以有 $\dot{U}_{N'N} = 0$。说明负载的中点 N′ 与电源

的中点 N 是等电位点，虽然有中线阻抗 Z_N 存在，但中线此时相当于短路，图 7-9 所示的对称 YN-YN 三相四线制电路可等效为图 7-10 所示的一相电路。

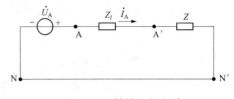

图 7-10　等效一相电路

根据 KVL 和相电流、线电流均对称，可知其各线电流为

$$\left.\begin{aligned} \dot{I}_A &= \frac{\dot{U}_{AN}}{Z + Z_l} \\ \dot{I}_B &= \frac{\dot{U}_{BN}}{Z + Z_l} = \dot{I}_A\,\underline{/-120^\circ} \\ \dot{I}_C &= \frac{\dot{U}_{CN}}{Z + Z_l} = \dot{I}_A\,\underline{/120^\circ} \end{aligned}\right\} \qquad (7\text{-}12)$$

容易发现

$$\dot{I}_N = \dot{I}_A + \dot{I}_B + \dot{I}_C = 0 \qquad (7\text{-}13)$$

这说明中线此时又相当于开路（相当于三相三线制电路）。

Y 对称三相电路中的线电流就等于相应相的相电流，且 $\dot{I}_N = 0$。可见，在对称的 Y-Y 三相电路中，中线既相当于短路，又相当于开路，其相电流，线电流均对称，因此，只要计算其中一相，其余两相的电压、电流也就能依次写出。

对其他形式的对称三相系统，理论上都可以转化为 Y-Y 接的三相四线制系统进行计算。如接无中线的对称三相电路，由于电源的中点和负载的中点等电位，所以同样可以将这两中点用导线短接变成三相四线制电路，仍依简化为单相的计算法进行计算。如 Y-△、△-Y 和 △-△系统的对称三相电路，可以利用对称三相电路中 Y 接和△接的相、线电压关系进行等值互换，阻抗的星形连接和三角形连接之间的等效变换（见附录 A），最后将电路转化为 Y-Y 系统。

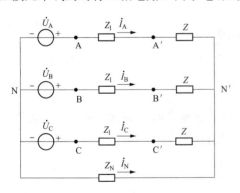

图 7-11　［例 7-1］图

【例 7-1】　如图 7-11 所示 Y-Y 电路，电源为对称三相电源，$\dot{U}_A = 220\,\underline{/0^\circ}$ V，对称 Y 形连接的负载每相复阻抗为 $Z = 1\text{k}\Omega$，输电线路复阻抗 Z_l 和中性线复阻抗 Z_N 均为 0Ω，求负载各相电流和中性线电流。

解　负载为 Y 连接且对称，则

$$\dot{I}_A = \frac{\dot{U}_A}{Z} = \frac{220\,\underline{/0^\circ}}{1 \times 10^3} = 0.22\,\underline{/0^\circ}\,(\text{A})$$

又由于相电流均对称，其余两相的相电流也就能依次可得

$$\dot{I}_B = 0.22\,\underline{/-120^\circ}\,(\text{A})$$

$$\dot{I}_C = 0.22\,\underline{/120^\circ}\,(\text{A})$$

根据Y连接下中性线电流和相电流的关系，可得

$$\dot{I}_N = \dot{I}_A + \dot{I}_B + \dot{I}_C = 0(A)$$

【例 7-2】 如图 7-12 所示Y-△电路，电源为对称三相电源，$\dot{U}_A = 100\angle 0°$ V，对称三角形连接的负载每相复阻抗为 $Z = 21 + j24\Omega$，输电线路复阻抗为 $Z_1 = 1 + j0.5\Omega$，求负载各相电流。

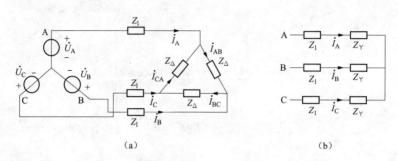

图 7-12 ［例 7-2］图
(a) Y-△电路；(b) Y-△变换后电路

解 先把负载转换为等值的星形连接，等效变换后的电路如图 7-12 (b) 所示，其中

$$Z_Y = \frac{1}{3}Z_\Delta = \frac{1}{3}(21 + j24) = 7 + j8(\Omega)$$

由于电路对称，因此可以只计算其中一相电路，则有

$$\dot{I}_A = \frac{\dot{U}_A}{Z_1 + Z_Y} = \frac{100\angle 0°}{1 + j0.5 + 7 + j8} = 8.57\angle -46.7°(A)$$

又由于相电流均对称，其余两相的相电流也就能依次可得

$$\dot{I}_B = 8.57\angle -166.7°(A)$$

$$\dot{I}_C = 8.57\angle 73.3°(A)$$

而此处的 $\dot{I}_A$、$\dot{I}_B$ 和 $\dot{I}_C$ 相当于原电路中△连接的对称负载的线电流，根据△连接下线电流和相电流的关系，可得原电路中△连接的对称负载的相电流为

$$\dot{I}_{AB} = \frac{\dot{I}_A}{\sqrt{3}}\angle 30° = 4.95\angle -16.7°(A)$$

$$\dot{I}_{BC} = 4.95\angle -136.7°(A)$$

$$\dot{I}_{CA} = 4.95\angle 103.3°(A)$$

思 考 题

1. 当负载作星形连接时，负载越对称，中线电流越小，是否正确？

2. 星形连接的对称三相负载，每相阻抗为 $6 + j8\Omega$，电源线电压为 380V，求负载中的相电流和线电流。

3. 三角形连接的对称负载，已知 B 相相电流 $i_{BC}=5\sqrt{2}\sin(\omega t+60°)$ A，试写出 A 相和 C 相相电流和线电流表达式。

7.4 不对称三相电路的分析计算

实际生活中，经常会遇到不对称三相电路的情况，电力系统中，造成三相电路不对称的原因尽管是多方面的，但主要还是三相电源和三相负载的不对称。一般来讲，三相电源总是对称的，因此在三相电路中，不对称的三相电路主要是三相负载的不对称引起的。由于三相电路的不对称，三相电路也就失去了对称三相电路的那些特点及计算方法。

电路如图 7-13 所示，这是一个电源对称而负载不对称的丫-丫三相电路，当开关 S 断开时，电路为丫-丫三相三线制。

选 N 为参考点，用节点电压法可求得节点电压

$$\dot{U}_{N'N}=\frac{\dfrac{\dot{U}_{AN}}{Z_A}+\dfrac{\dot{U}_{BN}}{Z_B}+\dfrac{\dot{U}_{CN}}{Z_C}}{\dfrac{1}{Z_A}+\dfrac{1}{Z_B}+\dfrac{1}{Z_C}} \tag{7-14}$$

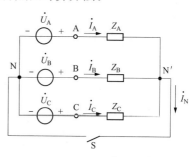

图 7-13 不对称三相电路

由于 $Z_A\neq Z_B\neq Z_C$ 不对称，所以 $\dot{U}_{N'N}\neq 0$，即 N′ 与 N 的电位不等，此时 N′ 与 N 不重合，这一现象称作中性点位移。当电源对称时，可根据中性点位移的情况判断负载端相电压不对称的程度。如果中性点位移过大，势必引起负载中有的相电压过高、有的相电压过低，就可能造成负载不能正常工作。并且任何一相负载的变化都将引起其余两相的工作状态的变化。

在电力系统中，为消除因负载不对称产生的中性点位移，常强制使 $\dot{U}_{N'N}=0$，即将 S 闭合，构成三相四线制供电系统。尽管三相负载不对称，却仍可使各相负载的相电压保持对称，各相电路的工作状态互不影响，因而各相电路可独立计算，这样就克服了无中性线时所产生的缺点。由此可见，中性线在电力系统中相当重要。

尽管强制使 $\dot{U}_{N'N}=0$，但由于负载的不对称，仍然使三相电路的相电流不对称，从而使中性线电流一般不为零，即 $\dot{I}_N=\dot{I}_A+\dot{I}_B+\dot{I}_C\neq 0$。因而，在三相四线制供电系统中，中线不允许装开关和熔丝，且中线应该使用强度较大的导线以防其断。

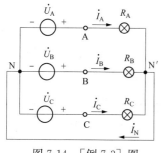

图 7-14 ［例 7-3］图

【例 7-3】 电路如图 7-14 所示，三相电源对称，且 $U_A=220$V，三相负载不对称，R_A 是一只 40W/220V 的灯泡，R_B、R_C 分别为一只 100W/220V 的灯泡。

(1) 计算各相负载中的电流及中性线电流。

(2) 若中性线断开，计算各相负载的电压。

解 (1) 灯泡的电阻。

$$R_A=\frac{U_A^2}{P_A}=\frac{220^2}{40}=1210(\Omega)$$

$$R_\mathrm{C} = R_\mathrm{B} = \frac{220^2}{100} = 484(\Omega)$$

设 $\dot{U}_\mathrm{A} = 220 \underline{/0°}$ V，因有中性线，故各相电流可单独计算

$$\dot{I}_\mathrm{A} = \frac{\dot{U}_\mathrm{A}}{R_\mathrm{A}} = \frac{220 \underline{/0°}}{1210} = 0.182 \underline{/0°} (\mathrm{A})$$

$$\dot{I}_\mathrm{B} = \frac{\dot{U}_\mathrm{B}}{R_\mathrm{B}} = \frac{220 \underline{/-120°}}{484} = 0.455 \underline{/-120°} (\mathrm{A})$$

$$\dot{I}_\mathrm{C} = \frac{\dot{U}_\mathrm{C}}{R_\mathrm{C}} = \frac{220 \underline{/120°}}{484} = 0.455 \underline{/120°} (\mathrm{A})$$

$$\dot{I}_\mathrm{N} = \dot{I}_\mathrm{A} + \dot{I}_\mathrm{B} + \dot{I}_\mathrm{C} = 0.182 \underline{/0°} + 0.455 \underline{/-120°} + 0.455 \underline{/120°} = 0.273 \underline{/180°} (\mathrm{A})$$

（2）中性线断开，计算 $\dot{U}_\mathrm{N'N}$。

$$\dot{U}_\mathrm{N'N} = \frac{\dfrac{\dot{U}_\mathrm{A}}{R_\mathrm{A}} + \dfrac{\dot{U}_\mathrm{B}}{R_\mathrm{B}} + \dfrac{\dot{U}_\mathrm{C}}{R_\mathrm{C}}}{\dfrac{1}{R_\mathrm{A}} + \dfrac{1}{R_\mathrm{B}} + \dfrac{1}{R_\mathrm{C}}} = \frac{-0.273}{\dfrac{1}{1210} + \dfrac{2}{484}} = -55 = 55 \underline{/180°} (\mathrm{V})$$

各相负载电压分别为

$$\dot{U}_\mathrm{AN'} = \dot{U}_\mathrm{A} - \dot{U}_\mathrm{N'N} = 220 - (-55) = 275 \underline{/0°} (\mathrm{V})$$

$$\dot{U}_\mathrm{BN'} = \dot{U}_\mathrm{B} - \dot{U}_\mathrm{N'N} = 220 \underline{/-120°} - (-55) = -55 - \mathrm{j}190.5 = 198 \underline{/-106°} (\mathrm{V})$$

$$\dot{U}_\mathrm{CN'} = \dot{U}_\mathrm{C} - \dot{U}_\mathrm{N'N} = 220 \underline{/120°} - (-55) = -55 - \mathrm{j}190.5 = 198 \underline{/106°} (\mathrm{V})$$

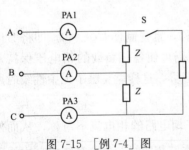

图 7-15 ［例 7-4］图

【例 7-4】 如图 7-15 的负载为三角形连接的电路，当开关 S 闭合时，3 个电流表的读数都为 9A。求当开关 S 打开时，3 个电流表的读数应为多少？

当 S 打开时，整个电路的电源电压是恒定的，因此表 PA2 的读数不变，即 9A。从此时电路的结构分析可知，表 PA1 和表 PA3 的读数应等于负载的相电流，因此表 PA1 和表 PA3 的读数为 $\dfrac{9}{\sqrt{3}} = 5.2(\mathrm{A})$。

思 考 题

1. 有一三相负载，其每相的电阻 $R = 8\Omega$，感抗 $X_L = 6\Omega$。如果将负载连成星形接于线电压 380V 的三相电源上，试求相电压、相电流及线电流。（忽略线路阻抗）

2. 如图 7-16 所示对称三相电路，已知电压表 PV1 的读数为 346.4V，负载为 $10 + \mathrm{j}10\Omega$，线路阻抗 $5 + \mathrm{j}15\Omega$，则电流表 PA 和电压表 PV2 的读数为多少？

3. 某学生宿舍楼照明三相四线制供电系统中，电源线电压为 380V。

（1）设每室有 25W、40W 灯泡各一盏，求各线电流及中线电流。

（2）如果 C 相熔丝被烧断，各组灯的电压将如何变化？

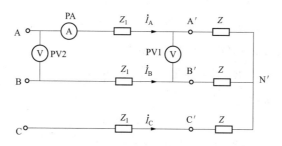

图 7-16　思考题 2 的图

（3）如果中线被风吹断，各组灯的电压将如何变化，哪些灯有烧毁的危险？

应用小知识

利用三相电路计算原理制作的相序指示器，可以检测三相电源相序。如图 7-17 所示是一种常见的相序指示器的工作原理图，常用于船舶中的"岸电箱"中，当 EL2 灯更亮时，表明岸电箱接的（用电设备）是正相序，当 EL1 灯更亮时，表明岸电箱接的（用电设备）是逆相序。

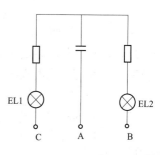

图 7-17　相序指示器原理图

7.5　三相电路的功率与测量方法

7.5.1　三相电路的功率

三相电路中，三相负载的平均功率就等于各相平均功率之和，即

$$P = P_A + P_B + P_C = U_A I_A \cos\varphi_A + U_B I_B \cos\varphi_B + U_C I_C \cos\varphi_C \tag{7-15}$$

式中：U_A、U_B、U_C 分别为各相负载的相电压；I_A、I_B、I_C 分别为各相负载的相电流；$\cos\varphi_A$、$\cos\varphi_B$、$\cos\varphi_C$ 分别为各相负载的功率因数；φ_A、φ_B、φ_C 分别为各相负载阻抗的阻抗角。

若三相电路对称，则三相电路总的平均功率为

$$P = 3 U_{ph} I_{ph} \cos\varphi \tag{7-16}$$

式中：φ 为相电压 U_{ph} 和相电流 I_{ph} 之间的相位差。

当对称负载是星形连接时，$U_1 = \sqrt{3} U_{ph}$，$I_1 = I_{ph}$；当对称负载是三角形连接时，$U_1 = U_{ph}$，$I_1 = \sqrt{3} I_{ph}$。因此，三相对称电路的平均功率（有功功率）为

$$P = 3 U_{ph} I_{ph} \cos\varphi = \sqrt{3} U_1 I_1 \cos\varphi \tag{7-17}$$

式中：U_1、I_1 分别为各相负载的线电压和线电流。

同理，三相电路的无功功率为

$$Q = 3 U_{ph} I_{ph} \sin\varphi = \sqrt{3} U_1 I_1 \sin\varphi \tag{7-18}$$

三相电路的视在功率为 $S = \sqrt{P^2 + Q^2}$，则三相对称电路中视在功率的计算式为

$$S = 3 U_{ph} I_{ph} = \sqrt{3} U_1 I_1 \tag{7-19}$$

对称三相电路中，以 A 相相电压为参考相量，负载各相的瞬时功率分别为

$$p_A = \sqrt{2}U_{ph}\sin\omega t \times \sqrt{2}I_{ph}\sin(\omega t - \varphi) = U_{ph}I_{ph}\cos\omega t - U_{ph}I_{ph}\cos(2\omega t - \varphi)$$

$$p_B = \sqrt{2}U_{ph}\sin(\omega t - 120°) \times \sqrt{2}I_{ph}\sin(\omega t - \varphi - 120°)$$

$$= U_{ph}I_{ph}\cos\omega t - U_{ph}I_{ph}\cos(2\omega t - \varphi - 240°)$$

$$p_C = \sqrt{2}U_{ph}\sin(\omega t + 120°) \times \sqrt{2}I_{ph}\sin(\omega t - \varphi + 120°)$$

$$= U_{ph}I_{ph}\cos\omega t - U_{ph}I_{ph}\cos(2\omega t - \varphi + 240°)$$

因为 $\cos(2\omega t - \varphi) + \cos(2\omega t - \varphi - 240°) + \cos(2\omega t - \varphi + 240°) = 0$，所以三相负载总的瞬时功率为

$$p = p_A + p_B + p_C = 3U_{ph}I_{ph}\cos\varphi = P \tag{7-20}$$

式（7-20）说明，对称三相电路的总瞬时功率等于其总的平均功率，即在任一时刻是一个常量，这是三相电路的独有的特性。这种现象相当于使三相电动机转轴上获得了一个恒定的转矩，从而使三相电动机能够平稳工作，并得到广泛应用。

7.5.2　三相电路的功率测量方法

三相电路的功率测量方法有二表法和三表法。

对于三相三线制系统，不论电路对称与否，均可采用二表法测量三相总功率。其测量连接线路如图 7-18 所示。

根据图 7-18 中各功率表的连接可知，PW_1 和 PW_2 的测量读数分别为 $W_1 = \frac{1}{T}\int_0^T i_A u_{AC}\mathrm{d}t$，$W_2 = \frac{1}{T}\int_0^T i_B u_{BC}\mathrm{d}t$，两功率表读数之和 $W_2 + W_1 = \frac{1}{T}\int_0^T (i_A u_{AC} + i_B u_{BC})\mathrm{d}t$。将负载视为星形连接，如图 7-19 所示。

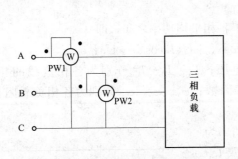

图 7-18　二表法测量三相总功率图

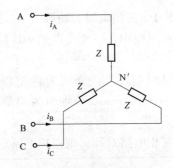

图 7-19　负载星形连接

则有 $i_A u_{AC} + i_B u_{BC} = i_A(u_A - u_C) + i_B(u_B - u_C) = i_A u_A + i_B u_B - (i_A - i_B)u_C$，在三相三线制中有

$$i_A + i_B + i_C = 0$$

即

$$i_C = -(i_A + i_B) \tag{7-21}$$

三相电路的总瞬时功率为

$$p = u_A i_A + u_B i_B + u_C i_C = u_A i_A + u_B i_B - (i_A + i_B)u_C$$

$$= (u_A - u_C)i_A + (u_B - u_C)i_B = u_{AC}i_A + u_{BC}i_B$$

由此可得

$$P = U_{AC}I_A\cos\varphi_1 + U_{BC}I_B\cos\varphi_2 \tag{7-22}$$

式中：φ_1 为 u_{AC} 与 i_A 的相位差；φ_2 为 u_{BC} 与 i_B 的相位差。

从式（7-22）可以看出，两功率表读数之和的平均功率就是三相电路的总平均功率，即

两只功率表读数之和等于三相总功率。这里要特别指出，在用二功率表法测量三相电路功率时，其中一只功率表的读数可能会出现负值，而总功率是两只功率表的代数和。

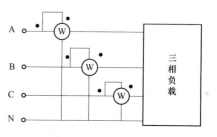

图 7-20 三表法测量三相总功率图

对于三相四线制电路，不能用上述二表法来测量三相功率，因为此时 $i_A + i_B + i_C \neq 0$。对于对称三相四线制电路，可用三个单相功率表进行测量，称为三表法，接线如图 7-20 所示。若负载对称，只需一个单相功率表进行测量，三相功率即为单相功率表读数的 3 倍，若负载不对称，就要用三只功率表分别测各相功率。

【例 7-5】 有一三相电动机，每相的等效电阻 $R = 29\Omega$，等效感抗 $X_L = 21.8\Omega$，试求在下列两种情况下电动机的相电流、线电流以及从电源输入的功率，并比较所得结果。

(1) 绕组连成星形接于 $U_l = 380\text{V}$ 的三相电源上。

(2) 绕组连成三角形接于 $U_l = 220\text{V}$ 的三相电源上。

解 (1) 绕组星形连接。

$$I_{ph} = \frac{U_{ph}}{|Z|} = \frac{220}{\sqrt{29^2 + 21.8^2}} = 6.1(\text{A})$$

星形连接，故 $I_l = I_{ph} = 6.1\text{A}$，则

$$P = \sqrt{3}U_l I_l \cos\varphi = \sqrt{3} \times 380 \times 6.1 \times \frac{29}{\sqrt{29^2 + 21.8^2}} = \sqrt{3} \times 380 \times 6.1 \times 0.8 = 3.2\text{kW}$$

(2) 绕组三角形连接。

$$I_{ph} = \frac{U_{ph}}{|Z|} = \frac{220}{\sqrt{29^2 + 21.8^2}} = 6.1(\text{A})$$

$$I_l = \sqrt{3}I_{ph} = \sqrt{3} \times 6.1 = 10.5(\text{A})$$

$$P = \sqrt{3}U_l I_l \cos\varphi = \sqrt{3} \times 220 \times 10.5 \times \frac{29}{\sqrt{29^2 + 21.8^2}} = 3.2(\text{kW})$$

比较［例 7-5］的结果，三相电动机在两种连接方式下，相电流相同、线电流不同（三角形连接时的线电流为星形连接时的 $\sqrt{3}$ 倍），从电源输入三相电动机的功率相同。但是需要注意的是：两种连接方式下，电动机接入的额定线电压是 220/380V，这表示当电源电压为 220V 时，电动机的绕组应连接成三角形；当电源电压为 380V 时，电动机应连接成星形，两种连接时应保证电动机的每相电压为额定相电压 220V。

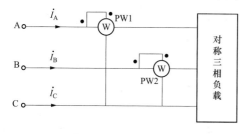

图 7-21 ［例 7-6］图

【例 7-6】 已知如图 7-21 所示对称三相电路，三相负载的功率 2.4kW，感性负载功率因数为 0.4，若采用二表法来测量三相总功率，试求图中两只功率表的读数。

解 将对称三相电路等效为 Y-Y 结构，设相电压值为 $\dot{U}_A = U_{ph} \angle 0°$ V，则 $U_l = \sqrt{3}U_{ph}$，$\dot{U}_{AB} = U_l \angle 30°$ V，$\dot{U}_{BC} = U_l \angle -90°$ V，$\dot{U}_{AC} = -\dot{U}_{CA} = U_l \angle -30°$ V。

各相电流为

$$\dot{I}_A = \frac{\dot{U}_A}{Z} = \frac{U_{ph} \angle 0°}{|Z| \angle \varphi} = I_{ph} \angle -\varphi = I_1 \angle -\varphi \, (A)$$

$$\dot{I}_B = I_{ph} \angle -\varphi -120° = I_1 \angle -\varphi -120° \quad (A)$$

由于感性负载功率因数为 0.4，则

$$\varphi = \arccos 0.4 = 66.42°$$

功率表 PW 中的功率读数为

$$P_1 = U_1 I_1 \cos(-30° + \varphi) = U_1 I_1 \cos(\varphi - 30°) = U_1 I_1 \cos 36.42°$$

功率表 PW$_2$ 中的功率读数为

$$P_2 = U_1 I_1 \cos(-90° + \varphi + 120°) = U_1 I_1 \cos(\varphi + 30°) = U_1 I_1 \cos(96.42°)$$

两功率计读数之和

$$P_1 + P_2 = U_1 I_1 [\cos(\varphi - 30°) + \cos(\varphi + 30°)] = \sqrt{3} U_1 I_1 \cos\varphi = 2.4 (kW)$$

可得

$$\sqrt{3} U_1 I_1 = \frac{2.4}{0.4} = 6 (kVA)$$

从而

$$P_1 = \frac{6}{\sqrt{3}} \cos 36.42° = 2.787 (kW)$$

$$P_2 = \frac{6}{\sqrt{3}} \cos 96.42° = -0.387 (kW)$$

思 考 题

1. 一台三相异步电动机，定子绕组的等效阻抗为 $10 + j10\Omega$，额定电压为 380V，在正常运行时，求电动机绕组额定电流以及电动机有功功率和无功功率。

2. 某三相负载为三角形连接的电路，额定运行数值为：线电压 380V、三相总有功功率 2.4kW、功率因数为 0.8。试计算其等效复阻抗。

本 章 小 结

（1）三相正弦交流电是由三相交流发电机产生的，经电力网、变压器传输、分配到用户。我国低压系统普遍使用 380/220V 的三相四线制电源，可向用户提供 380V 的线电压和 220V 的相电压。

（2）负载作丫形连接时，$\dot{I}_1 = \dot{I}_{ph}$。当负载对称或不对称作 YN 连接时，$U_1 = \sqrt{3} U_{ph}$，线电压超前相应相电压 30°。

（3）负载作△连接时，$\dot{U}_1 = \dot{U}_{ph}$。当负载对称连接时，$I_1 = \sqrt{3} I_{ph}$，线电流滞后相应相电流 30°。不对称时，$I_1 \neq \sqrt{3} I_{ph}$。

（4）计算复杂的对称三相电路，可以利用星形连接和三角形连接得等值互换关系，将电路化归为对称Y-Y接法的复杂三相电路，然后简化为单相的计算法进行计算，其他各相根据对称关系得出。

（5）对称三相电路不论Y接还是△接，其有功功率 $P=3U_{ph}I_{ph}\cos\varphi=\sqrt{3}U_lI_l\cos\varphi$，无功功率 $Q=3U_{ph}I_{ph}\sin\varphi=\sqrt{3}U_lI_l\sin\varphi$，视在功率 $S=3U_{ph}I_{ph}=\sqrt{3}U_lI_l=\sqrt{P^2+Q^2}$，功率因数角 φ 为相电压与相电流的相位差。不对称三相负载，$P=\sum P_k$，$Q=\sum Q_k$，$S=\sqrt{P^2+Q^2}$。对于三相三线制系统，不论电路对称与否，均可采用二表法来测量三相总功率；对于对称三相四线制电路，可用一只功率表测出单相功率，三相功率为单相功率的 3 倍。不对称三相四线制要用三表法测三相总功率。

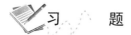

习 题

1. 把对称三相负载每相 $Z=30\angle 30°\ \Omega$ 连接为三相四线制，接入线电压为 $U_l=380V$ 的电源上。试计算：

（1）如果忽略输电线阻抗，试计算负载星形连接时的相电流，并画出其相量图。

（2）如果输电线阻抗 $Z=1+j2\Omega$，负载三角形连接时的相电流，并画出其相量图。

2. 已知图 7-22 所示对称三相电路的 $Z=10+j10\Omega$，$u_{AB}=380\sqrt{2}\sin(\omega t+30°)V$。试计算负载的相电流和线电流。

3. 电路如图 7-23 所示，已知 $\dot{U}_A=220\angle 0°\ V$（对称电源），输电线阻抗 $Z=70\Omega$，负载阻抗 $Z_1=90+j300\Omega$，求 A 相负载的线电流及相电压。

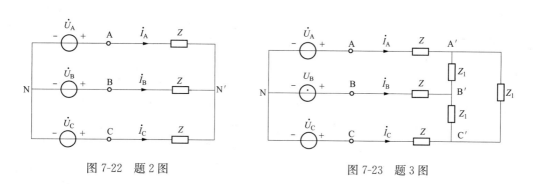

图 7-22 题 2 图   图 7-23 题 3 图

4. 电路如图 7-24 所示，已知电源线电压 380 V，当开关 S1 和 S2 同时闭合时，三个电流表读数全部为 10A，负载阻抗 $Z=66\angle 30°\ \Omega$，求：

（1）当开关 S2 闭合、开关 S1 断开时，三个电流表读数值。

（2）当开关 S1 闭合、开关 S2 断开时，三个电流表的读数值。

（3）当开关 S1 和 S2 同时断开时，三个电流表的读数。

5. 如图 7-25 所示的对称三相电路中，电源线电压 $\dot{U}_{AB}=380\angle 0°\ V$，对称三相感性负载的三相功率 5.7kW，感性负载的功率因数 0.866；另一组容性对称三相负载的阻抗 $Z=22\angle -30°\ \Omega$，试求 A 相线电流。

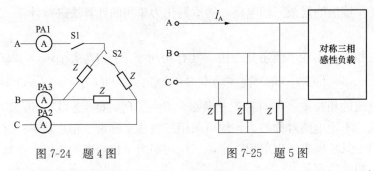

图 7-24　题 4 图　　　　　　　　图 7-25　题 5 图

6. 如图 7-26 所示的三相四线制电路中，电源线电压为 380 V，$Z=10\angle 30°\ \Omega$，试求各线电流和中性线电流。

7. 已知电源对称而负载不对称的三相电路如图 7-27 所示，$Z_1=150+j75\Omega$，$Z_2=75\Omega$，$Z_3=45+j45\Omega$，电源线电压为 220V，试求负载的各相线电流。

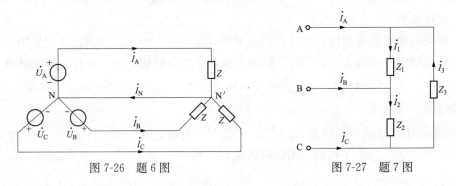

图 7-26　题 6 图　　　　　　　　图 7-27　题 7 图

8. 已知有一台三相发电机，其绕组接成星形，每相额定电压为 220V，在一次试验时，用电压表量得相电压 $U_A=U_B=U_C=220$V，而线电压则为 $U_{AB}=U_{CA}=220$V，$U_{BC}=380$V，试问这种现象是如何造成的？

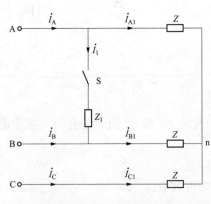

图 7-28　题 10 图

9. 有一个三角形连接的对称三相电路，每相负载阻抗 $Z=10+j15\Omega$，电源端线电压为 380V。试求负载的有功功率、无功功率、视在功率和功率因数。

10. 电路如图 7-28 所示，$U_1=380$V，$Z=50+j50\Omega$，$Z_1=100+j100\Omega$，试求电源端处的各相线电流。

11. 已知对称三相电路，三相负载的功率为 2.4kW，感性负载功率因数为 0.4，若将功率因数提高至 0.8，用二表法测量功率时，两只功率表的读数为多少？

12. 电路接线如图 7-29 所示，试证明由功率表 PW1、PW2 的读数 P_1 和 P_2 可求得电路中负载吸收的无功功率 $Q=\sqrt{3}\ (P_2-P_1)$，并说明 P_1+P_2 的含义。

13. 电路接线如图 7-30 所示，电源端线电压为 380V，功率因数为 0.6，功率表读数 275.3kW，试求 A 相线电流。

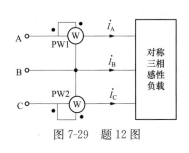
图 7-29　题 12 图

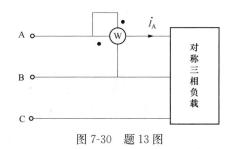
图 7-30　题 13 图

14. 对称三相电源向三角形负载供电如图 7-31 所示，已知线电压为 220V，三只电流表读数均为 17.3A，三相功率为 4.5kW，求每相负载的阻抗。

15. 图 7-32 所示三相电路与对称三相电源相接，欲使中性线电流为 0，则星形连接的三组负载的阻抗参数之间应满足何种关系？

16. 图 7-33 所示三相电路中，已知 $\dot{U}_A = 100\sqrt{3}\underline{/0°}$ V，$Z_Y = 15 + j5\sqrt{3}\Omega$，$Z_\Delta = 45 - j15\sqrt{3}\Omega$，试求 $\dot{I}_{A1}$ 和 $\dot{I}_{AB}$。

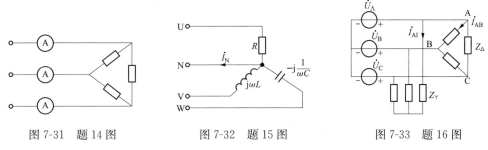
图 7-31　题 14 图　　　　　图 7-32　题 15 图　　　　　图 7-33　题 16 图

17. 图 7-34 所示的对称三相电路中，忽略传输线阻抗，电源线电压为 380V，负载总有功功率为 3kW，功率因数为 0.9，试求：

(1) 各线电流为多少？

(2) 若在 A、B 两端线间接一阻抗 $Z = 10\Omega$，求此时各线电流为多少？

18. 如图 7-35 所示的 Y-Y 对称三相电路中，传输线阻抗 Z_l 为 $1 + j2\Omega$，电压表读数为 1143.16V，每相负载 $Z = 15 + j15\sqrt{3}\Omega$，试求电流表读数。

19. 如图 7-36 所示星形连接的对称三相电路，线电压 380V。试求：

(1) 若此时图中 p 点处发生断路，则电压表读数为多少？

(2) 若图中 m 点处发生断路，则电压表读数为多少？

(3) 若图中 m、p 点两处同时发生断路，则电压表读数为多少？

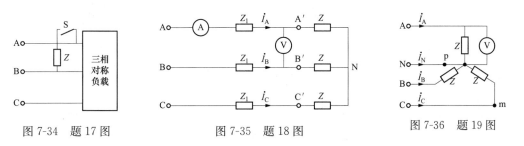
图 7-34　题 17 图　　　　　图 7-35　题 18 图　　　　　图 7-36　题 19 图

20. 如图 7-37 所示三个电压源，已知 $\dot{U}_{ab}=U\angle 0°$ V，$\dot{U}_{cd}=U\angle 60°$ V，$\dot{U}_{ef}=U\angle -60°$ V。试问：

(1) 使之成为星形对称三相电源应如何连接？

(2) 使之成为三角形对称三相电源又该如何连接？

21. 有一个 Y-△ 对称三相电路，每相负载 $Z=15+j20\Omega$，电源线电压 380V，试求：

(1) 每相负载的相电流和线电流。

(2) 若 AB 相负载开路，此时每相负载的相电流和线电流。

22. 如图 7-38 所示对称三相电路，电源线电压 380V，三角形连接负载复阻抗 $Z=6+j8\Omega$，功率表采用如图接法，则此时功率表读数为多少？

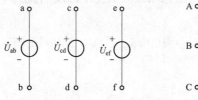
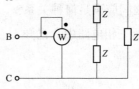

图 7-37　题 20 图　　　　　　图 7-38　题 22 图

23. 如图 7-39 所示三相电路，已知三相电源对称，三个线电流有效值均相等且为 10A，试求中性线电流的值。

24. 已知星形连接的三相负载，每相负载阻抗为 $Z_A=10\Omega$，$Z_B=j10\Omega$，$Z_C=-j10\Omega$，接在三相四线交流电源上，电源线电压 380V，试完成：

(1) 求每相负载的相电流和中性线电流的值。

(2) 判断三个相电流是否对称？说明原因。

25. 如图 7-40 所示三相电路，已知三相电源对称，电源的相电压为 220V，负载间参数关系满足 $X_C=R$。

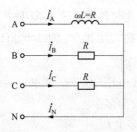

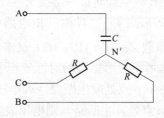

图 7-39　题 23 图　　　　　　图 7-40　题 25 图

(1) 若电源和负载接成三相三线制结构，求负载相电压 $U_{BN'}$ 和中性线电压 $U_{N'N}$。

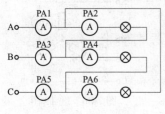

图 7-41　题 26 图

(2) 若电源和负载接成三相四线制结构，求负载相电压 $U_{BN'}$ 和中性线电压 $U_{N'N}$。

26. 三相试验电路如图 7-41 所示，测得电源线电压为 220V。试问：

(1) 若各相负载均为 2 盏 220V、100W 的白炽灯，各电流表的读数如何？

（2）若 A、B、C 各相负载分别为 2、4、6 盏 220V、100W 的白炽灯，各电流表的读数如何？

27. 额定功率为 2.41kW、功率因数为 0.6 的三相对称感性负载，由线电压为 380V 的三相电源供电，负载为三角形连接。试问：

（1）负载的额定电压为多少？

（2）负载的相电流和线电流为多少？

（3）各相负载的复阻抗为多少？

28. 如图 7-42 所示电路中，三相对称电源的相电压为 220V，$Z_A=16+j11\Omega$，$Z_B=6+j3\Omega$，$Z_C=11+j7\Omega$。试求：

（1）当开关 S 闭合时，负载吸收的功率和中性线电流。

（2）当开关 S 打开时，两中点间的电压和各相电压。

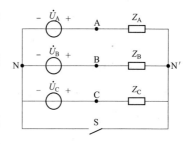

图 7-42 题 28 图

29. 三角形连接的三相对称感性负载与工频线电压 380V 的三相电源相连接，测得三相功率为 20kW，线电流为 38A。试求：

（1）负载的阻抗。

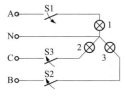

图 7-43 题 30 图

（2）若将此负载接成星形，求其线电流及消耗的功率。

30. 如图 7-43 所示电路中，三相负载按星形连接，每相接入 220V、60W 的灯泡。分别判断下列情况下灯亮的程度：

（1）仅 S1 断开。

（2）仅 S2 断开。

（3）仅 S3 断开。

第 8 章　非正弦周期信号电路

本章讨论的非正弦周期电流电路，由傅里叶级数展开可知非正弦周期信号函数可分解为一系列的不同频率的正弦量（包括恒定分量）之和，因此分析线性电路在非正弦周期信号激励下稳态响应的问题，可以采用叠加定理计算非正弦周期信号在线性电路中产生的响应。

 学习重点

熟悉非正弦周期信号的傅里叶级数分解；掌握非正弦周期信号激励下，在稳态线性电路中产生的周期量的有效值、平均值和平均功率的计算方法；了解非正弦周期信号的应用。

8.1　非正弦周期信号

在实际电气工程中，常常会遇到一些非正弦周期电源及信号激励的问题。例如在电力系统中，发电厂的交流发电机发出的交流电压波形不是标准的正弦波形。若电路中存在非线性器件，也会产生非正弦的响应，即电路中若存在非线性元件，即使电源为正弦的，电路中的电压、电流也将是非正弦的。在通信工程方面传输的各种信号和在自控系统及电子计算机等技术领域以及实验室中信号发生器中使用的脉冲信号大都非正弦波，如锯齿波信号、矩形波信号、三角波信号、半波正弦信号、方波信号等，如图 8-1 所示。

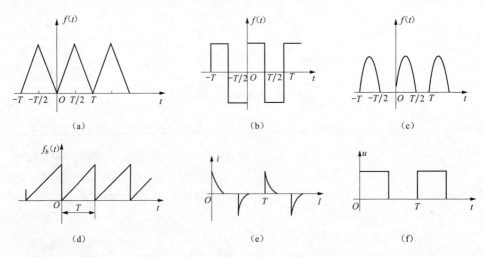

图 8-1　几种常见非正弦周期信号波形

（a）锯齿波信号（一）；（b）矩形波信号；（c）半波正弧信号；（d）锯齿波信号（二）（e）尖脉冲信号；（f）方波信号

非正弦信号又可分为周期和非周期两种。本章只讨论线性电路在非正弦周期电压、电流或信号激励下的稳态分析和基本计算方法。

图 8-1 所示的信号或电压、电流波形均是非正弦信号波形，但都是按一定规律作周期性

变化，故称为非正弦周期量。T 为周期函数 $f(t)$ 的周期，则周期函数的表达式可写做

$$f(t) = f(t+kT), \quad k = 0,1,2,\cdots$$

一方面，非正弦周期量有着不同的波形，即各自的变化规律不同，而之前的相量法只能分析正弦量的交流电路。另一方面，由数学知识可得，非正弦周期函数满足狄里赫利条件时（即 $f(t)$ 在其 T 中只有有限个第一类间断点及有限个极值），可以将该非正弦周期函数展开为傅里叶级数的三角形式，因此就可以把非正弦周期量的交流电路的计算问题转化为一系列正弦交流电路的计算问题，从而可以采用相量法进行求解。

8.2　非正弦周期信号的分解

8.2.1　傅里叶级数的三角形式与谐波分析

在电路领域中所遇到的非正弦周期量 $f(t)$ 是非正弦周期电流与非正弦周期电压，一般都满足狄里赫利条件，故 $f(t)$ 可以应用傅里叶级数进行展开为

$$f(t) = a_0 + \sum_{k=1}^{\infty}(a_k\cos k\omega_1 t + b_k\sin k\omega_1 t) \qquad k = 1,2,3,\cdots \tag{8-1}$$

各系数可按下列各式计算

$$a_0 = \frac{1}{T}\int_0^T f(t)\mathrm{d}t = \frac{1}{T}\int_{-\frac{T}{2}}^{\frac{T}{2}} f(t)\mathrm{d}t$$

$$a_k = \frac{2}{T}\int_0^T f(t)\cos k\omega_1 t\mathrm{d}t = \frac{2}{T}\int_{-\frac{T}{2}}^{\frac{T}{2}} f(t)\cos k\omega_1 t\mathrm{d}t = \frac{1}{\pi}\int_0^{2\pi} f(t)\cos k\omega_1 t\mathrm{d}(\omega_1 t)$$

$$= \frac{1}{\pi}\int_{-\pi}^{\pi} f(t)\cos k\omega_1 t\mathrm{d}(\omega_1 t)$$

$$b_k = \frac{2}{T}\int_0^T f(t)\sin k\omega_1 t\mathrm{d}t = \frac{2}{T}\int_{-\frac{T}{2}}^{\frac{T}{2}} f(t)\sin k\omega_1 t\mathrm{d}t = \frac{1}{\pi}\int_0^{2\pi} f(t)\sin k\omega_1 t\mathrm{d}(\omega_1 t)$$

$$= \frac{1}{\pi}\int_{-\pi}^{\pi} f(t)\sin k\omega_1 t\mathrm{d}(\omega_1 t)$$

其中 $\omega_1 = \dfrac{2\pi}{T}$，称为基波角频率，式（8-1）表明把非正弦周期量（电压、电流）分解为直流分量和一系列不同频率的正弦量以及余弦量之和；而且一系列不同频率的正弦量与余弦量的各个分量的频率是基波角频率 ω_1 的整数倍，$k=1$ 时的分量称为基波分量，其周期和原信号 $f(t)$ 的相同；$k=2$，3，$\cdots$ 时的分量分别称为 2 次谐波分量，3 次谐波分量，$\cdots$，统称为高次谐波分量，其周期和原信号 $f(t)$ 的周期不同。当 k 为奇数时，谐波称为奇次谐波；当 k 为偶数时，谐波称为偶次谐波。

利用数学知识可知，式（8-1）又可写成另一种形式

$$f(t) = A_0 + \sum_{k=1}^{\infty} A_{km}\cos(k\omega_1 t + \psi_k) \tag{8-2}$$

上述两种形式中系数之间的关系如下

$$A_0 = a_0, A_{km} = \sqrt{a_k^2 + b_k^2}$$

$$a_k = A_{km}\cos\psi_k, b_k = -A_{km}\sin\psi_k, \psi_k = \arctan\left(-\frac{b_k}{a_k}\right)$$

式（8-2）中，A_0 是 $f(t)$ 在一个周期的平均值，称为 $f(t)$ 的直流分量；$A_{km}\cos(k\omega_1 t + \psi_k)$ 称为 $f(t)$ 的 k 次谐波，A_{km} 为 k 次谐波的振幅，ψ_k 为 k 次谐波的初相位。

为了直观地表示一个非正弦周期函数展开为傅里叶级数后，各次谐波分量的频率以及相对大小。在纵坐标方向上用一定长度的线段表示各次谐波分量的振幅大小，在横坐标方向上用 $k\omega_1$ 表示各次谐波分量的频率，可以做出各次谐波分量的振幅与频率 $k\omega_1$ 的关系图形，并

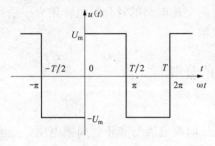

图 8-2 方波电压波形

称为非正弦周期函数 $f(t)$ 的幅度频谱图。如果把各次谐波的初相位也用相应长度的线段与频率 $k\omega_1$ 画出相应的关系图形，就可得到相位频谱图。由于各次谐波的角频率都是 ω_1 的整数倍，所以频谱是离散的，故有时又称为线频谱图。

【例 8-1】 试求图 8-2 所示周期性方波电压的傅里叶级数展开式及其频谱。

解 $u(t)$ 在一个周期的表达式为

$$u(t) = \begin{cases} U_{\mathrm{m}} & \left(0 < t < \dfrac{T}{2}\right) \\ -U_{\mathrm{m}} & \left(\dfrac{T}{2} < t < T\right) \end{cases}$$

根据式（8-1）求得傅里叶级数的各系数为

$$a_0 = \frac{1}{T}\int_0^T u(t)\mathrm{d}t = \frac{1}{T}\left[\int_0^{\frac{T}{2}} U_{\mathrm{m}}\mathrm{d}t + \int_{\frac{T}{2}}^T (-U_{\mathrm{m}})\mathrm{d}t\right] = 0$$

$$a_k = \frac{2}{T}\int_0^T u(t)\cos k\omega t\,\mathrm{d}t = \frac{2}{T}\left(\int_0^{\frac{T}{2}} U_{\mathrm{m}}\cos k\omega t\,\mathrm{d}t - \int_{\frac{T}{2}}^T U_{\mathrm{m}}\cos k\omega t\,\mathrm{d}t\right) = 0$$

$$b_k = \frac{2}{T}\int_0^T u(t)\sin k\omega t\,\mathrm{d}t = \frac{2}{T}\left(\int_0^{\frac{T}{2}} U_{\mathrm{m}}\sin k\omega t\,\mathrm{d}t - \int_{\frac{T}{2}}^T U_{\mathrm{m}}\sin k\omega t\,\mathrm{d}t\right)$$

$$= \frac{2U_{\mathrm{m}}}{k\omega T}\left[-\cos k\omega t\right]_0^{\frac{T}{2}} - \frac{2U_{\mathrm{m}}}{k\omega T}\left[-\cos k\omega t\right]_{\frac{T}{2}}^T$$

$$= \frac{2U_{\mathrm{m}}}{k\pi}(1 - \cos k\pi) = \begin{cases} \dfrac{2U_{\mathrm{m}}}{k\pi} & (k\text{ 为奇数}) \\ 0 & (k\text{ 为偶数}) \end{cases}$$

则可写出 $u(t)$ 的傅里叶级数展开式为

$$u(t) = \frac{4U_{\mathrm{m}}}{\pi}\left(\sin\omega t + \frac{1}{3}\sin 3\omega t + \frac{1}{5}\sin 5\omega t + \cdots\right)$$

同时可以做出 $u(t)$ 的幅度频谱图，如图 8-3 所示。

8.2.2 常见的非正弦周期函数的傅里叶级数及谐波成分

从式（8-1）可知，非正弦周期信号可以分解为许多正弦谐波分量的叠加，这对实际工程的

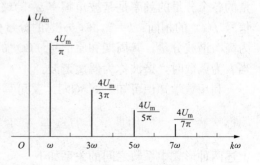

图 8-3 $u(t)$ 的幅度频谱图

应用来说相当重要。例如，可以通过正弦谐波分量的叠加来逼近方形波，从［例 8-1］可知，

方形波的傅里叶级数展开式是一系列奇次谐波的正弦谐
波分量的叠加，首先设计两个奇次谐波的正弦波进行
叠加

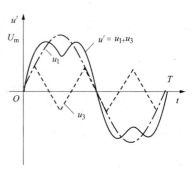

图 8-4　u_1 和 u_3 叠加的方形波

$$u' = u_1 + u_3 = U_{\mathrm{m}}\sin\omega t + \frac{U_{\mathrm{m}}}{3}\sin3\omega t \qquad (8\text{-}3)$$

u_1 和 u_3 的波形进行叠加生成方形波的过程如图 8-4
所示。

再进一步设计 3 个奇次谐波的正弦波进行叠加

$$u' = u_1 + u_3 + u_5 = U_{\mathrm{m}}\sin\omega t + \frac{U_{\mathrm{m}}}{3}\sin3\omega t + \frac{U_{\mathrm{m}}}{5}\sin5\omega t \qquad (8\text{-}4)$$

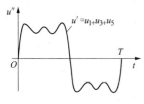

图 8-5　u_1 和 u_3 以及 u_5
叠加的方形波

如图 8-5 所示是 u_1 和 u_3 以及 u_5 的波形进行叠加生成方
形波的过程。

将图 8-4 和图 8-5 的波形与图 8-2 方波波形进行比较，
均与方波波形近似，但图 8-5 的波形更接近方波波形，显然
随着叠加项的增多，就可以得到一个理想的方波。

表 8-1 给出了一些常见的非正弦周期信号的傅里叶级数
展开式，应用时可查阅。

表 8-1　　　　　　　　　　常见的非正弦周期函数的傅里叶级数

$f(t)$ 波形	相应的傅里叶展开式
A_{m} 半波整流波形	$f(t) = \dfrac{2A_{\mathrm{m}}}{\pi}\left(\dfrac{1}{2} + \dfrac{\pi}{4}\cos\omega t + \dfrac{1}{1\times3}\cos2\omega t - \dfrac{1}{5\times7}\cos4\omega t - \cdots\right)$
A_{m} 全波整流波形	$f(t) = \dfrac{4A_{\mathrm{m}}}{\pi}\left(\dfrac{1}{2} + \dfrac{1}{1\times3}\cos2\omega t - \dfrac{1}{3\times5}\cos4\omega t + \dfrac{1}{5\times7}\cos6\omega t - \cdots\right)$
A_{m} 锯齿波形	$f(t) = A_{\mathrm{m}}\left[\dfrac{1}{2} - \dfrac{1}{\pi}\left(\sin\omega t + \dfrac{1}{2}\sin2\omega t + \dfrac{1}{3}\sin3\omega t + \cdots\right)\right]$
A_{m} 三角波形 $-A_{\mathrm{m}}$	$f(t) = \dfrac{8}{\pi^2}A_{\mathrm{m}}\left(\cos\omega t + \dfrac{1}{9}\cos3\omega t + \dfrac{1}{25}\cos5\omega t + \cdots\right)$

续表

$f(t)$ 波形	相应的傅里叶展开式
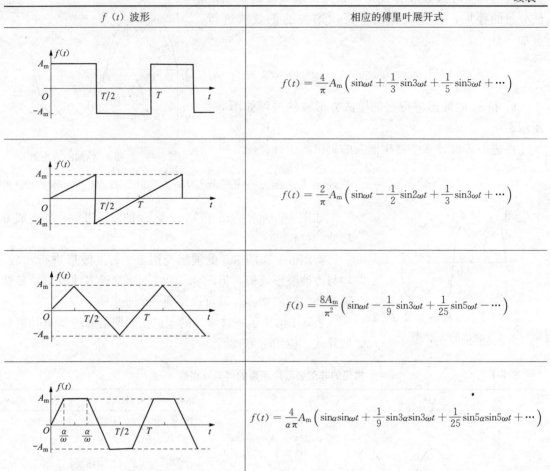	$f(t) = \dfrac{4}{\pi}A_{\mathrm{m}}\left(\sin\omega t + \dfrac{1}{3}\sin 3\omega t + \dfrac{1}{5}\sin 5\omega t + \cdots\right)$
	$f(t) = \dfrac{2}{\pi}A_{\mathrm{m}}\left(\sin\omega t - \dfrac{1}{2}\sin 2\omega t + \dfrac{1}{3}\sin 3\omega t + \cdots\right)$
	$f(t) = \dfrac{8A_{\mathrm{m}}}{\pi^2}\left(\sin\omega t - \dfrac{1}{9}\sin 3\omega t + \dfrac{1}{25}\sin 5\omega t - \cdots\right)$
	$f(t) = \dfrac{4}{\alpha\pi}A_{\mathrm{m}}\left(\sin\alpha\sin\omega t + \dfrac{1}{9}\sin 3\alpha\sin 3\omega t + \dfrac{1}{25}\sin 5\alpha\sin 5\omega t + \cdots\right)$

从表 8-1 的各种傅里叶级数展开式中，不难发现一些非正弦周期函数具有某种对称性：

(1) 展开成傅里叶级数时有些系数可能为零，即此时某些谐波分量不存在。

(2) 对于 $f(t) = -f(-t)$ 即奇函数，其波形的特点是对坐标原点对称，傅里叶级数展开式中只包含奇次谐波分量；对于 $f(t) = f(-t)$ 即偶函数，其波形的特点是对纵坐标轴对称，傅里叶级数展开式中只包含恒定分量和偶次谐波分量；对于 $f(t) = -f(t+T/2)$ 即奇谐波函数，波形的特点是上下半周对称，任意两个相差半周期的函数值大小相等、符号相反，将后半周期的波形前移半个周期，则与前半个周期的波形对横坐标轴对称（有时也称为"镜像对称"）。

(3) 傅里叶级数展开式中只包含奇次谐波分量。

 思 考 题

有一函数，其波形的特点是上下半周对称，将后半周期的波形前移半个周期，便与前半个周期的波形完全一致，试分析该函数傅里叶级数展开式中包含的谐波分量。

8.3　有效值、平均值和平均功率

8.3.1　有效值

将任意一个周期电流 $i(t)$ 有效值定义为其方均根值，即

$$I = \sqrt{\frac{1}{T}\int_0^T \left[i(t)\right]^2 \mathrm{d}t} \tag{8-5}$$

那么当电流 $i(t)$ 为非正弦周期信号时，首先将电流 $i(t)$ 展开为傅里叶级数

$$i(t) = I_0 + \sum_{k=1}^{\infty} I_{km}\cos(k\omega t + \psi_k) \tag{8-6}$$

根据式（8-5），则有

$$I = \sqrt{\frac{1}{T}\int_0^T \left[I_0 + \sum_{k=1}^{\infty} I_{km}\cos(k\omega t + \psi_k)\right]^2 \mathrm{d}t} \tag{8-7}$$

将式（8-7）中被积函数平方式展开，按不同类型归并，再分别积分求和并求周期内的平均值，则根号内可归为以下四类项，它们积分后求平均值的结果分别为：

$$\frac{1}{T}\int_0^T I_0^2 \mathrm{d}t = I_0^2$$

$$\frac{1}{T}\int_0^T 2I_0\cos(k\omega t + \psi_k)\mathrm{d}t = 0$$

$$\frac{1}{T}\int_0^T I_{km}^2\cos^2(k\omega t + \psi_k)\mathrm{d}t = I_k^2$$

$$\frac{1}{T}\int_0^T 2I_{km}\cos(k\omega t + \psi_k)I_{qm}\cos(q\omega t + \psi_q)\mathrm{d}t = 0 \qquad k \neq q$$

这样可以求得 $i(t)$ 的有效值为

$$I = \sqrt{I_0^2 + I_1^2 + I_2^2 + I_3^2 + \cdots} = \sqrt{I_0^2 + \sum_{k=1}^{\infty} I_k^2} \tag{8-8}$$

式中：I_k 为第 k 次谐波电流的有效值。

式（8-8）表明，非正弦周期电流 $i(t)$ 的有效值为其直流分量和各次谐波分量的有效值的平方总和的平方根。

同理，对非正弦周期电压 $u(t)$，其有效值为

$$U = \sqrt{\frac{1}{T}\int_0^T \left[u(t)\right]^2 \mathrm{d}t} = \sqrt{U_0^2 + U_1^2 + U_2^2 + U_3^2 + \cdots} = \sqrt{U_0^2 + \sum_{k=1}^{\infty} U_k^2} \tag{8-9}$$

式中：U_k 为第 k 次谐波电压的有效值。

式（8-9）表明，非正弦周期电压 $u(t)$ 的有效值为其直流分量和各次谐波分量的有效值的平方总和的平方根。

通常情况下，描述非正弦周期电流和电压的大小时，均指其有效值。

【例 8-2】　有一非正弦周期电压，其傅里叶级数展开式为 $u(t)=10+141.4\sin(\omega t+30°)+70.7\sin(3\omega t-90°)\mathrm{V}$，求此电压的有效值。

解　$U = \sqrt{U_0^2 + U_1^2 + U_3^2} = \sqrt{10^2 + \left(\dfrac{141.4}{\sqrt{2}}\right)^2 + \left(\dfrac{70.7}{\sqrt{2}}\right)^2} = 112.2(\mathrm{V})$

8.3.2 平均值

非正弦周期电流或电压的平均值定义为其绝对值在一个周期内的平均值，即

$$I_{av} = \frac{1}{T}\int_0^T |i(t)|\,dt \tag{8-10}$$

$$U_{av} = \frac{1}{T}\int_0^T |u(t)|\,dt \tag{8-11}$$

【例 8-3】 某正弦电压 $u(t)=\sqrt{2}U\sin\omega t$，计算其平均值。

解 根据式（8-11）可得

$$U_{av} = \frac{1}{T}\int_0^T |u(t)|\,dt = \frac{2}{T}\int_0^{T/2}\sqrt{2}U\sin\omega t\,dt = \frac{2\sqrt{2}U}{\pi}$$

若当电压 $u(t)$ 为非正弦周期信号时，首先将电压 $u(t)$ 展开式傅里叶级数，然后代入式（8-11），再进行积分运算即可。

为了表示的非正弦周期函数的不同波形，通常将其有效值与平均值之比称为该函数的波形系数。例如电流、电压的波形因数 K 为

$$K = \frac{I}{I_{av}} \tag{8-12}$$

$$K = \frac{U}{U_{av}} \tag{8-13}$$

【例 8-4】 求正弦电流 $i(t)=I_m\sin\omega t$ 的平均值和波形因数。

解 该电流在 $t=0\sim T/2$ 为正值，且为上下半周对称，故平均值

$$I_{av} = \frac{2}{T}\int_0^{T/2}I_m\sin\omega t\,dt = \frac{2I_m}{T\omega}[-\cos\omega t]_0^{T/2} = \frac{2}{\pi}I_m = 0.637I_m$$

波形因数

$$K = \frac{I}{I_{av}} = 0.707I_m$$

$$0.637I_m = 1.11$$

8.3.3 平均功率

和正弦电流电路相同，非正弦周期电流电路中的平均功率（有功功率）仍定义为电路瞬时功率在一个周期内的平均值。

设某一端口网络的端电压为非正弦周期电压 $u(t)$，电流为相同周期的非正弦周期电流 $i(t)$，则此一端口网络吸收的瞬时功率为

$$p(t) = u(t)i(t) \tag{8-14}$$

平均功率为

$$p = \frac{1}{T}\int_0^T p(t)\,dt = \frac{1}{T}\int_0^T u(t)i(t)\,dt \tag{8-15}$$

首先将 $u(t)$ 和 $i(t)$ 展开成傅里叶级数，则式（8-15）为

$$p = \frac{1}{T}\int_0^T [I_0 + \sum_{k=1}^\infty I_{km}\cos(k\omega t+\psi_{ik})][U_0 + \sum_{k=1}^\infty U_{km}\cos(k\omega t+\psi_{uk})]\,dt \tag{8-16}$$

将式中被积函数乘式展开，按不同类型归并。再分别积分求和，则展开式可归为以下五类项，它们积分后求平均的结果分别为

$$\frac{1}{T}\int_0^T U_0 I_0 \, \mathrm{d}t = U_0 I_0$$

$$\frac{1}{T}\int_0^T U_0 \sum_{k=1}^{\infty} I_{km}\cos(k\omega t + \psi_{ik})\, \mathrm{d}t = 0$$

$$\frac{1}{T}\int_0^T I_0 \sum_{k=1}^{\infty} U_{km}\cos(k\omega t + \psi_{uk})\, \mathrm{d}t = 0$$

$$\frac{1}{T}\int_0^T \sum_{k=1}^{\infty} U_{km}\cos(k\omega t + \psi_{uk}) \sum_{n=1}^{\infty} I_{nm}\cos(n\omega t + \psi_{ik})\, \mathrm{d}t = 0 \qquad (k \neq n)$$

$$\frac{1}{T}\int_0^T \sum_{k=1}^{\infty} U_{km}\cos(k\omega t + \psi_{uk}) \sum_{n=1}^{\infty} I_{nm}\cos(n\omega t + \psi_{ik})\, \mathrm{d}t = \sum_{k=1}^{\infty} U_k I_k \cos\varphi_k \qquad (k = n)$$

其中 $\varphi_k = \psi_{uk} - \psi_{ik}$，为第 k 次谐波电压和电流的相位差。

　　这五类项中，第一类为电压和电流的直流分量乘积在一个周期内的平均值，即等于直流分量单独作用时的功率 $p_0 = U_0 I_0$。最后一项为同次谐波电压和电流乘积在一个周期内的平均值，其结果为各次谐波单独作用的平均功率之和，即

$$\sum_{k=1}^{\infty} p_k = \sum_{k=1}^{\infty} U_k I_k \cos\varphi_k$$

其他三类积分结果均为零，说明频率不同的谐波（或直流分量）电压和电流不能构成平均功率，只有同频率的电压和电流才能构成平均功率。因此，非正弦周期电流电路中的平均功率为

$$p = p_0 + \sum_{k=1}^{\infty} p_k = p_0 + p_1 + p_2 + \cdots p_k + \cdots$$

$$= U_0 I_0 + \sum_{k=1}^{\infty} U_k I_k \cos\varphi_k$$

$$= U_0 I_0 + U_1 I_1 \cos\varphi_1 + U_2 I_2 \cos\varphi_2 + \cdots + U_k I_k \cos\varphi_k + \cdots \qquad (8\text{-}17)$$

　　由式（8-17）得出结论，非正弦周期电流电路的平均功率等于直流分量的功率及各次谐波的平均功率总和，频率不同的电压和电流同时作用于电路时只产生瞬时功率，不能产生平均功率，只有同频率的电压和电流才能构成平均功率。

　　非正弦周期交流电路的无功功率定义为电路的非正弦周期电压与非正弦电流的各次谐波无功功率的总和，即

$$Q = U_1 I_1 \cos\varphi_1 + U_2 I_2 \cos\varphi_2 + \cdots + U_k I_k \cos\varphi_k + \cdots \qquad (8\text{-}18)$$

需要注意的是，虽然式（8-17）和式（8-18）表明直流和各次谐波平均功率叠加即得到总平均功率，各次谐波无功功率叠加即得到总无功功率，但这只是一种特例，因为不同频率的电压电流构成的瞬时功率在一个周期的平均值为零，只有同频率的电压电流才构成平均功率。但不能认为电路功率可用叠加定理进行计算，同样电路中瞬时功率也不能叠加。叠加定理只说明电流、电压的可加性。

　　非正弦交流周期电路的视在功率定义为电路的非正弦电压有效值与非正弦电流有效值的乘积，即

$$S = UI = \sqrt{U_0^2 + U_1^2 + U_2^2 + \cdots + U_k^2 + \cdots} \times \sqrt{I_0^2 + I_1^2 + I_2^2 + \cdots + I_k^2 + \cdots} \qquad (8\text{-}19)$$

显然，从式（8-19）可以发现非正弦交流电路的视在功率并不等于各次谐波视在功率之和，即

$$S = \sqrt{U_0^2 + U_1^2 + U_2^2 + \cdots + U_k^2 + \cdots} \times \sqrt{I_0^2 + I_1^2 + I_2^2 + \cdots + I_k^2 + \cdots}$$

$$\neq U_0 I_0 + U_1 I_1 + \cdots + U_k I_k + \cdots \tag{8-20}$$

一般情况下，对于非正弦周期交流电路中各功率间关系为

$$S^2 > P^2 + Q^2 \tag{8-21}$$

即存在畸变功率，记为 T，则

$$T = \sqrt{S^2 - P^2 + Q^2} \tag{8-22}$$

【例 8-5】 已知 5Ω 电阻中的电流 $i(t) = 2 + 2\sqrt{2}\sin t + 5\sqrt{2}\sin 3t$ A，求电阻上电压有效值和平均功率。

解　$u(t) = i(t) \times 5 = 10 + 10\sqrt{2}\sin t + 25\sqrt{2}\sin 3t$

则　$U = \sqrt{U_0^2 + U_1^2 + U_3^2} = \sqrt{10^2 + \left(\dfrac{10\sqrt{2}}{\sqrt{2}}\right)^2 + \left(\dfrac{25\sqrt{2}}{\sqrt{2}}\right)^2} = 5\sqrt{33}$ （V）

$P = (I_0^2 + I_1^2 + I_3^2) R = (2^2 + 2^2 + 5^2) \times 5 = 165$ （W）

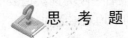

思 考 题

1. 若 $i = \sin t + 5\sqrt{2}\sin(2t + 30°)$ A，求 i 的有效值。

2. 对于非正弦周期交流电压，下面哪些是正确的？

(1) 有效值是振幅值的 $1/\sqrt{2}$。

(2) $U = U_0 + U_1 + U_2 + \cdots$

(3) $U = (U_0^2 + U_1^2 + U_2^2 + \cdots)^{1/2}$。

3. 已知电路中电压、电流分别为 $u = 10 + 2\sin(t - 20°)$ V，$i = 4 + 5\cos(t - 20°)$ A，求该电路平均功率、无功功率、视在功率。

8.4　非正弦周期电流电路的稳态分析

对非正弦周期电压或电流激励下的线性电路进行计算时，首先把非正弦周期激励（电压、电流）进行傅里叶级数展开，将其分解为一系列不同频率的正弦量（即恒定直流分量和各次谐波）之和；然后根据线性电路的叠加定理分别计算不同频率正弦激励（电压、电流）单独作用下在线性电路中产生的正弦响应（电压、电流）分量，这样，将非正弦周期电流电路的计算，化为一个直流电路和一系列正弦电路的计算；最后，把所有分量按时域形式叠加，即得到电路在非正弦周期激励（电压、电流）作用下的稳态响应（电压、电流）。这种分析方法就称为谐波分析法，它实质上是把非正弦周期电路的计算问题转化为一系列正弦交流电路的计算问题，从而使相量法这一有效工具得到充分利用。

需要注意的是，由于傅里叶级数的收敛性，一般级数取的项数应视实际工程要求的精度而定，通常前几项即足够准确；当直流分量单独作用时，是按直流电路计算，此时电容相当于开路，电感相当于短路；当各次谐波单独作用时，不同次谐波的阻抗值会随谐波次数而变，并采用相量法求解电路的稳态响应（电压、电流）；稳态响应（电压、电流）的值只能由不同频率的谐波的瞬时值进行叠加，而不能以相量叠加。

【例 8-6】 电路如图 8-6 所示，已知 $R_1 = 5\Omega$，$R_2 = 30\Omega$，$\omega L = 10\Omega$，$\dfrac{1}{\omega C} = 40\Omega$，电源电

压 $u(t)=70+50\sqrt{2}\sin\omega t+5\sqrt{2}\sin(2\omega t+15°)$ V。试求电

流 i 及其有效值。

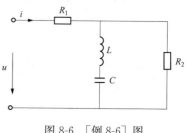

图 8-6　[例 8-6] 图

解　(1) 将非正弦周期电源展开为傅里叶级数。本
题电源电压展开式已给定，因此可直接开始第二步。

(2) 分别计算各次谐波电压单独作用时电路中各支
路电流。

直流分量单独作用时，$U_0=70$V，电容开路，电感
短路，有

$$i_0=\frac{U_0}{R_1+R_2}=\frac{70}{5+30}=2(\mathrm{A})$$

一次谐波分量单独作用时，$u_1=50\sqrt{2}\sin\omega t$ V，故 $\dot{U}_1=50\underline{/0°}$ V，$X_{L_1}=10\Omega$，$X_{C_1}=40\Omega$，有

$$Z_1=R_1+[\mathrm{j}(X_{L_1}-X_{C_1})//R_2]=5+\frac{\mathrm{j}(10-40)\times30}{\mathrm{j}(10-40)+30}=25\underline{/-36.9°}\ (\Omega)$$

$$\dot{I}_1=\frac{\dot{U}_1}{Z_1}=\frac{50\underline{/0°}}{25\underline{/-36.9°}}=2\underline{/36.9°}\ (\mathrm{A})$$

$$i_1(t)=2\sqrt{2}\sin(\omega t+36.9°)\mathrm{A}$$

二次谐波分量单独作用时，$u_2=5\sqrt{2}\sin(2\omega t+15°)$ V，故 $\dot{U}_2=5\underline{/0°}$ V，$X_{L_2}=2X_{L_1}=20\Omega$，$X_{C_2}=X_{C1}/2=20\Omega$，有

$$Z_2=R_1+[\mathrm{j}(X_{L_2}-X_{C_2})//R_2]=5+\frac{\mathrm{j}(20-20)\times30}{\mathrm{j}(20-20)+30}=5(\Omega)$$

$$\dot{I}_2=\frac{\dot{U}_2}{Z_2}=\frac{5\underline{/0°}}{5}=1\underline{/0°}(\mathrm{A})$$

$$i_2(t)=\sqrt{2}\sin(2\omega t+15°)\mathrm{A}$$

电路的非正弦周期稳态响应

$$i=i_0+i_1+i_2=2+2\sqrt{2}\sin(\omega t+36.9°)+\sqrt{2}\sin(2\omega t+15°)\mathrm{A}$$

电流 i 的有效值

$$I=\sqrt{I_0^2+I_1^2+I_2^2}=\sqrt{2^2+2^2+1^2}=3(\mathrm{A})$$

【例 8-7】　电路如图 8-7 (a) 所示，为一全波整流器的滤波电路，它是由电感 $L=5$H
和电容 $C=10\mu$F 组成的，负载电阻 $R=2000\Omega$。若加在滤波电路输入端的电压波形如图 8-7
(b) 所示，$\omega=314\mathrm{rad/s}$，$U_m=157$V。求负载两端电压 U_R。

解　(1) 先将输入整流电压波形分解为傅里叶级数，查表 8-1 得

$$u=\frac{4U_m}{\pi}\left(\frac{1}{2}+\frac{1}{3}\cos2\omega t-\frac{1}{15}\cos4\omega t+\cdots\right)$$

将 $U_m=157$V 代入上式，并取到 4 次谐波，得

$$u=100+66.67\cos2\omega t-13.33\cos4\omega t+\cdots$$

(2) 求响应各分量。

1) 直流响应分量。$U_0=100$V 单独作用时

$$U_{R_0}=U_0=100\mathrm{V}$$

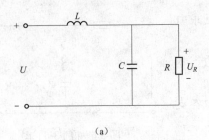
(a)

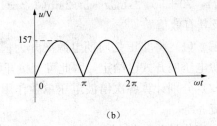
(b)

图 8-7 [例 8-7] 图

(a) 电路图；(b) 激励信号

2）2 次谐波响应分量。

$$\dot{U}_2 = 47.15 \underline{/0°}\ \text{V}$$

$$X_{L_2} = 2\omega L = 2 \times 314 \times 5 = 3140(\Omega)$$

$$X_{C_2} = \frac{1}{2\omega C} = \frac{1}{2 \times 314 \times 10 \times 10^{-6}} = 159(\Omega)$$

RC 并联阻抗

$$Z_{RC_2} = \frac{R(-jX_{C_2})}{R - jX_{C_2}} = \frac{2000 \times (-j159)}{2000 - j159} = 158.5 \underline{/(-85.5°)} = 12.44 - j158(\Omega)$$

所以

$$\dot{U}_{R_2} = \frac{\dot{U}_2}{jX_{L_2} + Z_{RC_2}} Z_{RC_2} = \frac{47.15 \underline{/0°} \times 158.5 \underline{/-85.5°}}{j3140 + 12.44 - j158} = 2.5 \underline{/-175.3°}\ \text{(V)}$$

3）4 次谐波分量单独作用。

$$\dot{U}_4 = 9.43 \underline{/180°}\ \text{V}$$

$$X_{L_4} = 4\omega L = 4 \times 314 \times 5 = 6280(\Omega)$$

$$X_{C_4} = \frac{1}{4\omega C} = \frac{1}{4 \times 314 \times 10 \times 10^{-6}} = 79.5(\Omega)$$

RC 并联阻抗

$$Z_{RC_4} = \frac{R(-jX_{C_4})}{R - jX_{C_4}} = \frac{2000 \times (-j79.5)}{2000 - j79.5} = 79.4 \underline{/-87.7°}\ (\Omega)$$

所以

$$\dot{U}_{R4} = \frac{\dot{U}_4}{jX_{L_4} + Z_{RC_4}} Z_{RC_4} = \frac{79.4 \underline{/-87.7°} \times 9.43 \underline{/180°}}{j6280 + 79.4 \underline{/-87.7°}} = 0.12 \underline{/2.33°}\ \text{(V)}$$

（3）求负载电压 u_R。

$$u_R = u_{R_0} + u_{R_2} + u_{R_4}$$

$$= 100 + 2.5\sqrt{2}\cos(2\omega t - 175.3°) + 0.12\sqrt{2}\cos(4\omega t + 2.33°)\text{(V)}$$

由此计算结果可以看出：直流分量无衰减地传递到负载，而 2 次和 4 次谐波分量电压分别从幅值 66.67V 和 13.33V 传递到负载时幅值仅为 $2.5\sqrt{2}$V 和 $0.12\sqrt{2}$V，其值大大衰减，而且随频率的增加衰减得更加显著。经计算，u_R 中 2 次谐波仅为输出的 3.5%，4 次谐波仅为输出的 0.17%。

【例 8-8】 电路如图 8-8（a）所示，已知 $u = 10 + 100\sqrt{2}\sin\omega t + 50\sqrt{2}\sin(3\omega t + 30°)$ V，$R_1 = 5\Omega$，$R_2 = 10\Omega$，$\omega L = 2\Omega$，$\dfrac{1}{\omega C} = 15\Omega$，试求 R_1 支路吸收的平均功率。

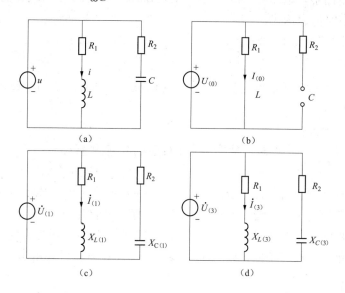

图 8-8 ［例 8-8］图

（a）初始电路；（b）变换电路（一）；（c）变换电路（二）；（d）变换电路（三）

解 （1）直流响应分量。$U_{(0)} = 10$V 单独作用时，电感相当于短路，电容相当于开路，等效电路如图 8-8（b）所示，则

$$I_{(0)} = \frac{10}{R_1} = \frac{10}{5} = 2(\text{A})$$

（2）1 次谐波分量单独作用。等效电路如图 8-8（c）所示，$u_{(1)} = 100\sqrt{2}\sin\omega t$ V，故 $\dot{U}_{(1)} = 100\underline{/0°}$ V，$X_{L(1)} = 2\Omega$，有

$$\dot{I}_{(1)} = \frac{\dot{U}_{(1)}}{Z_1} = \frac{100\underline{/0°}}{R_1 + jX_{L(1)}} = \frac{100\underline{/0°}}{5 + j2} = 18.55\underline{/-21.8°}(\text{A})$$

（3）三次谐波分量单独作用。等效电路如图 8-8（d）所示，$u_{(3)} = 50\sqrt{2}\sin(3\omega t + 30°)$V，故 $\dot{U}_{(3)} = 50\underline{/30°}$ V，$X_{L(3)} = 3X_{L(1)} = 6\Omega$，有

$$\dot{I}_{(3)} = \frac{\dot{U}_{(3)}}{Z_3} = \frac{50\underline{/30°}}{R_1 + jX_{L(3)}} = \frac{50\underline{/30°}}{5 + j6} = 6.4\underline{/-20.2°}(\text{A})$$

（4）R_1 支路吸收的平均功率。

$$P = R_1\left(\sqrt{I_{(0)}^2 + I_{(1)}^2 + I_{(3)}^2}\right)^2 = 1947(\text{W})$$

也可以如下计算 R_1 支路吸收的平均功率

$$P = U_{(0)}I_{(0)} + U_{(1)}I_{(1)}\cos\varphi_1 + U_{(3)}I_{(3)}\cos\varphi_3$$

$$= 2 \times 10 + 18.55 \times 100\cos 21.8° + 6.4 \times 50\cos(30° + 20.2°)$$

$$= 1947(\text{W})$$

思 考 题

1. RL 串联电路中，电压 $u=200\sin\omega t+100\sin2\omega t$ V，已知 $R=30\Omega$，$\omega L=20\Omega$，试写出电路中电流 i 的瞬时值表达式。

2. RLC 串联电路中，已知 $R=100\Omega$，$C=5\mu$F，$L=0.05$H，$u=20+1.414\sin2000t$ V，求电路的平均功率。

3. 已知电容 $C=0.04$F 的端电压 $u=20\sqrt{2}\sin(5t+60°)+15\sqrt{2}\sin(20t-30°)$ V，则电容的电流 i 为多少?

8.5 对称三相电路中的高次谐波

在对称三相电路中，当存在非线性负载或三相发电机产生的电压不是理想的正弦波以及其他原因时，负载的电压与电流一般都可能产生含有高次谐波分量的非正弦波形。

对于一个对称的三相电路来说，三个对称的非正弦的相电压虽然在时间上依次相差 1/3 个周期，但其变化规律却都相似，以 A 相为参考点，A 相电压可表示为

$$u_A = u(t)$$

则 B、C 相电压分别为

$$u_B = u\left(t-\frac{T}{3}\right), \quad u_C = u\left(t-\frac{2T}{3}\right)$$

把 A、B、C 相电压展开成傅里叶级数（因为发电机每相电压由理论分析仅含奇次谐波函数），则有

$$u_A = \sqrt{2}U_1\cos(\omega t+\psi_1)+\sqrt{2}U_3\cos(3\omega t+\psi_3)+\sqrt{2}U_5\cos(5\omega t+\psi_5)+\cdots$$

$$u_B=\sqrt{2}U_1\cos\left[\omega\left(t-\frac{T}{3}\right)+\psi_1\right]+\sqrt{2}U_3\cos\left[3\omega\left(t-\frac{T}{3}\right)+\psi_3\right]+\sqrt{2}U_5\cos\left[5\omega\left(t-\frac{T}{3}\right)+\psi_5\right]+\cdots$$

$$u_C=\sqrt{2}U_1\cos\left[\omega\left(t-\frac{2T}{3}\right)+\psi_1\right]+\sqrt{2}U_3\cos\left[3\omega\left(t-\frac{2T}{3}\right)+\psi_3\right]+\sqrt{2}U_5\cos\left[5\omega\left(t-\frac{2T}{3}\right)+\psi_5\right]+\cdots$$

由上式可以看出，基波、7 次（13 次、19 次）谐波分别为正序的对称三相电压，所以构成正序对称组；5 次（11 次、17 次等）谐波构成负序对称组；而 3 次（9 次、15 次等）谐波构成零序对称组（三个相量的有效值相等、初相相同，就构成零序对称组）。因此，三相对称非正弦周期量可分解为三类对称组，即正序、负序和零序。

当 $k=3n$（$n=0$，1，2，3，$\cdots$）时，三相电压将依次相差 $k\times120°=3n\times120°=n\times360°$，即相位差为 360° 的整数倍。此时三相电压中同次谐波彼此同相，称为零序。属于零序对称谐波的有 3，6，9，12，$\cdots$等次谐波分量。

当 $k=3n+1$ 时，A、B、C 三相电压将依次相差 $k\times120°=(3n+1)\times120°=n\times360°+120°$，即三相电压实际相差 120°。此时相序与基波的相序相同，故称为正序。属于正序对称谐波的有 4，7，10，$\cdots$等次谐波分量。

当 $k=3n+2$ 时，A、B、C 三相电压将依次相差 $k\times120°=(3n+2)n\times120°=n\times360°+240°$，即三相电压实际相差 240°。此时相序与基波的相序相反，故称为负序。属于负序对称谐

波的有 2，5，8，…等次谐波分量。

以非正弦情况下丫-丫对称三相非正弦周期电源电路为例，分析其线电压和相电压之间的关系。相电压中含有全部谐波分量，故

$$U_{\text{ph}} = \sqrt{U_{\text{ph1}}^2 + U_{\text{ph3}}^2 + U_{\text{ph5}}^2 + \cdots}$$

线电压则是相应相电压之差，即

$$u_{\text{AB}} = u_{\text{A}} - u_{\text{B}}, \quad u_{\text{BC}} = u_{\text{B}} - u_{\text{C}}, u_{\text{CA}} = u_{\text{C}} - u_{\text{A}}$$

由于零序谐波的大小相等，相位相同，显然，线电压中不包含零序对称组各分量，对于正序和负序对称组而言，线电压中各谐波分量的有效值就等于相电压中同次谐波有效值的 $\sqrt{3}$ 倍，即

$$U_{\text{l1}} = \sqrt{3} U_{\text{ph1}}, \quad U_{\text{l3}} = \sqrt{3} U_{\text{ph5}}, \quad U_{\text{l7}} = \sqrt{3} U_{\text{ph7}}$$

而

$$U_1 = \sqrt{U_{\text{l1}}^2 + U_{\text{l3}}^2 + U_{\text{l5}}^2 + \cdots} = \sqrt{3}\,\sqrt{U_{\text{ph1}}^2 + U_{\text{ph3}}^2 + U_{\text{ph5}}^2 + \cdots}$$

由于线电压中不包含零序对称组各谐波分量，所以，线电压有效值一般小于相电压有效值 $\sqrt{3}$ 倍，即 $U_1 < \sqrt{3} U_{\text{ph}}$。

对称的丫-丫三相非正弦周期电路中，对于负载而言，如果无中性线，由基波、5 次谐波等正序和负序对称组电源，仍然可用相量法（同一频率下）按对称丫-丫三相电路化归一相计算电路计算，这时 $\dot{U}_{\text{NN}} = 0$（正序、负序各次谐波下），负载相电流、线电流中都将包含基波、5 次谐波等正序、负序各次谐波分量。对于零序对称组（3，9，…），各次谐波分量包含于中性点电压之中，且等于零序对称组相电压，所以，零序对称组各次谐波分量电源不能化归一相电路计算。由于无中线，根据 KCL 知，线、相电流中也不能包含零序对称组各谐波分量，所以

$$U_{\text{NN}} = \sqrt{U_{\text{ph3}}^2 + U_{\text{ph9}}^2 + \cdots}$$

由于负载中不包含零序对称组各次谐波分量的电流，则相电压中也不包含这些谐波分量，所以，负载端的线电压有效值仍然是相电压的 $\sqrt{3}$ 倍。

如果接上中性线，则线电流中就将包含零序对称组各次谐波。

当对称三相非正弦周期电源接成三角形（△）时，则回路中正序和负序对称组各次谐波电压之和为零，而电源中的零序对称组各谐波电压之和不为零，且等于相电压中该零序谐波分量电压的 3 倍。

思　考　题

1. 对称三相发电机的相电压包含基波和 3 次谐波，已知 $U_1 = 120\text{V}$，$U_3 = 35\text{V}$，将此发电机三相绕组作星形连接，试求相电压和线电压。

2. 上题中若三相发电机作星形连接，接至对称星形电阻负载，每相负载电阻 $R = 10\Omega$。如果有中线，问正弦电流等于多少？如果无中线，问电源中点与负载中点间电位差等于多少？

8.6 滤 波 器

通过对非正弦电路的分析可知，在含有电感、电容的线性网络中，电感和电容对非正弦激励中不同次数的谐波有不同的电抗，即对 k 次谐波来说，感抗和 $X_{Lk}=k\omega L$，L 与谐波次数 k 成正比，容抗 $X_{Ck}=1/(k\omega C)$ 与谐波次数 k 成反比。也就是说，电感元件对次数较高的谐波比对次数较低的谐波有更大的电抗，而电容元件与此相反，对次数较低的谐波比对次数较高的谐波有更大的电抗。因此，利用电容和电感的电抗随频率的变化而变化的特点，将它们组成一定的电路，接在非正弦信号源和负载之间，可使信号中的某些谐波分量顺利通过，同时，也可以抑制负载中另一些不需要的谐波分量，或者说滤掉了非正弦信号中的某些谐波分量，从而达到突出负载所需的谐波分量的目的，这种作用称为滤波，起到滤波作用的电路称为滤波器。

滤波器可按传输特性和功能不同可分为四大类：

（1）低通滤波器。图 8-9（a）和图 8-9（b）是低通滤波器，其组成特点是串臂上是电感元件，并臂上是电容元件，且并臂阻抗趋于无穷大。由于电感的抑制作用和电容的分路作用，负载电压的高频分量成分远低于输入电压的高频分量成分，只有低于某一频率的低频信号分量较容易通过，因此又称高频滤波器。

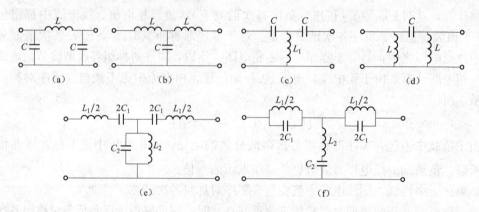

图 8-9　各种滤波器

(a) 低通滤波器（一）；(b) 低通滤波器（二）；(c) 高通滤波器（一）；
(d) 高通滤波器（二）；(e) 带通滤波器；(f) 带阻滤波器

（2）高通滤波器。图 8-9（c）和图 8-9（d）是高通滤波器，其组成特点是串臂上是电容元件，并臂上是电感元件，且并臂阻抗趋于无穷大。这种由电感和电容组成的滤波器，只有高于某一频率的高频信号分量较容易通过，低于该频率的低频信号滤掉，因此又称低频滤波器。

（3）带通滤波器。图 8-9（e）是带通滤波器，其组成特点是串臂上是电容和电感元件串联，并臂上是电容和电感元件并联，串臂阻抗趋于零，并臂阻抗趋于无穷大。这种滤波器让某一频段内的信号通过，将频段外的信号滤掉。

（4）带阻滤波器。图 8-9（f）是带阻滤波器，其组成特点是串臂上是电容和电感元件并联，并臂上是电容和电感元件串联，串臂阻抗趋于无穷大，并臂阻抗趋于零。这种滤波器让某一频段外的信号通过，将频段内的信号滤掉。

【例 8-9】 试证明图 8-9（e）所示的带通滤波器，其串臂阻抗趋于零，并臂阻抗趋于无穷大。

解 串臂阻抗 Z_1 为

$$Z_1 = \frac{1}{2\mathrm{j}\omega C_1} + \mathrm{j}\omega\frac{L_1}{2} = \frac{1}{\mathrm{j}\omega C_1}\left(\frac{1}{2} - \frac{1}{2}\omega^2 C_1 L_1\right)$$

并臂导纳 Y

$$Y = \frac{1}{\mathrm{j}\omega L_2} + \mathrm{j}\omega C_2 = \frac{1}{\mathrm{j}\omega L_2}(1 - \omega^2 C_2 L_2)$$

当 $\omega = \omega_0 = \dfrac{1}{\sqrt{L_1 C_1}} = \dfrac{1}{\sqrt{L_2 C_2}}$ 时，则有

$$L_1 C_1 = L_2 C_2$$

因此

$$Z_1 = \frac{1}{\mathrm{j}\omega C_1}\left(\frac{1}{2} - \frac{1}{2}\omega^2 C_1 L_1\right) = 0$$

$$Y = \frac{1}{\mathrm{j}\omega L_2}(1 - \omega^2 C_2 L_2) = 0$$

为达到不同的滤波效果，还可以组成各种类型的其他类型滤波器，图 8-10 所示是只含一个电感元件或电容元件的最简单的滤波器，分别称为 *RL* 滤波器和 *RC* 滤波器，其作用是在电阻 R 上得到低频响应而尽量滤掉非正弦激励 u 或 i 中的高次谐波。

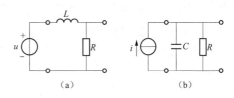

图 8-10 　*RL*、*RC* 滤波器

(a) *RL* 滤波器；(b) *RC* 滤波器

还有利用电感、电容电路谐振原理组成的滤波器，在某些环节对需要突出的谐波分别满足串联谐振和并联谐振，对电源信号中的该频率谐波分量，串联谐振环节相当于短路，并联谐振环节相当于开路，可直接加到负载端口，其他分量受到谐振环节的抑制和分流，在负载端口大大减少，故突出了所要求的谐波分量。

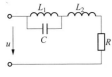

图 8-11 ［例 8-10］图

【例 8-10】 电路如图 8-11 所示，若使 4ω 的谐波电流送到负载，而使基波电流截止，当 $C = 1\mu\mathrm{F}$，$\omega_0 = 1000\mathrm{rad/s}$ 时，电感 L_1 和 L_2 应为多少？

解 要使基波电流截止，根据电路谐振理论，电感 L_1 和 C 的并联支路应产生并联谐振，则有

$$\omega_0 = \frac{1}{\sqrt{L_1 C}}$$

计算得

$$L_1 = \frac{1}{\omega_0^2 C} = \frac{1}{1000^2 \times 10^{-6}} = 1(\mathrm{H})$$

要使 4ω 的谐波电流送到负载，电路的串联支路应产生串联谐振，则有

$$jX_{L_1} = j4\omega L_1 = j \times 4000 \times 1 = j4000(\Omega)$$

$$jX_C = \frac{1}{j4\omega C} = \frac{1}{j4 \times 10^3 \times 10^{-6}} = -j250(\Omega)$$

电感 L_1 和 C 的并联电抗

$$jX = \frac{j4000(-j250)}{j(4000-250)} = -j266.7(\Omega)$$

串联谐振时，其电抗部分之和应等于零，则

$$X_{L_2} = X$$

$$4000L_2 = 266.7$$

$$L_2 = \frac{266.7}{4000} = 66.67(mH)$$

上述各种滤波器是以无源的电阻、电感、电容元件实现的。由于采用电感元件，存在着体积大、重量大的缺点，给滤波器的小型化带来困难，尤其在集成电路中难以实现。为此，近代出现了以电阻、电容和有源元件组成的有源 RC 滤波网络，称为有源滤波器。图 8-12（a）是一个低通有源滤波器，其作用相当于图 8-12（b）所示的由电阻、电感、电容组成的低通无源滤波器。图 8-13（a）是一个高通有源滤波器，其作用相当了图 8-13（b）的高通无源滤波器。这两种有源滤波器中的有源元件为一个理想的电压控制电压源（VCVS），这一元件可用晶体管放大器或运算放大器集成器件实现。由于有源滤波器有较好的滤波性能，且可免去使用笨重的电感器件，现已得到非常广泛的应用。

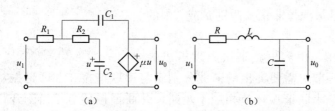

图 8-12　低通有源滤波器
（a）形式（一）；（b）形式（二）

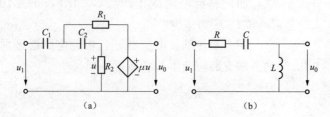

图 8-13　高通有源滤波器
（a）形式（一）；（b）形式（二）

思 考 题

1. 设激励源是非正弦电流源，试求由两个电容元件、一个电感元件组成的低通滤波器中元件参数应满足的关系？

2. 如图 8-14 所示单通滤波器，若使 3ω 的谐波电流送到负载，而使基波电流截止，电感 L_1、L_2、C_1 和 C_2 应满足的关系？

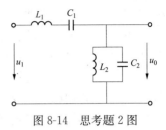

图 8-14　思考题 2 图

本 章 小 结

(1) 在电路领域中所遇到的非正弦周期量 $f(t)$ 是非正弦周期电流与非正弦周期电压，一般都满足狄里赫利条件，$f(t)$ 可以展开为傅里叶级数

$$f(t) = a_0 + \sum_{k=1}^{\infty} (a_k \cos k\omega_1 t + b_k \sin k\omega_1 t)(k = 1, 2, 3, \cdots)$$

各系数可按下列各式计算

$$a_0 = \frac{1}{T} \int_0^T f(t) \mathrm{d}t = \frac{1}{T} \int_{-\frac{T}{2}}^{\frac{T}{2}} f(t) \mathrm{d}t$$

$$a_k = \frac{2}{T} \int_0^T f(t) \cos k\omega_1 \mathrm{d}t = \frac{2}{T} \int_{-\frac{T}{2}}^{\frac{T}{2}} f(t) \cos k\omega_1 t \mathrm{d}t = \frac{1}{\pi} \int_0^{2\pi} f(t) \cos k\omega_1 t \mathrm{d}(\omega_1 t)$$

$$= \frac{1}{\pi} \int_{-\pi}^{\pi} f(t) \cos k\omega_1 t \mathrm{d}(\omega_1 t)$$

$$b_k = \frac{2}{T} \int_0^T f(t) \sin k\omega_1 \mathrm{d}t = \frac{2}{T} \int_{-\frac{T}{2}}^{\frac{T}{2}} f(t) \sin k\omega_1 t \mathrm{d}t = \frac{1}{\pi} \int_0^{2\pi} f(t) \sin k\omega_1 t \mathrm{d}(\omega_1 t)$$

$$= \frac{1}{\pi} \int_{-\pi}^{\pi} f(t) \sin k\omega_1 t \mathrm{d}(\omega_1 t)$$

其中 $\omega_1 = \frac{2\pi}{T}$，称为基波角频率。

(2) 非正弦周期电流、电压的有效值的计算式分别为

$$I = \sqrt{I_0^2 + I_1^2 + I_2^2 + I_3^2 + \cdots} = \sqrt{I_0^2 + \sum_{k=1}^{\infty} I_k^2}$$

$$U = \sqrt{U_0^2 + U_1^2 + U_2^2 + U_3^2 + \cdots} = \sqrt{U_0^2 + \sum_{k=1}^{\infty} U_k^2}$$

平均功率为

$$P = U_0 I_0 + U_1 I_1 \cos\varphi_1 + U_2 I_2 \cos\varphi_2 + \cdots + U_k I_k \cos\varphi_k + \cdots$$

即非正弦周期交流电路的无功功率定义为电路的非正弦周期电压与非正弦电流的各次谐波无功功率的总和。

(3) 非正弦周期电流电路的平均功率等于直流分量的功率及各次谐波的平均功率总和，

频率不同的电压和电流同时作用于电路时只产生瞬时功率，不能产生平均功率，只有同频率的电压和电流才能构成平均功率。

需要注意的是，虽然式（8-17）和式（8-18）表明直流和各次谐波平均功率叠加即得到总平均功率，各次谐波无功功率叠加即得到总无功功率，但这只是一种特例，因为不同频率的电压、电流构成的瞬时功率在一个周期的平均值为零，只有同频率的电压电流才构成平均功率。但不能认为电路功率可用叠加定理进行计算，同样电路中瞬时功率也不能叠加。叠加定理只说明电流、电压的可加性。

（4）对非正弦周期电压或电流激励下的线性电路，其分析计算的理论基础是谐波分析和叠加原理。即利用傅里叶级数将非正弦周期电压或电流分解成直流分量和各次谐波，求它们分别作用到电路时的响应，最后根据线性电路的叠加定理将所有的响应叠加，即为非正弦电压或电流的响应。

（5）实际中的对称三相电源也是非正弦周期波，但只含奇次谐波，而不含直流分量和偶次谐波。几种不同接法时，高次谐波在电压和电流中的存在情况。

1）系统Y-Y接无中线时，电源线电压中不含零序谐波，所以负载的线（相）电压、线（相）电流均不含零次谐波，只有电源中点和负载中点间有零序谐波，即

$$U_{NN'} = \sqrt{U_{ph3}^2 + U_{ph9}^2 + U_{ph15}^2 + \cdots}$$

其中，U_{ph3}，U_{ph9}，U_{ph15}，…为电源相电压中零序分量。

2）系统Y-Y接有中线时，电源和负载的线电压仍不含零序谐波，但负载相（线）电流中含零序谐波，中线中有零序谐波分量。

3）电源三角形连接时，线电压不含零序谐波，所以负载电压、电流中均无零序分量。

（6）滤波器是根据负载的需要而滤掉非正弦信号中的某些谐波分量。按功能分为低通滤波器、高通滤波器、带通滤波器、带阻滤波器、RL 滤波器、RC 滤波器、有源滤波器和无源滤波器等几种类型。

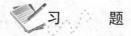 习　　　题

1. 电路如图 8-15 所示，已知 $R_1 = 250\Omega$，$\omega L = 300\Omega$，$\dfrac{1}{\omega C_1} = 1200\Omega$，$\dfrac{1}{\omega C_2} = 400\Omega$，电源电压 $u = 750 + 500\sqrt{2}\sin 2\omega t + 100\sqrt{2}\sin 2\omega t$V。试求电感电流 i_L 及其有效值。

2. 电路如图 8-16 所示，已知 $R = 10\Omega$，$L = 10$mH，$C = 120\mu$F，电源电压 $u_S(t) = 10 + 50\sqrt{2}\sin\omega t + 30\sqrt{2}\sin(3\omega t + 30°) + 30\sqrt{2}\sin(5\omega t - 60°)$V，$\omega = 314$rad/s。试求电阻电流 i 及电感的端电压 $u_L(t)$。

3. 电路如图 8-17 所示，无源电路的端口电压和电流分别为 $u = 100 + 100\sin\omega t + 50\sin 2\omega t + 30\sin 3\omega t$V

$i = 10\sin(t - 60°) + 2\sin(3t - 135°)$A。求电路吸收的功率。

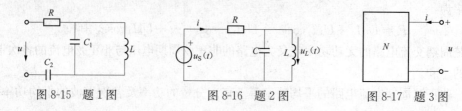

图 8-15　题 1 图　　　　　　图 8-16　题 2 图　　　　　　图 8-17　题 3 图

4. 电路如图 8-18（a）所示，RL 串联电路中，已知 $R=2\Omega$，$L=1\mathrm{H}$，电压源的输出为图 8-18（b）所示的方波信号，试求电路中的电流 $i(t)$。

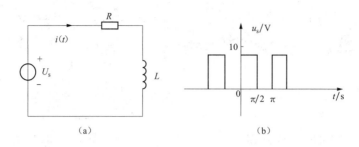

图 8-18　题 4 图

（a）电路；（b）输出方波信号

5. 已知 RL 串联电路中，$L=1\mathrm{H}$，$R=100\Omega$，电源电压 $u=20+100\sin\omega t+70\sin3\omega t\,\mathrm{V}$，频率 $f=50\mathrm{Hz}$。试求 R 上的输出电压和电路的平均功率。

6. 电路如图 8-19 所示，已知 $R_1=4\Omega$，$R_2=3\Omega$，$\omega L=3\Omega$，$\dfrac{1}{\omega C}=12\Omega$，电源电压 $u=10+100\sqrt{2}\cos\omega t+50\sqrt{2}\cos(3\omega t+30°)\,\mathrm{V}$。试求各支路电流及 R_1 支路消耗的平均功率。

7. 电路如图 8-20 所示，已知 $R=20\Omega$，$\omega L=10\Omega$，$\dfrac{1}{\omega C}=20\Omega$，电源电压 $u=10+100\sin\omega t+50\sin2\omega t\,\mathrm{V}$。试求电流 i 的有效值及电路消耗的平均功率。

8. 电路如图 8-21 所示，若电源 $u_S=20+5\sin\omega t+5\sin3\omega t+50\sin5\omega t+50\sin7\omega t\,\mathrm{V}$，如果输出电压 u 中不含 3 次和 7 次谐波分量，则电感 L 和电容 C 应满足什么条件？

9. 电路如图 8-22 所示，若电源 $u_1=2+2\cos2t\,\mathrm{V}$，$u_2=3\sin2t\,\mathrm{V}$，$R=1\Omega$，$L=1\mathrm{H}$，$C=0.25\mathrm{F}$，求电阻上的电压及其消耗的功率。

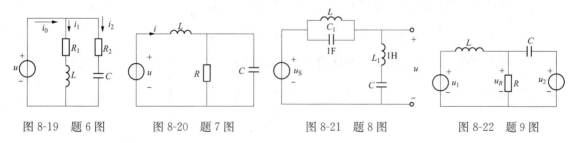

图 8-19　题 6 图　　　　图 8-20　题 7 图　　　　图 8-21　题 8 图　　　　图 8-22　题 9 图

10. 电路如图 8-23 所示，若电源 $u(t)=100+80\sqrt{2}\sin(\omega t+30°)+18\sqrt{2}\sin(3\omega t)\,\mathrm{V}$，$R=6\mathrm{k}\Omega$，$\omega L=2\mathrm{k}\Omega$，$\dfrac{1}{\omega C}=18\mathrm{k}\Omega$，求电压表、电流表及功率表的读数。

11. 电路如图 8-24 所示，若电源 $i_S=10+8\sqrt{2}\sin(t)+6\sqrt{2}\sin(2t)\,\mathrm{A}$，$R_S=R_0=1\Omega$，$L=2\mathrm{H}$，$C=0.125\mathrm{F}$，$L_1=1\mathrm{H}$，$C_1=1\mathrm{F}$，求电压表及功率表的读数。

12. 电路如图 8-25 所示，若电源 $i_S=4\sqrt{2}\sin(t)\,\mathrm{A}$，$U_S=2\mathrm{V}$，求电感电流 i_L 及其有效值。

13. 电路如图 8-26 所示，对称三相星形连接的发电机的 A 相电压为 $u_A=215\sqrt{2}\sin(\omega_1 t)-30\sqrt{2}\sin(3\omega_1 t)+10\sqrt{2}\sin(5\omega_1 t)\,\mathrm{V}$，在基波频率下，负载阻抗 $Z=6+\mathrm{j}3\Omega$，中性线阻抗 $Z_N=$

$1+j2\Omega$，求各相电流、中性线电流和三相负载的功率。

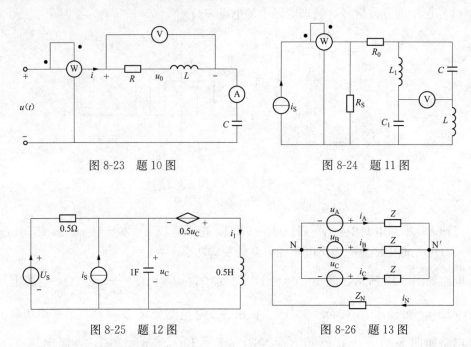

图 8-23 题 10 图 　　　　　　　　图 8-24 题 11 图

图 8-25 题 12 图 　　　　　　　　图 8-26 题 13 图

14. 有效值为 100V 的正弦电压加在电感 L 两端时，电流 $I=10A$。当电压中有 3 次谐波分量，而有效值仍为 100V 时，得电流 $I=8A$。试求这一电压的基波和 3 次谐波的有效值。

15. 在 RLC 串联电路中（见图 8-27），已知电源电压 $u=100\sin(314t)+50\sin(942t-30°)V$，电路电流 $i=10\sin(314t)+1.755\sin(942t+\theta)A$，试求电路的参数 R，L，C，θ。

16. 电路如图 8-28 所示，电路的参数 $R=0\Omega$，$\omega L=2\Omega$，$\dfrac{1}{\omega C}=18\Omega$，已知电源电压 $u=100+180\sin(\omega t-20)+120\sin(3\omega t)V$，试求电路中电流表和电压表的读数。

17. 电路如图 8-29 所示，电路的参数 $R=2\Omega$，$\omega L=9\Omega$，$\dfrac{1}{\omega C}=1\Omega$，已知电源电压的直流分量为 8V，且有 3 次谐波分量，电流表的读数 $2\sqrt{2}A$，试求电源电压的有效值。

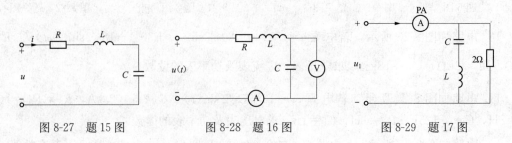

图 8-27 题 15 图 　　　图 8-28 题 16 图 　　　图 8-29 题 17 图

18. 电路如图 8-30 所示，参数 $R_1=R_2=100\Omega$，$\omega L=100\Omega$，$\dfrac{1}{\omega C}=100\Omega$，已知 $i_L(t)$ 的直流分量为 1A，基波分量 1A，3 次谐波分量 0.5A，试求电源电压的有效值。

19. 电路如图 8-31 所示，已知电源 $u = 50 + 300\sin(\omega t + 30°)$V，$i_1 = 10 + 15\sqrt{2}\sin(\omega t - 30°)$A，$i_2 = 8.93\sin(\omega t - 10°)$A，试求电路消耗的平均功率。

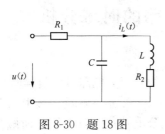
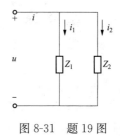

图 8-30   题 18 图   图 8-31   题 19 图

第 9 章　动态电路的时域分析

　　本章用经典法在时域内研究动态电路，主要内容有：电路过渡过程的基本概念和换路定律；电路初始状态的计算；经典分析法；一阶电路的零输入响应、零状态响应以及全响应；求解一阶电路全响应的三要素法；RC 微分和积分电路；一阶电路的阶跃响应和冲激响应；一阶电路对正弦信号的响应；二阶电路的时域分析。

学习重点

　　正确理解电路发生过渡过程的条件和过渡过程的实质；充分理解初始值、时间常数；熟练掌握计算一阶电路的零输入响应、零状态响应和在直流输入下的全响应；熟练掌握求解一阶电路全响应的三要素法；了解一阶电路的阶跃信号和阶跃响应的概念；了解在正弦信号作用下一阶电路的全响应计算；理解二阶电路发生过渡过程的物理本质；了解二阶电路的零输入响应计算。

9.1　暂态电路和经典分析法

　　前面各章主要介绍了直流电路和正弦交流电路为稳态电路的分析计算，即它们的响应电压或电流是指电路变化后很久后达到稳态的响应，这种响应或是恒定不变，或是按周期规律变动，电路的这种工作状态称为稳定状态，简称稳态。在稳态电路（直流电路及采用相量分析法的正弦电路）中，所有元件的约束关系（VCR）均为代数方程（如电阻元件、电容元件、电感元件）等。计算这类电路的节点电压或支路电流时，根据 KVL、KCL 及元件本身的 VCR 所得到的方程是代数方程。

　　本章将研究暂态电路（即电路变化瞬间，也称过渡过程），电路分析的基本依据为电路的 KVL、KCL 基本定理和元件的伏安特性。在动态分析中，各电流及电压均为时间函数。从瞬态观点看，电路中 KVL、KCL 基本定理和耗能元件 R 以及储能元件 L、C 的约束关系的伏安关系分别为

$$\sum i(t) = 0$$

$$\sum u(t) = 0$$

$$u(t) = Ri(t)$$

$$i(t) = C\frac{\mathrm{d}u}{\mathrm{d}t}$$

$$u(t) = \frac{1}{C}\int_{-\infty}^{t} i(t)\,\mathrm{d}t$$

$$u(t) = L\frac{\mathrm{d}i}{\mathrm{d}t}$$

$$i(t) = \frac{1}{L}\int_{-\infty}^{t} u(t)\,\mathrm{d}t$$

计算这类电路的电压或电流时，根据 KVL、KCL 及元件本身的 VCR 所列出的方程是微分方程。

9.1.1　微分方程的建立

分析电路的过渡过程，即需要建立和求解电路的微分方程。该过程称为电路的时域经典分析法。

【例 9-1】 试列出图如图 9-1 所示电路的微分方程。

解　根据电路的 KVL 基本定理可得

$$u_L + u_R + u_C = u_S$$

由元件的伏安特性，进一步可得

$$LC\frac{\mathrm{d}^2 u_C}{\mathrm{d}t^2} + RC\frac{\mathrm{d}u_C}{\mathrm{d}t} + u_C = u_S \qquad (9\text{-}1)$$

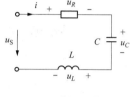

图 9-1　[例 9-1] 图

对于线性非时变电路，参数 R、L、C 均为常数，因此上式是一个常系数线性二阶微分方程。从数学上知，上述微分方程的解为齐次解加特解，即

$$u_C = u_C' + u_C''$$

其中 u_C' 是如下相对应的齐次方程的通解

$$LC\frac{\mathrm{d}^2 u_C}{\mathrm{d}t^2} + RC\frac{\mathrm{d}u_C}{\mathrm{d}t} + u_C = 0$$

u_C'' 是该方程的任一特解。

在给定的初始条件下，可以解得该微分方程的解，即电路在 $t \geqslant 0$ 时的响应。

9.1.2　初始条件

在电路理论中，换路是指电路工作状态的改变。所谓工作状态改变，是指电路接通、断开、改接以及电路参数或电源的突然变化。换路过程中电路的工作状态称为过渡过程或动态过程，该过程往往非常短暂，所以又称为暂态过程，简称暂态。

求解 [例 9-1] 的微分方程，首先应知道微分方程的初始条件，即换路后电路中电容电压及电感电流的初始值。

假设换路是瞬时完成的，换路前是指换路时刻开始前的一瞬间（一瞬间为 0.36s），或者说换路开始前的终了时刻，电路在换路前是处于稳定状态的。换路后是指换路时刻开始后的一瞬间（即从换路开始到电路达到新的稳定状态前的过程）。为了方便，通常取换路的瞬间 t_0 作为计时起点，即认为在 t_0 时刻换路，把换路前的一瞬间记为 t_{0-}，换路后的一瞬间记为 t_{0+}。求换路后暂态电路的初始值 $u_C(t_{0+})$ 和 $i_L(t_{0+})$，常用换路定律来确定。

换路定律，是指假设电路在 $t = t_0$ 时刻进行换路，即令 $t = t_0$ 表示换路瞬间，且以 $t = t_{0+}$ 代表换路后的一瞬间，其数学意义即指 t 由 t_0 右侧趋近于 t_0 的极限；$t = t_{0-}$ 代表换路前的一瞬间，其数学意义即指 t 由 t_0 左侧趋近于 t_0 的极限。

因为电感元件的约束关系为

$$u_L(t) = L\frac{\mathrm{d}i_L}{\mathrm{d}t}$$

即

$$\int_{t_{0-}}^{t_{0+}} \mathrm{d}i_L = \frac{1}{L}\int_{t_{0-}}^{t_{0+}} u_L \mathrm{d}t$$

所以有

$$i_L(t_{0+}) = i_L(t_{0-}) + \frac{1}{L}\int_{t_{0-}}^{t_{0+}} u_L \mathrm{d}t$$

上式在换路瞬间，即 t 从 t_{0-} 到 t_{0+}，当电压 $u_L(t)$ 为有限值（即从从 t_{0-} 到 t_{0+} 电压 $u_L(t)$ 没有跃变），则上式积分项为零，即证得

$$i_L(t_{0+}) = i_L(t_{0-})$$

同理可得磁链的关系为

$$\Psi(t_{0+}) = \Psi(t_{0-})$$

电容元件的约束关系为 $i_C(t) = C\dfrac{\mathrm{d}u_C}{\mathrm{d}t}$，即

$$\int_{t_{0-}}^{t_{0+}} \mathrm{d}u_C = \frac{1}{C}\int_{t_{0-}}^{t_{0+}} i_C(t)\mathrm{d}t$$

若在换路瞬间，电流 $i_C(t)$ 也为有限值（即从从 t_{0-} 到 t_{0+} 电压 $i_C(t)$ 没有跃变），则上式积分项为零，即证得

$$u_C(t_{0+}) = u_C(t_{0-})$$

同理可得电荷量关系为

$$q_C(t_{0+}) = q_C(t_{0-})$$

因此，根据储能元件能量不能突变的道理，对于电感中的电流及磁链有

$$i_L(t_{0+}) = i_L(t_{0-}) \quad \Psi(t_{0+}) = \Psi(t_{0-})$$

对于电容中的电压及电荷量有

$$u_C(t_{0+}) = u_C(t_{0-}) \quad q_C(t_{0+}) = q_C(t_{0-})$$

值得注意的是：换路定律只能说明电感电流（或磁链）及电容电压（或电荷）不能跃变，但对电感两端电压 $u_L(t)$、电容中电流 $i_C(t)$ 及电阻元件的端电压 u_R 与通过电阻中的电流 i_R 均可能发生跃变。

对于初始条件为零值时，如 $u_C(t_{0-})=0$，$i_L(t_{0-})=0$，由换路定律可得

$$\begin{cases} u_C(t_{0+}) = u_C(t_{0-}) = 0 \\ i_L(t_{0+}) = i_L(t_{0-}) = 0 \end{cases} \tag{9-2}$$

由此得，换路后的暂态电路（即过渡过程）电容相当于短路，电感相当于开路。这就是说，在零初始条件的暂态电路中电容和电感的性状与稳态电路正好相反。

对于初始条件不等于零值时，如 $u_C(t_{0-})=U_0$，$i_L(t_{0-})=I_0$，由换路定律可得

$$\begin{cases} u_C(t_{0+}) = u_C(t_{0-}) = U_0 \\ i_L(t_{0+}) = i_L(t_{0-}) = I_0 \end{cases}$$

由此得，换路后的暂态电路（即过渡过程）电容相当于恒压源，电感相当于恒流源。这

就是说，对于非零初始条件的暂态电路，其电容和电感的性状也不同于稳态电路。

通常把由换路定律直接求得的初始值，如电容电压 $u_C(t_{0+})$ 和电感电流 $i_L(t_{0+})$ 称为独立初始值。通过独立初始值、基尔霍夫定律及欧姆定律求出的其他电压、电流的初始值称为非独立初始值。为了便于分析和计算相关初始值，可画出换路后初始瞬间（$t=t_{0+}$）的等效电路。这时独立初始值 $i_L(t_{0+})$ 用等值同向的电流源代替，即 $i_L(t_{0+})=I_0$，也就是说，原电路图中电感 L 换成电流源 I_0；$u_C(t_{0+})$ 用等值同向的电压源来代替，即 $u_C(t_{0+})=U_0$，也就是说，原电路图中电容 C 换成电压源 U_0，就可以得到一个与 $t=t_{0+}$ 时刻相对应的电路模型。在该电路模型中，应用 KVL、KCL 及元件本身的 VCR（如电阻元件，电容元件，电感元件），可进一步求得其他电压、电流的非独立初始值。

值得注意的是，为简单方便，一般情况下，常将换路时刻 t_0 记为 $t_0=0$。

【例 9-2】 电路如图 9-2（a）所示，原来开关 S 是闭合的，电路已经达到稳定状态，求开关 S 打开后瞬间各支路电流和电容、电感的电压。

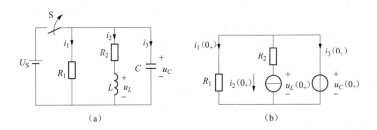

图 9-2 ［例 9-2］图
（a）原电路；（b）换路后瞬间等效电路

解 本题求解的是换路后的初始值。

（1）先根据换路定理求电容、电感对应的电压、电流的独立初始值。开关 S 闭合时，因电路加的是直流电源，稳定状态时电容相当于开路，电感相当于短路，故可求出

$$u_C(0_-) = U_S \quad i_2(0_-) = \frac{U_S}{R_2}$$

根据换路定理，电容电压和电感电流不能发生突变，所以

$$u_C(0_+) = U_S \quad i_2(0_+) = \frac{U_S}{R_2}$$

（2）画 $t=0_+$ 时刻相对应的电路模型，求解其他电压、电流的非独立初始值。

独立初始 $u_C(0_+)$ 用等值同向的电压源来代替，独立初始值 $i_L(0_+)$ 用等值同向的电流源代替，可得对应的电路模型如图 9-2（b）所示，应用 KVL、KCL 及电阻元件的 VCR，可得到

$$i_1(0_+) = \frac{u_C(0_+)}{R_1} = \frac{U_S}{R_1}$$

$$u_L(0_+) = u_C(0_+) - i_2(0_+)R_2 = U_S - \frac{U_S}{R_2}R_2 = 0$$

$$i_3(0_+) = -[i_1(0_+) + i_2(0_+)] = -\left(\frac{U_S}{R_1} + \frac{U_S}{R_2}\right)$$

【例 9-3】 电路如图 9-3（a）所示，$U_S=22V$，$R_1=30\Omega$，$R_2=40\Omega$，$R_3=60\Omega$，$R=$

10Ω。开关 S 是打开的，电路处于稳定状态，求当开关 S 在 $t=0$ 时刻闭合时，各元件上电流和电压的初始值。

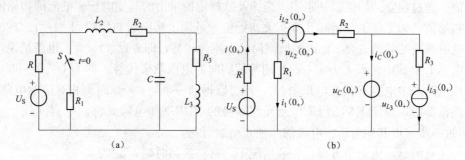

图 9-3 〔例 9-3〕图
(a) 原电路；(b) 换路后瞬间等效电路

解 （1）先根据换路定理求电容、电感对应的电压、电流的独立初始值。原来 S 是打开的，电路处于稳定状态，因电路加的是直流电源，稳定状态时电容相当于开路，电感相当于短路，故可求出

$$i_{L2}(0_-) = i_{L3}(0_-) = \frac{U_S}{R+R_2+R_3} = \frac{22}{10+40+60} = 0.2(A)$$

$$u_C(0_-) = R_3 i_{L3}(0_-) = 60 \times 0.2 = 12(V)$$

根据换路定理得

$$i_{L2}(0_+) = i_{L2}(0_-) = 0.2A$$

$$i_{L3}(0_+) = i_{L3}(0_-) = 0.2A$$

$$u_C(0_+) = u_C(0_-) = 12V$$

（2）画 $t=0_+$ 时刻相对应的电路模型如图 9-3（b）所示，应用 KVL、KCL 及电阻元件的 VCR，可求解其他电压、电流的非独立初始值。

$$U_{R_2}(0_+) = R_2 i_{L_2}(0_+) = 40 \times 0.2 = 8(V)$$

$$U_{R_3}(0_+) = R_3 i_{L_3}(0_+) = 60 \times 0.2 = 12(V)$$

$$i(0_+) = i_1(0_+) + i_{L2}(0_+)$$

$$i_C(0_+) = i_{L2}(0_+) - i_{L3}(0_+)$$

$$Ri(0_+) + R_1 i_1(0_+) = U_S$$

$$u_C(0_+) = u_{R3}(0_+) + u_{L3}(0_+)$$

$$i_C(0_+) = 0.2 - 0.2 = 0$$

$$u_{L3}(0_+) = u_C(0_+) - u_{R3}(0_+) = 12 - 12 = 0$$

$$R[i_1(0_+) + i_{L2}(0_+)] + R_1 i_1(0_+) = U_S$$

综合上述方程可得

$$i_1(0_+) = \frac{U_S - Ri_{L_2}(0_+)}{R+R_1} = \frac{22 - 10 \times 0.2}{10+30} = 0.5(A)$$

$$i_1(0_+) = i_1(0_+) + i_{L_2}(0_+) = 0.5 + 0.2 = 0.7(A)$$

$$u_{R_1}(0_+) = R_1 i_1(0_+) = 30 \times 0.5 = 15(V)$$

$$u_R(0_+) = Ri(0_+) = 10 \times 0.7 = 7(V)$$

$$u_{L_2}(0_+) = u_{R_1}(0_+) - u_C(0_+) - u_{R_2}(0_+) = (15 - 12 - 8) = -5(\text{V})$$

思 考 题

1. 电容中若有电流，则两端是否一定存在电压？

2. 电感中若有电压，则两端是否一定存在电流？

3. 如图 9-4 所示，$U_S = 16\text{V}$，$R_1 = 6\Omega$，$R_2 = 10\Omega$，$R_3 = 5\Omega$，$L = 1\text{H}$，当 $t = 0$ 时开关闭合，试求 $t = 0_+$ 时 i_3 和 i_L。

4. 如图 9-5 所示，当 $t = 0$ 时开关打开，试求 $t = 0_+$ 时 u_L 和 i_L。

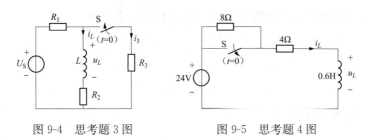

图 9-4　思考题 3 图　　　　　　图 9-5　思考题 4 图

9.2　一阶电路的零输入响应

所谓一阶电路，是指除电压源或电流源及电阻元件外，只含有一个或经化简后只剩下一个独立的储能元件的电路，描述这种电路的方程是一阶微分方程。当储能元件是线性电容或线性电感时，所得微分方程是一阶常系数线性微分方程。在实际电路中，对于仅含一个储能元件的电路，尽管可能包含有多个电阻和电源支路，但仍属于一阶电路。类似地，微分方程为二阶的动态电路是二阶电路，二阶电路含有两个储能元件。

若电路的外部输入信号为零或无外加激励，仅由电路中储能元件上的初始状态所得的响应称为零输入响应。下面分别研究 RC 电路与 RL 电路的零输入响应。

9.2.1　RC 电路的零输入响应

如图 9-6（a）所示 RC 电路，该电路在换路前开关 S 一直处于 1 的位置，电路达到稳定状态。在 $t = 0$ 时，将开关 S 从位置 1 改接至 2。换路后，电容电压通过电阻 R 放电，在此放电过程中，放电电流 i 不是在外部输入信号的作用下产生的，而是由电容 C 将所储存的电荷通过电阻 R 释放引起的，因此属于零输入响应。

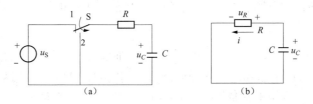

图 9-6　R-C 电路的零输入响应

（a）换路前 R-C 电路；（b）换路后 R-C 等效电路

换路后的电路如图 9-6（b）所示，根据 KVL 得

$$u_C - u_R = 0$$

$$u_R = Ri$$

$$i = -C\frac{\mathrm{d}u_C}{\mathrm{d}t}$$

式中负号表示 i 与 u_C 的参考方向相反。整理得

$$RC\frac{\mathrm{d}u_C}{\mathrm{d}t} + u_C = 0 \tag{9-3}$$

初始值为

$$u_C(0_+) = u_C(0_-) = U_S$$

式（9-3）是一阶线性常系数齐次微分方程，其特征方程为

$$RCs + 1 = 0$$

特征根为

$$s = -\frac{1}{RC}$$

则式（9-3）的通解

$$u_C = u'_C = A\mathrm{e}^{st} = A\mathrm{e}^{-\frac{t}{RC}}$$

将 $t=0_+$ 代入可得

$$A = u_C(0_+)$$

又由于 $u_C(0_+)=u_C(0_-)=U_S$，于是得

$$A = U_S$$

则电容电压

$$u_C = U_S\mathrm{e}^{-\frac{t}{RC}} \quad (t \geqslant 0) \tag{9-4}$$

则电容放电电流

$$i = C\frac{\mathrm{d}u_C}{\mathrm{d}t} = \frac{U_S}{R}\mathrm{e}^{-\frac{t}{RC}} \quad (t \geqslant 0) \tag{9-5}$$

在图 9-6 所示的电路中，电容放电过程的实质是电容器中所储存的电场能量，通过电阻逐渐转变成热量而全部消耗掉。设电容放电从 $t=0$ 开始，到 $t=\infty$，电容器中电场能量 W_C，通过电阻 R 全部释放掉。设 W_R 为电阻在全部放电过程中所消耗的能量，由焦耳—楞次定律得

$$W_R = \int_0^\infty i^2R\mathrm{d}t = \int_0^\infty \frac{U_S^2}{R}\mathrm{e}^{-\frac{2t}{RC}}\mathrm{d}t = \frac{1}{2}CU_S^2$$

而电容器原来储存的电场能量 $W_C = \frac{1}{2}CU_S^2$，即证明了放电过程确实是电场中所储的能量 W_C。

式（9-4）和式（9-5）的电容电压和放电电流随时间变化的特性曲线如图 9-7 所示。

图 9-7 表明，电容的电压和电流均随时间从它们的初始值开始按指数规律衰减到零，在该过程中，衰减的速度取决于常量 RC，令 $\tau=RC$，称为时间常数，则式（9-4）和式（9-5）可改写为

$$u_C = U_S\mathrm{e}^{-\frac{t}{\tau}} \tag{9-6}$$

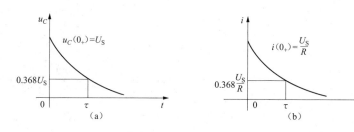

图 9-7　电容的电压和电流的特性曲线

（a）电压的特性曲线；（b）电流的特性曲线

$$i = \frac{U_\mathrm{S}}{R}\mathrm{e}^{-\frac{t}{\tau}} \tag{9-7}$$

以电容的电压为例，根据式（9-6），分别取 $t=\tau$，2τ，3τ，4τ，5τ 时刻，可得到对应不同时刻的电容电压值，见表 9-1。

表 9-1　　　　　　　　　　　　　　不同时刻的电容电压值

t	0	τ	2τ	3τ	4τ	5τ
u_C	U_S	$0.368U_\mathrm{S}$	$0.135U_\mathrm{S}$	$0.05U_\mathrm{S}$	$0.0184U_\mathrm{S}$	$0.0068U_\mathrm{S}$

由表 9-1 可知：

（1）每经过时间 τ 的间隔，电容电压（或）电流衰减到原值的 36.8%。

（2）当 $t=4\tau\sim5\tau$ 时间间隔时，电容电压（或电流）将衰减至初始值的 1.84%～0.68%。

工程上一般认为 $3\tau\sim5\tau$ 时，电压（或电流）将衰减至零，过渡过程基本结束，因此，该段时间一般忽略不计。

时间常数 τ 体现了电路的固有性质，因此 τ 的大小决定了过渡过程的长短，而与初始值无关。图 9-8 所示为 τ 偏大和偏小时，电容电压的特性曲线，容易得知 τ 越大，过渡过程就越长。也就是说，当电容电压初始值 $U_C(0_+)$ 一定时，电容 C 越大，储存的电场能量越多，放电时间越长，而电阻 R 越大，放电电流越小，电荷释放的过程进行得越缓慢，过渡过程就越长。

需要注意的是，在实际应用中，$\tau=RC$ 中的 R 和 C 分别为等效电阻和等效电容。

【例 9-4】　电路如图 9-9 所示，电源 U_j、开关 S 在 $t=0$ 时刻换路，换路前原电路处于稳定状态，求当开关 S 在 $t=0$ 时刻换路后，电容电压的表达式。

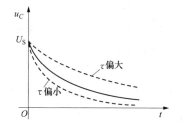

图 9-8　电容电压在不同 τ 下的特性曲线

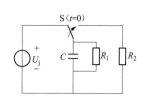

图 9-9　［例 9-4］图

解　本题是一个关于 RC 电路的零输入响应求解。根据式（9-4）可得

$$u_C = U_C(0_+) \mathrm{e}^{-\frac{t}{\tau}} \quad (t > 0)$$

$$U_C(0_+) = U_C(0_-) = U_\mathrm{j}$$

在 $R = \dfrac{R_1 R_2}{R_1 + R_2}$，因此可得

因此
$$u_C = U_\mathrm{j} \mathrm{e}^{\frac{-t}{\frac{R_1 R_2}{R_1 + R_2} C}} \quad (t > 0)$$

9.2.2　RL 电路的零输入响应

如图 9-10 所示 RL 电路，该电路在换路前开关 S 一直处于打开，电路处于稳定状态。

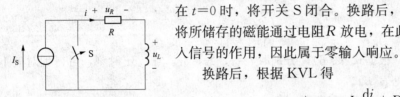

图 9-10　RL 电路的零输入响应

在 $t = 0$ 时，将开关 S 闭合。换路后，电流源被短路，电感 L 将所储存的磁能通过电阻 R 放电，在此 RL 回路中，无外部输入信号的作用，因此属于零输入响应。

换路后，根据 KVL 得

$$u_L + u_R = L\frac{\mathrm{d}i}{\mathrm{d}t} + Ri = 0 \tag{9-8}$$

式（9-8）是一阶线性常系数齐次微分方程，其特征方程为

$$Ls + R = 0$$

特征根为

$$s = -\frac{R}{L}$$

则式（9-8）的通解

$$i = A\mathrm{e}^{-\frac{R}{L}t} \tag{9-9}$$

又初始值

$$i(0_+) = i(0_-) = I_\mathrm{S}$$

将 $t = 0_+$ 代入可得

$$A = i_L(0_+)$$

于是得

$$A = i_L(0_+) = I_\mathrm{S}$$

带入式（9-9）

$$i = I_\mathrm{S}\mathrm{e}^{-\frac{R}{L}t} \tag{9-10}$$

则电感电压

$$u_L = L\frac{\mathrm{d}i}{\mathrm{d}t} = -RI_\mathrm{S}\mathrm{e}^{-\frac{R}{L}t} \tag{9-11}$$

在图 9-10 所示的 RL 电路中，电感放电过程的实质是电感中所储存的磁场能量通过电阻逐渐转变成热量而全部消耗掉。设电感放电从 $t = 0$ 开始，到 $t = \infty$，电感中电场能量 W_L 通过电阻 R 全部释放掉。设 W_R 为电阻在全部放电过程中所消耗的能量，由焦耳—楞次定律得

$$W_R = \int_0^\infty i^2 R \mathrm{d}t = \int_0^\infty I_\mathrm{S}^2 \mathrm{e}^{-\frac{2Rt}{L}} \mathrm{d}t = \frac{1}{2}LI_\mathrm{S}^2$$

而电感原先储存的电场能量为 $W_L = \dfrac{1}{2}LI_\mathrm{S}^2$，即证明了放电过程确实是电感中所储的能

量 W_L。

式（9-10）和式（9-11）的电感电压和放电电流随时间变化的特性曲线如图 9-11 所示。

图 9-11 表明，电感的电压和电流均随时间从它们的初始值开始按指数规律衰减到零，在该过程中，衰减的速度取决于常量 $\dfrac{R}{L}$，因此 RL 电路的时间常数 $\tau = \dfrac{L}{R}$，这里 R 和 L 分别为等效电阻和等效电感。

图 9-12 为 τ 偏大和偏小时，RL 电路放电电流特性曲线对比图，容易得知 τ 越大，过渡过程就越长，也就是说，当电容电压初始值 $I_L(0_+)$ 一定时，电感 L 越大，储存的磁场能量越多，放电时间越长，而电阻 R 越小，当放电电流一定时，电阻 R 消耗的电能量也越小。

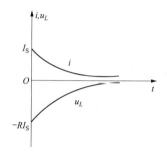

图 9-11 电感电压和放电电流的特性曲线

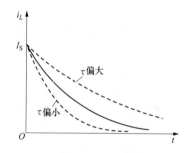

图 9-12 电感电流在不同 τ 下的特性曲线

【例 9-5】 如图 9-13 所示，电源 U_j，开关 S 在 $t=0$ 时刻换路，换路前原电路处于稳定状态，求当开关 S 在 $t=0$ 时刻换路后，电感电流和电压的表达式。

解 本题是一个关于 RL 电路的零输入响应求解。根据式（9-10）可得

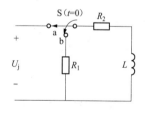

图 9-13 ［例 9-5］图

$$i_L = I_L(0_+)\mathrm{e}^{-\frac{t}{\tau}} \quad (t>0)$$

$$i_L(0_+) = i_L(0_-) = \frac{U_j}{R_2}$$

在 $\tau = \dfrac{L}{R}$ 中，$R = R_1 + R_2$，因此

$$i_L = \frac{U_j}{R_2}\mathrm{e}^{-\frac{R_1+R_2}{L}t} \quad (t>0)$$

$$u_L = -\frac{U_j}{R_2}(R_1+R_2)\mathrm{e}^{-\frac{R_1+R_2}{L}t} \quad (t>0)$$

应用小知识

图 9-14 所示为汽车自动点火电路的原理图。

汽车发动机的启动需要火花塞打火点燃气缸中的汽油混合物来完成。火花塞由一对气隙电极组成，当两个电极之间产生高压时就会形成火花，那么通过汽车电池 U_S 如何获得几千伏的高压呢？通常利用电感（点火线圈）上电压与其电流变化率成正比的特性实现。当开关

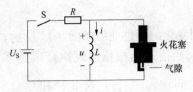

图 9-14 汽车自动点火电路

S 闭合时，流过电感的电流逐渐增大，最终达到稳态值 $i=\dfrac{U_S}{R}$，这时电感两端电压 $u=0$。当开关 S 突然打开时，电感中的电流只能通过火花塞放电。原来的电流作为 $i(0_+)$ 要在 Δt 内放完，就必然在电感两端产生高压。设电路中 $U_S=12V$，$R=4\Omega$，$L=10mH$，打火放电需要 $1\mu s$。由于起始电流

$$i(0_+) = i(0_-) = \frac{U_S}{R} = 3(A)$$

在 $1\mu s$ 内电感电流从 $i(0_+)=3A$ 直逼到零，所以电感电压

$$u = L\frac{\Delta I}{\Delta t} = 30000(V)$$

实际中，这 30kV 的高压足可以使火花塞打火而发动汽车。

9.3 一阶电路的零状态响应

若电路中储能元件上的初始储能状态为零（即零状态），仅在外部输入信号或外加激励下，电路中的响应称为零状态响应。

9.3.1 RC 电路的零状态响应

如图 9-15 所示 RC 电路，开关 S 在闭合前，电容未被充电，电容电压为零，电容无初始储能。在 $t=0$ 时刻，开关 S 闭合，电源向电容充电，在此充电过程中，充电电流 i 仅在外部输入电源的作用下产生，电路的响应属于零状态响应。

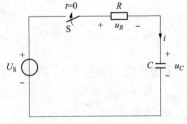

图 9-15 RC 电路的零状态响应电路

根据 KVL 得

$$Ri + u_C = RC\frac{du_C}{dt} + u_C = U_S \tag{9-12}$$

式（9-12）是一阶非齐次微分方程，其完全解是相应齐次微分方程的通解 u'_C 和非齐次微分方程的特解 u''_C 组成。

$$u_C = u'_C + u''_C$$

可知

$$u'_C = Ae^{-\frac{t}{RC}}$$

对于非齐次微分方程的特解 u''_C，一般取电容达到稳定时的值 U_S 作为一个特解。因为达到稳定状态时式（9-12）仍然成立，因此

$$u''_C = U_S$$

$$u_C = u'_C + u''_C = Ae^{-\frac{t}{RC}} + U_S \tag{9-13}$$

又 $u_C(0_+) = u_C(0_-) = 0$，带入式（9-13）得

$$A = -U_S$$

则电路电压为

$$u_C = -U_S e^{-\frac{t}{RC}} + U_S = U_S(1 - e^{-\frac{t}{RC}}) \tag{9-14}$$

电路电流为

$$i = C\frac{\mathrm{d}u_C}{\mathrm{d}t} = \frac{U_S}{R}e^{-\frac{t}{RC}} \tag{9-15}$$

式（9-14）和式（9-15）的电容电压和充电电流随时间变化的特性曲线，如图 9-16 所示。图 9-16 表明，电容的电压从初始值 0 开始，随时间按指数规律上升，直到 U_S；而电容的充电电流从初始值 $\dfrac{U_S}{R}$ 开始，随时间按指数规律衰减，直到 0，进入稳定状态（工程上一般认为$3\tau\sim5\tau$），在该过程的速度取决于时间常数 $\tau=RC$。

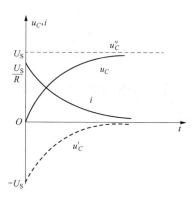

图 9-16　电容电压和充电电流随时间变化的特性曲线

如图 9-17 为 τ 偏大和偏小时，RC 电路电容电压特性曲线，容易得知 τ 越大，过渡过程就越长。

【例 9-6】　如图 9-18（a）所示，开关在 $t=0$ 时刻换路，换路前原电路处于稳定状态，求当开关在 $t=0$ 时刻换路后，电容电流和电压的表达式。

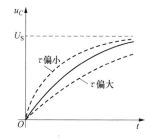

图 9-17　不同 τ 时，RC 电路电容电压特性曲线

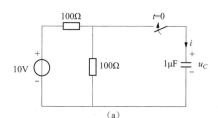

图 9-18　［例 9-6］图
（a）换路前原电路；（b）换路后等效电路

解　本题是一个关于 RC 电路的零状态响应的求解。

首先将图 9-18（a）等效转换为图 9-18（b），时间常数为

$$\tau = RC = 50 \times 1 \times 10^{-6} = 5 \times 10^{-5}(\mathrm{s})$$

因此根据式（9-14）可得

$$u_C = U_S(1 - e^{-\frac{t}{RC}}) = 5(1 - e^{-2\times10^4 t})\mathrm{V} \quad (t>0)$$

则电路电流

$$i = C\frac{\mathrm{d}u_C}{\mathrm{d}t} = \frac{5}{50}e^{-2\times10^4 t} = 0.1e^{-2\times10^4 t}\mathrm{A} \quad (t>0)$$

9.3.2　RL 电路的零状态响应

如图 9-19 所示 RL 电路，该电路在换路前开关 S 一直处于打开状态，电感为零状态储能。在 $t=0$ 时，将开关 S 闭合。换路后，RL 回路，在外部输入电源 U_S 的作用下，开始对电感进行充电，此时电路中的响应，属于零状态响应。

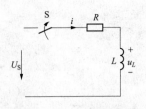

图 9-19 RL 电路的零状
      态响应电路

开关 S 闭合后，根据 KVL 得

$$u_L + Ri = L\frac{\mathrm{d}i_L}{\mathrm{d}t} + Ri_L = U_S \tag{9-16}$$

式（9-16）是一阶非齐次微分方程，其完全解是相应齐次微分方程的通解 i_L' 和非齐次微分方程的特解 i_L'' 组成。

$$i_L = i_L' + i_L''$$

可知

$$i_L' = Ae^{-\frac{Rt}{L}}$$

仍取电感达到稳定时的值 $\dfrac{U_S}{R}$ 作为一个特解，可以发现达到稳定状态时式（9-16）仍然成立。

$$i_L'' = \frac{U_S}{R}$$

因此

$$i_L = i_L' + i_L'' = Ae^{-\frac{Rt}{L}} + \frac{U_S}{R} \tag{9-17}$$

又由于 $i_L(0_+) = i_L(0_-) = 0$，带入式（9-17）得

$$A = -\frac{U_S}{R}$$

则

$$i_L = -\frac{U_S}{R}e^{-\frac{Rt}{L}} + \frac{U_S}{R} = \frac{U_S}{R}(1 - e^{-\frac{Rt}{L}}) \tag{9-18}$$

电路电流

$$u_L = L\frac{\mathrm{d}i_L}{\mathrm{d}t} = U_S e^{-\frac{Rt}{L}} \tag{9-19}$$

式（9-18）和式（9-19）的电感电压和充电电流随时间变化的特性曲线如图 9-20 所示。

图 9-20 表明，电感的充电电流从初始值 0 开始，随时间按指数规律上升，直到 $\dfrac{U_S}{R}$；而电感的电压从初始值 U_S 开始，随时间按指数规律衰减，直到 0，进入稳定状态（工程上一般认为 $3\tau \sim 5\tau$），该过程的速度取决于时间常数 $\tau = \dfrac{L}{R}$。

图 9-21 所示为 τ 偏大和偏小时，RL 电路电感充电电流特性曲线对比图，容易得知 τ 越

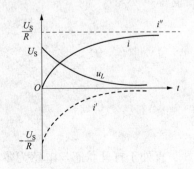

图 9-20   电感电压和充电电流随时间
      变化的特性曲线

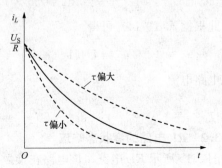

图 9-21   不同 τ 时，RL 电路电感充
      电电流特性曲线

大，过渡过程就越长。

【例 9-7】　电路如图 9-22（a）所示，$L=50\text{mH}$，开关在 $t=0$ 时刻换路，换路前原电路处于稳定状态，求当开关在 $t=0$ 时刻换路后，电感电流的表达式。

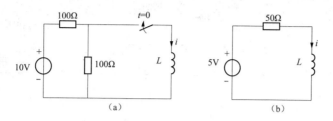

图 9-22　［例 9-7］图

（a）换路前原电路；（b）换路后等效电路

解　本题是一个关于 RL 电路的零状态响应的求解。

首先将图 9-22（a）等效转换为图 9-22（b），时间常数为

$$\tau=\frac{L}{R}=\frac{50}{50}\times10^{-3}=10^{-3}(\text{s})$$

根据式（9-18）可得

$$i_L=\frac{U_S}{R}(1-\text{e}^{-\frac{R}{L}})=\frac{5}{50}(1-\text{e}^{-10^3 t})=0.1-0.1\text{e}^{-10^3 t}\text{A}\quad(t>0)$$

❶9.3.3　阶跃响应和冲激响应

在电路的零状态响应中，若外部输入信号（或外加激励）为阶跃函数信号和冲激函数信号时，相应的零状态响应又称为阶跃响应和冲激响应。下面仅研究一阶电路的阶跃响应和冲激响应。

（1）阶跃函数和阶跃响应。

单位阶跃函数 $\varepsilon(t)$ 的数学定义

$$\varepsilon(t)=\begin{cases}0 & (t<0)\\1 & (t>0)\end{cases}\tag{9-20}$$

从式（9-20）可知，在 $t=0$ 处函数值不连续，函数值由 0 跃变为 1。同时，阶跃函数 $\varepsilon(t)$ 若在时间轴上移动 t_0，即为延时单位阶跃函数 $\varepsilon(t-t_0)$，其数学定义

$$\varepsilon(t-t_0)=\begin{cases}0 & (t<t_0)\\1 & (t>t_0)\end{cases}\tag{9-21}$$

$\varepsilon(t)$ 和 $\varepsilon(t-t_0)$ 的波形如图 9-23 所示。

在图 9-15 所示 RC 电路的零状态响应电路中，若 U_S 为单位阶跃函数 $\varepsilon(t)$，则

$$u_C=(1-e^{-\frac{t}{RC}})\varepsilon(t)$$

若 U_S 为延时单位阶跃函数 $\varepsilon(t-t_0)$，则

$$u_C=(1-\text{e}^{-\frac{t-t_0}{RC}})\varepsilon(t-t_0)$$

（2）冲激函数和冲激响应。单位冲激函数 $\delta(t)$ 可看作单位阶跃函数的极限。图 9-24 所

示为一个单位冲激函数波形，其高度为 $1/\Delta$，宽为 Δ，矩形面积为 1。当高度或宽变化时，其面积不变，始终为 1。当宽 $\Delta \rightarrow 0$ 时，则高度 $1/\Delta \rightarrow \infty$，在此极限下，可以得到一个宽度趋近 0，幅度（即高度）趋于无限大，但具有单位面积的脉冲，即单位冲激函数 $\delta(t)$。

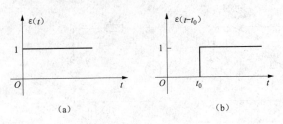

图 9-23　阶跃函数波形 　　　图 9-24　单位冲激函数波形

(a) 单位阶跃函数；(b) 延时单位阶跃函数

所以

$$\delta(t) = \frac{\mathrm{d}\varepsilon(t)}{\mathrm{d}t} \tag{9-22}$$

单位冲激函数 $\delta(t)$ 的数学定义

$$\begin{cases} \delta(t) = 0 \quad (t \neq 0) \\ \int_{-\infty}^{\infty} \delta(t)\mathrm{d}t = 1 \end{cases} \tag{9-23}$$

延时单位冲激函数 $\delta(t-t_0)$，其数学定义

$$\begin{cases} \delta(t-t_0) = 0 \quad (t \neq t_0) \\ \int_{-\infty}^{\infty} \delta(t-t_0)\mathrm{d}t = 1 \end{cases} \tag{9-24}$$

$\delta(t)$ 和 $\delta(t-t_0)$ 与冲激幅度为 K 的冲激函数的波形如图 9-25 所示。

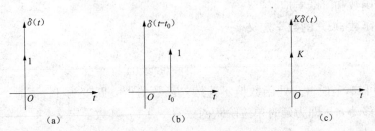

图 9-25　冲激函数波形

(a) 单位冲激函数；(b) 延时单位冲激函数；(c) 冲激幅度为 K 的冲激函数

在图 9-15 所示 RC 电路的零状态响应电路中，若 U_S 为单位冲激函数 $\delta(t)$，则根据式 (9-22)，可以对单位阶跃函数响应 $(1-\mathrm{e}^{-\frac{t}{RC}})\varepsilon(t)$ 求导得到，则单位冲激响应

$$u_C = \frac{1}{RC}\mathrm{e}^{-\frac{t}{RC}}\varepsilon(t) + (1-\mathrm{e}^{-\frac{t}{RC}})\delta(t)$$

由于 $\delta(t)$ 在 $t \neq 0$ 时均为 0，则上式只取第一项，得到

$$u_C = \frac{1}{RC}\mathrm{e}^{-\frac{t}{RC}}\varepsilon(t)$$

同理，若 U_S 为延时单位冲激函数 $\delta(t-t_0)$，则

$$u_C = \frac{1}{RC}\mathrm{e}^{-\frac{t-t_0}{RC}}\varepsilon(t-t_0)$$

应用小知识

电子线路中常利用 RC 电路的充放电过程来组成输出电压波形和输入电压波形间近似的微分和积分变换的电路，即微分电路和积分电路。

（1）RC 微分电路。图 9-26 所示为一 RC 串联的无源双口网络，1、2 端口作为输入侧，输入电压 u_i，3、4 端作为输出端口，即电阻端电压 u_o。

根据电路原理得

$$u_o = Ri = RC\frac{\mathrm{d}u_C}{\mathrm{d}t}$$

调整电路参数使得 $u_C \gg u_o$，则有 $u_i \approx u_C$，则上式为

$$u_o \approx RC\frac{\mathrm{d}u_i}{\mathrm{d}t}$$

（2）RC 积分电路。图 9-27 所示为一 RC 串联的无源双口网络，1、2 端口作为输入侧，输入电压 u_i，3、4 端作为输出端口，即电容端电压 u_o。

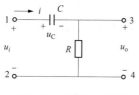
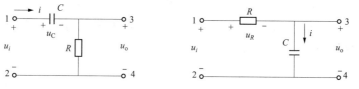

图 9-26　RC 微分电路　　　图 9-27　RC 积分电路

在零初始条件下，根据电路原理得

$$u_o = \frac{1}{C}\int_0^t i\mathrm{d}t = \frac{1}{C}\int_0^t \frac{u_R}{R}\mathrm{d}t = \frac{1}{RC}\int_0^t u_R\mathrm{d}t$$

调整电路参数使得 $u_R \gg u_o$，则有 $u_i \approx u_R$，则上式变为

$$u_o \approx \frac{1}{RC}\int_0^t u_i\mathrm{d}t$$

9.4 一阶电路的全响应

既有外加激励电源，同时又有初始储能（初始条件不为零）的一阶电路的响应，称为全响应。下面分别研究 RC 电路与 RL 电路的全响应。

9.4.1 $R\text{-}C$ 电路的全响应

如图 9-28 所示 RC 电路，开关 S 一直处于位置 1 状态，电路已经稳定。在 $t=0$ 时，开关 S 从位置 1 状态转换到位置 2 状态，此时电路的响应由外部输入电源 U_S 和初始储能的共同作用下产生，属于全响应。

当开关 S 处于位置 1 状态，电路已经稳定时，可得

$$u_C(0_-) = U_0$$

在 $t=0$ 时，开关 S 从位置 1 状态转换到位置 2 状态，如图 9-29 所示。

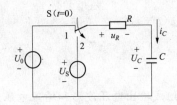 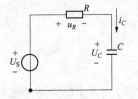

图 9-28　RC 电路全响应　　　　图 9-29　RC 电路全响应回路

根据 KVL 得

$$i_C = C\frac{\mathrm{d}u_C}{\mathrm{d}t}$$

$$RC\frac{\mathrm{d}u_C}{\mathrm{d}t} + u_C = U_\mathrm{s} \tag{9-25}$$

式（9-25）是一阶非齐次微分方程，其完全解是相应齐次微分方程的通解 u_C' 和非齐次微分方程的特解 u_C'' 组成，即

$$u_C = u_C' + u_C''$$

已知

$$u_C' = Ae^{-\frac{t}{RC}}$$

非齐次微分方程的特解 u_C''，一般取电容达到稳定时的值 U_s 作为一个特解。因为达到稳定状态时式（9-12）仍然成立，所以

$$u_C'' = U_\mathrm{s}$$

$$u_C = u_C' + u_C'' = Ae^{-\frac{t}{RC}} + U_\mathrm{s} \tag{9-26}$$

又

$$u_C(0_+) = u_C(0_-) = U_0$$

代入式（9-26）得

$$A = U_0 - U_\mathrm{s}$$

则

$$u_C = (U_0 - U_\mathrm{s})e^{-\frac{t}{RC}} + U_\mathrm{s} \tag{9-27}$$

电路电流为

$$i = C\frac{\mathrm{d}u_C}{\mathrm{d}t} = \frac{U_\mathrm{s} - U_0}{RC}e^{-\frac{t}{RC}} \tag{9-28}$$

式（9-27）表明全响应是由稳态分量 U_s 和暂态分量 $(U_0 - U_\mathrm{s})e^{-\frac{t}{RC}}$ 组成，同时可将其改写为

$$u_C = U_0 e^{-\frac{t}{RC}} + U_\mathrm{s}(1 - e^{-\frac{t}{RC}}) \tag{9-29}$$

从式（9-29）可以发现，全响应也就是零输入响应 $U_0 e^{-\frac{t}{RC}}$ 和零状态响应 $U_\mathrm{s}(1 - e^{-\frac{t}{RC}})$ 之和。

9.4.2　R-L 电路的全响应

如图 9-30 所示 RL 电路，开关 S 一直处于打开状态，电路已经稳定。在 $t=0$ 时，开关 S 闭合，此时电路的响应由外部输入电源 U_s 和初始储能的共同作用下产生，属于全响应。

当开关 S 处于打开状态，电路已经稳定时，可得

$$i_L(0_-) = \frac{U_s}{R_1 + R_2} = I_0$$

在 $t=0$ 时，开关 S 从打开状态转换到闭合状态，如图 9-31 所示。

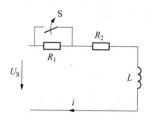 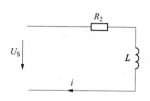

图 9-30　RL 电路全响应　　　　　图 9-31　RL 电路全响应回路

根据 KVL 得

$$L\frac{di_L}{dt} + R_2 i_L = U_s \tag{9-30}$$

式（9-30）是一阶非齐次微分方程，其完全解是相应齐次微分方程的通解 i'_L 和非齐次微分方程的特解 i''_L 组成。

$$i = i'_L + i''_L$$

根据零状态的分析可知

$$i'_L = Ae^{-\frac{t}{\tau}} \text{ 和 } \tau = \frac{L}{R_2}$$

非齐次微分方程的特解 i''_L，一般取电感达到稳定时的值 $\dfrac{U_s}{R_2}$ 作为一个特解。因为达到稳定状态时式（9-30）仍然成立，所以

$$i''_L = \frac{U_s}{R_2}$$

$$i = i'_L + i''_L = Ae^{-\frac{t}{\tau}} + \frac{U_s}{R_2} \tag{9-31}$$

又

$$i(0_+) = i_L(0_-) = i_L(0_+) = \frac{U_s}{R_2}$$

代入式（9-31）得

$$A = I_0 - \frac{U_s}{R_2}$$

则

$$i = \left(I_0 - \frac{U_s}{R_2}\right)e^{-\frac{t}{\tau}} + \frac{U_s}{R_2} \tag{9-32}$$

式（9-32）表明全响应是由稳态分量 $\dfrac{U_s}{R_2}$ 和暂态分量 $\left(I_0 - \dfrac{U_s}{R_2}\right)e^{-\frac{t}{\tau}}$ 组成，同时可将其改写为

$$i = I_0 e^{-\frac{t}{\tau}} + \frac{U_s}{R_2}(1 - e^{-\frac{t}{\tau}}) \tag{9-33}$$

从式（9-33）可以发现全响应也是零输入响应 $I_0 e^{-\frac{t}{\tau}}$ 和零状态响应 $\dfrac{U_s}{R_2}(1 - e^{-\frac{t}{\tau}})$ 之和。

对于任一复杂的一阶电路，如把储能元件单独分开，其他部分总可看成是一个电阻性含源一端口网络，将此网络用其戴维南或诺顿等效电路代替，则原电路简化为电阻与储能元件串联或并联的简单电路，就可用前面讲过的方法求解。

9.5 一阶电路的三要素求解法

三要素求解法，是求解一阶线性电路响应的简单、快速和行之有效的方法。

从前几节的分析可以发现，无论是零输入、零状态还是全响应，初始值、特解和时间常数一旦确定，则电路的响应也就确定了。下面研究采用三要素法分别求解在直流电源作用下与正弦电源作用下电路的全响应。

9.5.1 在直流电源作用下

仅含一个独立储能元件的电路，其微分方程是一阶非齐次方程，在满足初始条件时，电路的全响应可表示为

$$y(t) = y(\infty) + [y(0_+) - y(\infty)]e^{-\frac{t}{\tau}} \tag{9-34}$$

式中：$y(t)$ 表示待求的电压或电流；$y(0_+)$ 表示电压或电流的初始值，可由换路前的电路状态和换路定理求得；$y(\infty)$ 表示电压或电流的稳态值，此时电容相当于开路，电感相当于短路；$\tau = RC$ 或 $\tau = \frac{L}{R}$，其中 R 为从储能元件 C 或 L 两端看进去的戴维南或诺顿等效电阻，同一个电路只有一个时间常数。

在式（9-34）中，当 $y(0_+) = 0$ 即初始值为零时，$y(t) = y(\infty)(1 - e^{-\frac{t}{\tau}})$ 即零状态响应；当 $y(\infty) = 0$ 即初始值为零，$y(t) = y(0_+)e^{-\frac{t}{\tau}}$ 即零输入响应。

【例 9-8】 电路如图 9-32 所示，$R_1 = 2k\Omega$，$R_2 = 1k\Omega$，$C = 3\mu F$，$I_S = 1mA$，在开关打开前，电路处于稳定状态，在 $t = 0$ 时刻开关打开，求在 $t = 0$ 时刻后，电容两端电压的表达式。

解 本题是一个关于 R-C 电路的全响应的求解。

（1）求解 $u_C(0_+)$。开关打开前，电路处于稳定状态，电容相当于开路，如图 9-33所示。

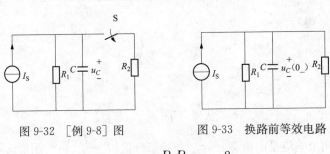

图 9-32 ［例 9-8］图   图 9-33 换路前等效电路

$$u_C(0_-) = I_S \frac{R_1 R_2}{R_1 + R_2} = \frac{2}{3}(V)$$

根据换路定理

$$u_C(0_+) = u_C(0_-) = \frac{2}{3}(V)$$

（2）求解 $u_C(\infty)$。开关打开后，电路处于稳定状态时等效电路如图 9-34 所示。
$$u_C(\infty) = I_S R_1 = 2 \times 10^3 \times 1 \times 10^{-3} = 2(\text{V})$$

（3）求解时间常数 τ。开关打开后，电路处于稳定状态时，等效的电阻 $R = R_1 = 2\text{k}\Omega$，则
$$\tau = RC = 2 \times 10^3 \times 3 \times 10^{-6} = 6 \times 10^{-3}(\text{s})$$

因此可得
$$u_C(t) = u_C(\infty) + [u_C(0_+) - u_C(\infty)]\mathrm{e}^{-\frac{t}{\tau}}$$
$$= 2 + \left[\frac{2}{3} - 2\right]\mathrm{e}^{-\frac{t}{6 \times 10^{-3}}} = 2 - \frac{4}{3}\mathrm{e}^{-\frac{1}{6} \times 10^{-3}t}\text{V} \quad (t \geqslant 0)$$

【例 9-9】　电路如图 9-35 所示，$R_1 = 15\text{k}\Omega$，$R_2 = 5\text{k}\Omega$，$L = 10\text{mH}$，$U_S = 2\text{V}$，电路处于稳定状态，在 $t = 0$ 时刻开关闭合，求 $t \geqslant 0$ 时电感电流和电压的表达式。

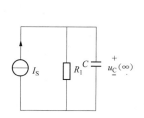

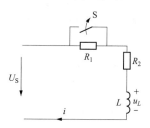

图 9-34　换路后稳态等效电路　　　　图 9-35　［例 9-9］图

解　本题是一个关于 R-L 电路的全响应的求解。由于 $u_L = L\dfrac{\mathrm{d}i}{\mathrm{d}t}$，因此只需要根据三要素法求出电流 i，即可求出 u_L。

（1）求解 $i(0_+)$。开关闭合前，电路处于稳定状态，电感相当于短路线，则
$$i(0_-) = \frac{U_S}{R_1 + R_2} = 0.1(\text{mA})$$

根据换路定理
$$i(0_+) = i(0_-) = 0.1\text{mA}$$

（2）求解 $i(\infty)$。开关闭合后，R_1 被短路，当电路处于稳定状态时，电感相当于短路线，则
$$i(\infty) = \frac{U_S}{R_2} = 0.4(\text{mA})$$

（3）求解时间常数 τ。开关闭合后，电路处于稳定状态时，等效的电阻 $R = R_2 = 5\text{k}\Omega$，则
$$\tau = \frac{L}{R} = \frac{10 \times 10^{-3}}{5 \times 10^3} = 2 \times 10^{-6}(\text{s})$$

因此可得
$$i(t) = i(\infty) + [i(0_+) - i(\infty)]\mathrm{e}^{-\frac{t}{\tau}}$$
$$= 0.4 + [0.1 - 0.4]\mathrm{e}^{-\frac{t}{2 \times 10^{-6}}} = 0.4 - 0.3\mathrm{e}^{-5 \times 10^5 t}(\text{mA}) \quad (t \geqslant 0)$$

同时可得
$$u_L = L\frac{\mathrm{d}i}{\mathrm{d}t} = \frac{3}{2}\mathrm{e}^{-5 \times 10^5 t}\text{V}$$

另外，读者可以对本题直接根据三要素法求出 u_L。

【例 9-10】　如图 9-36 所示，$R_1 = 200\Omega$，$R_2 = 100\Omega$，$C = 1\mu\text{F}$，$U_S = 10\text{V}$，流控压源 $u_{CS} = 100i_1$，原来电容已经充电到 $u_C = -5\text{V}$，在 $t = 0$ 时刻开关闭合，求 $t \geqslant 0$ 时，电容两端

电压的变化规律。

解 本题是一个含受控源的一阶电路的全响应的求解。

(1) 求解 $u_C(0_+)$。

根据换路定理

$$u_C(0_+) = u_C(0_-) = -5\text{V}$$

(2) 求解 $u_C(\infty)$。开关闭合后，当电路处于稳定状态时，电容相当于开路，等效电路如图 9-37 所示。

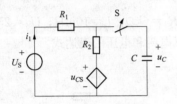

图 9-36 ［例 9-10］图

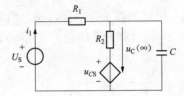

图 9-37 开关闭合后稳态等效电路

根据 KVL

$$-U_S + i_1 R_1 + i_1 R_2 + u_{CS} = 0$$
$$u_{CS} = 100 i_1$$
$$i_1 = 0.025(\text{A})$$

则

$$u_C(\infty) = i_1 R_2 + u_{CS} = 5(\text{V})$$

(3) 求解时间常数 τ。开关闭合后，电路处于稳定状态，由于含受控源，求解等效电阻 R 的电路如图 9-38 所示，则

图 9-38 求解等效电阻的电路

$$\begin{cases} R = \dfrac{U}{i} \\ i_2 R_2 + u_{CS} - i_1 R_1 = 0 \\ u_{CS} = 100 i_1 \\ i = i_1 + i_2 \end{cases}$$

可得

$$R = 50(\Omega)$$
$$\tau = RC = 50 \times 1 \times 10^{-6} = 5 \times 10^{-5}(\text{s})$$

因此可得

$$u_C(t) = u_C(\infty) + [u_C(0_+) - u_C(\infty)]\text{e}^{-\frac{t}{\tau}}$$
$$= -5 + [-5 - 5]\text{e}^{-\frac{t}{5 \times 10^{-5}}} = -5 - 10\text{e}^{2 \times 10^4 t}(\text{V}) \quad (t \geqslant 0)$$

9.5.2 在正弦电源作用下

电路方程是一阶线性常系数的微分方程，当电路在正弦电源作用下，在满足初始条件时，电路的全响应可表示为

$$y(t) = y_S(t) + [y(0_+) - y_S(0_+)]\text{e}^{-\frac{t}{\tau}} \tag{9-35}$$

式中：$y(t)$ 表示待求的电压或电流；$y_S(t)$ 表示换路后电路的稳态解；$y_S(0_+)$ 表示换路后

电路的稳态解在 $t=0_+$ 时的初始值；$y(0_+)$ 表示由换路前的初始状态和换路定理决定的初始值。$\tau=RC$ 或 $\tau=\dfrac{L}{R}$，其中 R 为从储能元件 C 或 L 两端看进去的戴维南或诺顿等效电阻，同一个电路只有一个时间常数。

与电路在直流电源作用下电路分析不同，当电路在正弦电源作用下，电路稳态时，电容和电感分别表现为相应的容抗和感抗。

【例 9-11】 电路如图 9-39 所示，当 $t<0$ 时，开关在 A 处闭合，电路达到稳定状态；当 $t=0$ 时，开关由 A 处转换到 B 处闭合，电流源 $i_S=I_m\sin(\omega t+\varphi)\text{A}$，求 $t\geqslant0$ 时电容两端的电压。

解 （1）求解 $u_C(0_+)$。根据换路定理

$$u_C(0_+) = u_C(0_-) = U$$

（2）求稳态解 $u_{CS}(t)$ 和 $u_{CS}(0_+)$。开关由 A 处转换到 B 处闭合后，当电路处于稳定状态时，等效电路如图 9-40 所示。

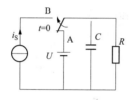

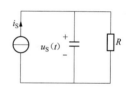

图 9-39 ［例 9-11］图   图 9-40 开关 B 处闭合后稳态等效电路

根据 KVL

$$i_S = I_m \,\underline{/\varphi}$$

$$Z = \frac{R\left(-\mathrm{j}\,\dfrac{1}{\omega C}\right)}{R-\mathrm{j}\,\dfrac{1}{\omega C}} = \frac{R}{\sqrt{(R\omega C)^2+1}}\,\underline{/\arctan(-R\omega C)}$$

令

$$\theta = \arctan(-R\omega C)$$

$$\dot{U}_{CS} = \dot{I}_S Z$$

得

$$\dot{U}_{CS} = \frac{I_m R}{\sqrt{(R\omega C)^2+1}}\,\underline{/(\varphi+\theta)}$$

令

$$U_{Cm} = \frac{I_m R}{\sqrt{(R\omega C)^2+1}}$$

所以有

$$u_{CS}(t) = U_m\sin(\omega t+\varphi+\theta)$$
$$u_{CS}(0_+) = U_m\sin(\varphi+\theta)$$

（3）求解时间常数 τ。开关闭合后，电路处于稳定状态，则

$$\tau = R_0 C = RC$$

因此根据式（9-35）可得

$$u_C(t) = u_{CS}(t) + [u_C(0_+) - u_{CS}(0_+)] \mathrm{e}^{-\frac{t}{\tau}}$$

$$= U_m \sin(\omega t + \varphi + \theta) + [U - U_m \sin(\varphi + \theta)] \mathrm{e}^{-\frac{t}{RC}} V \quad (t \geqslant 0)$$

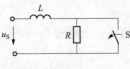

图 9-41 [例 9-12] 图

【例 9-12】 电路如图 9-41 所示，$R = 100\Omega$，频率 $f = 50\mathrm{Hz}$，$L = 637\mathrm{mH}$，$u_S = \sqrt{2} \times 220 \sin(\omega t + 30°) \mathrm{V}$，电路处于稳定状态，在 $t = 0$ 时刻开关 S 打开，求 $t \geqslant 0$ 时电感电流和电压的表达式。

解 由于 $u_L = L\dfrac{\mathrm{d}i}{\mathrm{d}t}$，因此只需要根据三要素法求出电流 i，即可求出 u_L。

（1）求解 $i_L(0_+)$。开关打开前，电路处于稳定状态，电阻 R 被短路，则

$$\omega = 2\pi f = 100\pi = 314 (\mathrm{rad/s})$$

$$\dot{U}_S = 220 \underline{/30°} \ \mathrm{V}$$

$$\dot{I}_L = \frac{\dot{U}_S}{\mathrm{j}\omega L} = 1.35 \underline{/-60°} \ \mathrm{A}$$

则

$$i_L(t) = 1.56 \sin(314t - 60°) \mathrm{A}$$

令 $t = 0_-$，有 $i_L(0_-) = 1.156 \sin(-60°)\mathrm{A} = -1.35\mathrm{A}$

根据换路定理

$$i_L(0_+) = i_L(0_-) = -1.35\mathrm{A}$$

（2）求稳态解 $i_{LS}(t)$ 和 $i_{LS}(0_+)$。开关打开后，当电路处于稳定状态时，电感 L 和电阻 R 串联，等效电路如图 9-42 所示。

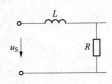

图 9-42 开关打开后稳态等效电路

$$Z = R + \mathrm{j}\omega L = R + \mathrm{j}2\pi fL = 224 \underline{/63.4°} \ (\Omega)$$

$$\dot{I}_{LS} = \frac{\dot{U}_S}{Z} = \frac{1.39}{\sqrt{2}} \underline{/-33.4°} \ (\mathrm{A})$$

则有

$$i_{LS}(t) = 1.39 \sin(314t - 33.4°)\mathrm{A}$$

$$i_{LS}(0_+) = 1.39 \sin(-33.4°) = -0.77\mathrm{A}$$

（3）求解时间常数 τ。开关闭合后，电路处于稳定状态时，等效的电阻 $R = 100\Omega$，则

$$\tau = \frac{L}{R} = 0.00637 (\mathrm{s})$$

根据式（9-35）可得

$$i(t) = i_{LS}(t) + [i_L(0_+) - i_{LS}(0_+)] \mathrm{e}^{-\frac{t}{\tau}}$$

$$= 1.39 \sin(314t - 33.4°) - 0.58 \mathrm{e}^{-\frac{t}{0.00637}}$$

$$= 1.39 \sin(314t - 33.4°) - 0.58 \mathrm{e}^{-157t} \mathrm{A} \quad (t \geqslant 0)$$

同时可得

$$u_L = L\frac{\mathrm{d}i}{\mathrm{d}t} = 637 \times 10^{-3} \times [1.39 \times 314 \cos(314t - 33.4°) + 0.58 \times 157 \mathrm{e}^{-157t}] \mathrm{V}$$

$$= 278 \sin(314t + 56.6°) + 58 \mathrm{e}^{-157t} \mathrm{V}$$

思 考 题

1. 如图 9-43 所示，当 $t=0$ 时开关 S 断开，试求 u_L 和 i_L。
2. 如图 9-44 所示，当 $t=0$ 时开关 S 断开，试求 u_C 和 i_C。

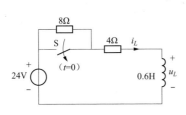

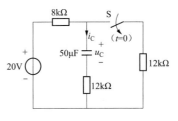

图 9-43　思考题 1 图　　　　　图 9-44　思考题 2 图

9.6　二阶电路的动态过程

当电路中有两个独立的储能元件时，称为二阶电路。描述二阶电路的微分方程为二阶微分方程。电路中只有一个电感元件和一个电容元件的电路是一种最简单的、典型的二阶电路，这里仅简单研究 RLC 串联二阶电路的零输入响应、零状态响应和全响应。

9.6.1　二阶电路的零输入响应

电路如图 9-45 所示，RLC 串联电路是典型的二阶电路，设电容已经充电 $u_C(0_-)=U_0$，$i(0_-)=0$。

在 $t=0$ 时刻开关 S 闭合，根据 KVL 和元件约束关系可得

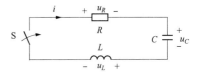

图 9-45　RLC 零输入响应

$$u_R + u_L + u_C = 0$$

$$u_R = Ri = -RC\frac{\mathrm{d}u_C}{\mathrm{d}t}$$

$$u_L = L\frac{\mathrm{d}i}{\mathrm{d}t}$$

$$i = C\frac{\mathrm{d}u_C}{\mathrm{d}t}$$

进一步整理得

$$LC\frac{\mathrm{d}^2 u_C}{\mathrm{d}t^2} + RC\frac{\mathrm{d}u_C}{\mathrm{d}t} + u_C = 0 \tag{9-36}$$

式（9-36）是一个二阶常系数线性齐次微分方程，相应的特征方程为

$$LCs^2 + RCs + 1 = 0$$

相应的特征根

$$s_{1,2} = -\delta \pm \sqrt{\delta^2 - \omega_0^2}, \quad \delta = \frac{R}{2L}, \quad \omega_0 = \frac{1}{\sqrt{LC}} \tag{9-37}$$

方程的通解为

$$u_C = A_1 \mathrm{e}^{s_1 t} + A_2 \mathrm{e}^{s_2 t} \tag{9-38}$$

根据电路换路定理有

$$u_C(0_+) = u_C(0_-) = U_0, \quad i(0_+) = i(0_-) = 0, \quad \frac{du_C}{dt}\bigg|_{t=0_+} = \frac{i(0_+)}{C} = 0$$

将获得的初始条件代入式（9-38）可得

$$A_1 + A_2 = U_0$$
$$A_1 s_1 + A_2 s_2 = 0$$

求解可得

$$A_1 = \frac{s_2}{s_2 - s_1}U_0$$

$$A_2 = \frac{s_1}{s_1 - s_2}U_0$$

代入式（9-38）可得

$$u_C = \frac{U_0}{s_2 - s_1}(s_2 e^{s_1 t} - s_1 e^{s_2 t}) \tag{9-39}$$

由此可见，s_1 和 s_2 由电路参数 R、L、C 决定。由数学知识可知，电路的零输入响应的性质取决于特征根的性质，从式（9-37）可知即取决于 δ 和 ω_0 的相对大小。因此二阶电路的零输入响应可分为下列几种情况。

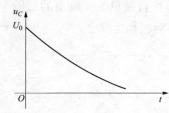

图 9-46 过阻尼响应波形

（1）过阻尼响应。当 $\delta > \omega_0$，即 $R > 2\sqrt{\frac{L}{C}}$ 时，s_1 和 s_2 为两个不相等的负实根，此时式（9-39）表明电容电压单调下降，形成了非振荡的放电过程，相应的电容电压波形如图 9-46 所示。

（2）欠阻尼响应。当 $\delta < \omega_0$，即 $R < 2\sqrt{\frac{L}{C}}$ 时，s_1 和 s_2 为一对共轭复根，即

$$s_{1,2} = -\delta \pm j\omega_d$$
$$\omega_d = \sqrt{\omega_0^2 - \delta^2}$$

式（9-39）整理为

$$u_C = \frac{\omega_0}{\omega_d}U_0 e^{-\delta t}\sin(\omega_d t + \beta)$$

$$\beta = \arctan\frac{\omega_d}{\delta}$$

该式表明电容电压的变化过程是一个振幅按指数规律衰减的正弦函数，称之为衰减振荡过程，相应的电容电压波形如图 9-47 所示。

（3）临界阻尼响应。当 $\delta = \omega_0$，即 $R = 2\sqrt{\frac{L}{C}}$ 时，由式（9-37）可知 s_1 和 s_2 为相等的负实根，即

$$s_{1,2} = -\delta$$

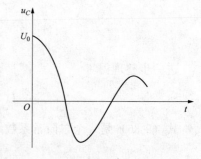

图 9-47 欠阻尼响应波形

代入式（9-38）可得

$$u_C = U_0(1+\delta t)e^{-\delta t}$$

该式表明电容电压的变化过程仍是非振荡过程，但是，它正好是振荡和非振荡之间的分界点，是非振荡的极限情况，其波形同图 9-46 所示的过阻尼响应波形相似。通常将 $R = 2\sqrt{\dfrac{L}{C}}$ 称为临界电阻值。

（4）无阻尼振荡。当 $\delta = 0$ 时，由式（9-37）可知 s_1 和 s_2 为一对共轭虚根，即

$$s_{1,2} = \pm j\omega_0$$

代入式（9-38）可得

$$u_C = U_0\cos\omega_0 t$$

该式表明电容电压的变化过程是无衰减的等幅振荡的过程，通常将 $\omega_0 = 1/\sqrt{LC}$ 称为无阻尼振荡电路的固有角频率，其波形如图 9-48 所示。

当 $\delta = 0$ 时，由式（9-37）易得 $R = 0$，因此可以这样来理解无衰减的等幅振荡的电容电压的变化过程，因为 $R = 0$，这时电路没有损耗，总的储能永远等于初始储能而不会减少，能量只是在电场和磁场间反复地相互交换，从而形成电磁振荡。由于能量没有损失，所以振荡的幅度始终不会下降。

需要指出的是：二阶电路应含有两个独立的储能元件（如果两个元件同是电容，则两个电容不能并联或串联或在电路中与电压源构成回路，若两个元件同是电感，则两个电感不能并联或串联或在电路中与电流源构成割集，否则，仍属一阶电路）；电路过渡过程随时间的衰减规律取决于特征根，但特征根仅仅取决于电路的结构与电路参数，而与初始条件和激励的大小没有关系。

【例 9-13】 电路如图 9-49 所示，已知元件参数 $R = 600\Omega$，$L = 1H$，$C = 20\mu F$，$u_C(0_-) = 0V$，$i_L(0_-) = 6A$，$t = 0$ 时合上开关，试求 u_C 和 i_L。

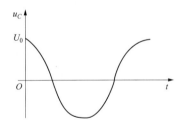

图 9-48　无阻尼振荡响应波形

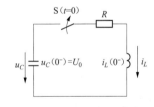

图 9-49　［例 9-13］图

解　因为

$$2\sqrt{\frac{L}{C}} = 2\sqrt{\frac{1}{20 \times 10^{-6}}} = 425 < R$$

因此是具有非振荡的放电过程的过阻尼响应。

根据式（9-37）可得

$$s_1 = -100,\quad s_2 = -500$$

根据初始条件，得

$$u_C(0_+) = u_C(0_-) = U_0,\quad \frac{du_C}{dt}\bigg|_{t=0_+} = CA_1 s_1 + CA_2 s_2 = -6$$

解得

$$A_1 = -750\text{V} \quad A_2 = 750\text{V}$$

代入式（9-39）得

$$u_C(t) = (-750\text{e}^{-100t} + 750\text{e}^{-500t})\text{V}$$

根据电容伏安约束关系得

$$i_L(t) = -C\frac{\mathrm{d}u_C(t)}{\mathrm{d}t} = (-1.5\text{e}^{-100t} + 7.5\text{e}^{-500t})\text{A}$$

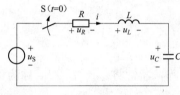

图 9-50　RLC 零状态响应/全响应

9.6.2　二阶电路的零状态响应和全响应

如图 9-50 所示 RLC 串联电路，设电容已经充电 $u_C(0_-) = U_0$（当 $U_0 = 0$ 对应零状态响应），$i_L(0_-) = I_0$。

根据 KVL、元件约束关系可得

$$LC\frac{\mathrm{d}^2 u_C}{\mathrm{d}t^2} + RC\frac{\mathrm{d}u_C}{\mathrm{d}t} + u_C = U_S \tag{9-40}$$

这是一个二阶非齐次微分方程，其完全解是相应齐次微分方程的通解 u_C' 和非齐次微分方程的特解 u_C'' 组成，即

$$u_C = u_C' + u_C''$$

根据换路定理获得初始条件

$$u_C(0_+) = u_C(0_-)$$

$$U_C'(0_+) = \frac{i_L(0_+)}{C}$$

式（9-40）的具体求解可以参考前面章节零状态响应的求解过程。

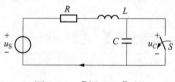

图 9-51　[例 9-14] 图

【例 9-14】　如图 9-51 所示，$R = 10\Omega$，$C = 2\mu\text{F}$，$L = 0.5\text{mH}$，$U_S = 100\text{V}$，电路处于稳定状态，在 $t = 0$ 时刻开关 S 打开，求 $t \geqslant 0$ 时，电容两端电压的表达式。

解　据 KVL、元件约束关系可得式（9-40），进一步求解得

$$u_C'' = U_S = 100\text{V}$$

$$s_{1,2} = -\frac{R}{2L} \pm \sqrt{\frac{R^2}{2L} - \frac{1}{LC}} = -10^4 \pm \mathrm{j}3 \times 10^4$$

因为特征根是共轭复根，可得

$$u_C' = A\text{e}^{-10^4 t}\sin(3 \times 10^4 t + \beta)$$

所以

$$u_C = 100 + A\text{e}^{-10^4 t}\sin(3 \times 10^4 t + \beta)$$

根据初始条件可得

$$u_C(0_+) = u_C(0_-) = 0$$

$$\frac{\mathrm{d}u_C}{\mathrm{d}t}\bigg|_{t=0_+} = \frac{i(0_+)}{C} = \frac{i(0_-)}{C} = \frac{U_S}{RC} = 5 \times 10^6$$

整理得

$$100 + A\sin\beta = 0$$

$$-10^4 A\sin\beta + 3 \times 10^4 A\cos\beta = 5 \times 10^6$$

进一步解得

$$A = 167 \quad \beta = -36.9°$$
$$u_C = 100 + 167e^{-10^4 t}\sin(3 \times 10^4 t - 36.9°)$$

电路动态过程的时域分析法用于解简单的一阶、二阶电路很方便，但对于较复杂的电路，用经典法求解时有许多积分常数有待确定，联立求解比较麻烦。当电路的激励不是直流或正弦交流时，微分方程的特解也不易求得，因此常借助于拉普拉斯变换方法进行求解，关于拉普拉斯求解方法的简单知识，感兴趣的读者可参看本书附录 B 的介绍。

思 考 题

电路如图 9-52 所示，$C = 0.25\text{F}$，$L = 0.5\text{H}$，$R = 3\Omega$，$u_C(0) = 2\text{V}$，$i_L(0) = 1\text{A}$，$t \geqslant 0$ 时，$u_S(t) = 0\text{V}$，试求 $t \geqslant 0$ 时 u_C 和 i_L。

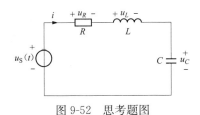

图 9-52　思考题图

应用小知识

在工业领域的许多应用中，高压电火花加工方法在工件焊接或消除锈蚀时经常应用。图 9-53 所示为高压电火花加工电路的原理图。图中 a 为工具电极，b 为被加工的工件。利用二阶 RLC 电路的暂态过程，可以使电容 C 被充电至高压而后迅速放电，形成电脉冲。

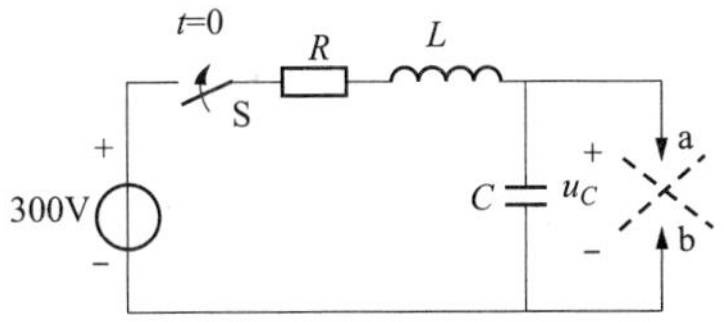

图 9-53　高压电火花加工电路原理图

电路的工作原理是：当开关 S 闭合后，电源对电容充电，当电容电压达到工具电极和金属工件之间绝缘介质的击穿电压时（或电容电压达最大值），此时电容瞬间放电，在 a、b 间产生电火花，电容电压快速降至零，然后 a、b 间的介质又恢复绝缘性，把放电电流切断。当电源再对电容充电时，则会重复上述过程（即周期进行），直至加工结束。

本 章 小 结

(1) 电感和电容具有储能作用，称为储能元件。当储能元件所在的电路发生换路时，电路由原稳态转变到新稳态一般需要一个过程，这个过程称为电路的过渡过程，又称动态过程。当电容电流和电感电压为有限值时，在电路的过渡过程中储能元件的能量不能突变，也即电容电压和电感电流不能突变，在换路时刻，满足换路定律。换路定律表示为

$$u_C(0_+) = u_C(0_-) \text{ 和 } i_L(0_+) = i_L(0_-)$$

(2) 电路的过渡过程可以分为零输入响应、零状态响应和全响应。若电路的外部输入信

号为零或无外加激励情况，仅由电路中储能元件上的初始状态所得的响应称为零输入响应。若电路中储能元件上的初始储能状态为零（即零状态），仅在外部输入信号或外加激励下，电路中的响应称为零状态响应。既有外加激励电源，同时又有初始储能（初始条件不为零）的一阶电路的响应，称为全响应。

（3）分析电路的过渡过程，其经典的求解方法实际上是列写、求解微分方程的过程。对于一阶电路（只含有一个储能元件）的求解，方法一是直接用数学方法求解微分方程；方法二是采用三要素法，当外加激励为直流时，其解可表示为 $y(t)=y(\infty)+[y(0_+)-y(\infty)]e^{-\frac{t}{\tau}}$；当外加激励为正弦电源时，其解可表示为 $y(t)=y_s(t)+[y(0_+)-y_s(0_+)]e^{-\frac{t}{\tau}}$。公式的第一部分为稳态分量，第二部分为暂态分量。此式还可写成零输入响应与零状态响应相加的形式，即 $y(t)=y(0_+)e^{-\frac{t}{\tau}}+y(\infty)(1-e^{-\frac{t}{\tau}})$，这是叠加定理在线性动态电路中的体现。它表明，电路的全响应可以通过分别求零输入响应和零状态响应，然后叠加而得到。

（4）三要素法的关键是三个要素的求法。

1）初始值。初始值 $y(0_+)$ 分两类，一类是独立初始值 $u_C(0_+)$ 和 $i_L(0_+)$，可由换路定理求得；另一类是非独立初始值即除 $u_C(0_+)$、$i_L(0_+)$ 以外的其他响应的初始值，要画出在 $t=0_+$ 的等效电路（电容用电压为 $u_C(0_+)$ 的电压源代替，电感用电流为 $i_L(0_+)$ 的电流源代替），用直流电路的方法求得电路中的非独立初始值。

2）稳态分量。稳态分量 $y(\infty)$ 应在 $t=\infty$ 的等效电路中去求（对于直流激励下的稳态电路，电容相当于开路，电感相当于短路）。

3）时间常数。时间常数应在换路后的电路中去求。RC 串联电路的时间常数为 $\tau=RC$，RL 串联电路的时间常数为 $\tau=L/R$。对于复杂电路的时间常数，只要求出以储能元件为端口的有源二端网络的戴维南等效电阻 R，则 $\tau=RC$ 或 $\tau=L/R$。

（5）过渡过程的长短取决于时间常数 τ，τ 越大过程越长，反之越短。工程上过渡过程一般取 $3\tau\sim5\tau$。改变时间常数，可方便地控制过程的长短。

（6）含有两个独立储能元件的电路称为二阶电路。根据特征根的不同，其响应分为过阻尼、欠阻尼、临界阻尼和无阻尼响应。对于 RLC 串联电路，当 $R>2\sqrt{\dfrac{L}{C}}$ 时，形成非振荡的放电过程，电容电压单调下降，称为过阻尼响应；当 $R<2\sqrt{\dfrac{L}{C}}$ 时，形成衰减振荡过程，电容电压是一个振幅按指数规律衰减的正弦函数，称为欠阻尼响应；当 $R=2\sqrt{\dfrac{L}{C}}$ 时，仍形成非振荡过程，但是，它正好是振荡和非振荡之间的分界点，是非振荡的极限情况，称为临界阻尼响应；当 $\delta=0$ 时，形成等幅振荡的过程，称为无阻尼响应。

习　　题

1. 已知图 9-54 所示电路 $U_i=10V$，$R_1=6\Omega$，$R_2=4\Omega$，$R_3=2\Omega$，开关 S 闭合前电路已处于稳定状态，当 $t=0$ 时开关 S 闭合。试求 $t=0_+$ 时各支路的电流及元件两端的电压。

2. 已知图 9-55 所示电路，开关闭合前电路已处于稳定状态，当 $t=0$ 时开关闭合。试求 $t=\infty$ 时电容两端的电压和电路总电流。

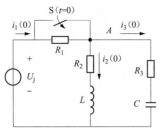

图 9-54　题 1 图

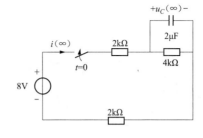
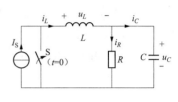

图 9-55　题 2 图

3. 已知图 9-56 所示电路，已知 $I_S=6\text{V}$，$R=2\Omega$。开关闭合前电路已处于稳定状态，当 $t=0$ 时开关闭合。试求 $i_R(0_+)$、$u_L(0_+)$、$i_C(0_+)$ 和 $i_L(0_+)$。

4. 已知图 9-57 所示电路，开关闭合前电路已处于稳定状态，当 $t=0$ 时开关闭合。试求换路后电路的时间常数。

5. 已知图 9-58 所示电路，当 $t=0$ 时开关闭合。试求 $u_L(t)$、$i(t)$ 和 $i_L(t)$。

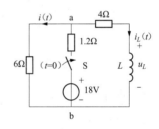

图 9-56　题 3 图

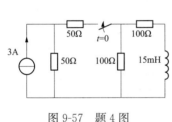

图 9-57　题 4 图　　　　　　　图 9-58　题 5 图

6. 已知图 9-59 所示电路，当 $t=0$ 时开关打开。试求 $u_C(t)$ 和电流源发出的功率。

7. 电路如图 9-60 所示，$U_S=24\text{V}$，$R_1=6\Omega$，$R_2=3\Omega$，$C=0.5\mu\text{F}$，开关 S 原来是打开的，电路已达到稳定状态，当 $t=0$ 时开关 S 闭合。试求开关 S 闭合后电容电压和各支路电流的变化规律。

8. 电路如图 9-61 所示，开关原来是打开的，电路已达到稳定状态，当 $t=0$ 时开关闭合。试求开关闭合后 i_L 和 u_L。

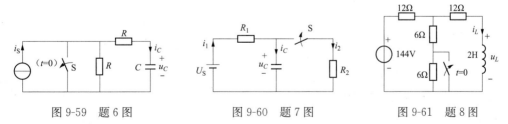

图 9-59　题 6 图　　　　　图 9-60　题 7 图　　　　　图 9-61　题 8 图

9. 电路如图 9-62 所示，$U_S=100\text{V}$，$R_1=6\Omega$，$R_2=4\Omega$，$L=2\text{H}$，当开关 S1 闭合后经 0.1s，开关 S2 闭合，试求开关 S2 闭合后电流 i 和电感元件两端的电压 u_L。

10. 电路如图 9-63 所示，开关打开以前电路已达到稳定，当 $t=0$ 时开关 S 打开。试求 $t\geqslant0$ 时，电容电压和电流。

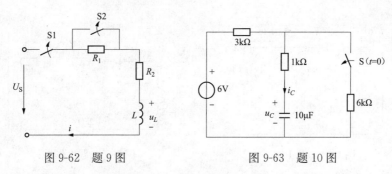

图 9-62　题 9 图　　　　　　　　图 9-63　题 10 图

11. 电路如图 9-64 所示，电路已达到稳定状态，当 $t=0$ 时开关从原来①处的闭合状态换到②处闭合。试求 $t \geqslant 0$ 时，u_C 和 u。

12. 电路如图 9-65 所示，已知 $i_L(0_-)=2A$。试求 $t \geqslant 0$ 时，电感电流 i_L 和电阻电流 i_1。

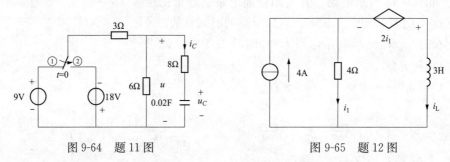

图 9-64　题 11 图　　　　　　　图 9-65　题 12 图

13. 电路如图 9-66 所示，已知 $E=12V$，$I_S=5A$，$R_1=2\Omega$，$R_2=3\Omega$，$L=2.5H$，电路原来处于 S1 打开、S2 闭合的稳态。当 $t=0$ 时，S1 闭合，S2 打开，试求 $t \geqslant 0$ 时，i_1、i_2 和 u_{ab}。

14. 电路如图 9-67 所示，已知 $i_L(0_-)=0A$，$R_1=6\Omega$，$R_2=4\Omega$，$L=100mH$。试求 $t \geqslant 0$ 时，电感电流 i_L 和电压 u_L。

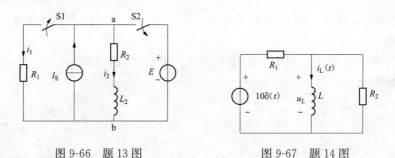

图 9-66　题 13 图　　　　　　　图 9-67　题 14 图

15. 电路如图 9-68 所示，已知 $U_S=6V$，$R_1=1\Omega$，$R_2=1\Omega$，$C=0.5F$，电路原来处于 S1 和 S2 打开状态，C 上无储能，当 $t=0s$ 时，仅 S1 闭合，当 $t=2s$ 时，S1 闭合不变，S2 闭合，试求 $t \geqslant 0$ 时 u_C。

16. 电路如图 9-69（a）所示，$R=1\Omega$，$L=1H$，电源 u_S 的波形如图 9-69（b）所示，试求 $t \geqslant 0$ 时，零状态响应 i。

17. 电路如图 9-70 所示，$e=3\sin(2t+30°)V$，$R_1=0.5\Omega$，$R_2=0.5\Omega$，$C=0.5F$，原电路稳定，$t=0$ 时，S 闭合。试求 $t \geqslant 0$ 时开关 S 中的过渡电流 i_K。

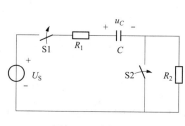

图 9-68　题 15 图

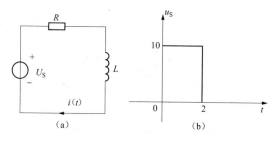

图 9-69　题 16 图

(a) 电路；(b) 电源 u_S

18. 电路如图 9-71 所示，$R_1=10\Omega$，$R_2=2\Omega$，$C=0.25$F，$L=2$H，开关 S 在位置 1 时电路已经稳定，$t=0$ 时，S 由 1 转换至 2 处。试求 $t\geqslant0$ 时，u_C 和 i_L。

19. 电路如图 9-72 所示，$i_L(0_-)=1.5$A，$L=0.5$H。试求 i_1、u_L 和 i_L。

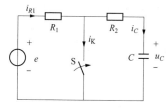

图 9-70　题 17 图

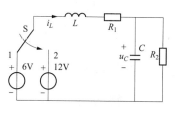

图 9-71　题 18 图

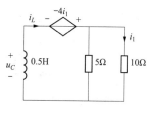

图 9-72　题 19 图

20. 电路如图 9-73 所示，已知元件参数 $R_L=1000\Omega$，$L=2$H，$C=1\mu$F，为了保证开关断开后回路中不产生振荡，试问与电容器串联的电阻 R_C 应取多大？

21. 电路如图 9-74 所示，已知元件参数 $R=600\Omega$，$L=1$H，$C=20\mu$F，$u_C(0_-)=4$V，$i_L(0_-)=0$A，$t=0$ 时合上开关，试求 u_C 和 i_L。

22. 电路如图 9-75 所示，$t=0$ 时开关接通 1，当 $t=30$ms 时开关接通 2，当 $t=48$ms 时开关再接通 3，试求三种状态下 u_C 和 i_C。

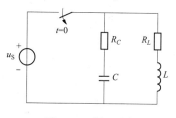

图 9-73　题 20 图

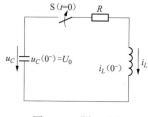

图 9-74　题 21 图

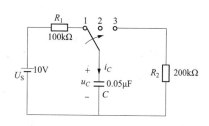

图 9-75　题 22 图

23. 电路如图 9-76 所示，已知电感电流的初始值 $i_L(0)=2$A，试求 u_L。

24. 电路如图 9-77 所示，试求开关闭合后 u_R。

25. 电路如图 9-78 所示，试求当 $R=10\Omega$ 时，判断 S 闭合后，u_C 变化的规律。若使 u_C 为衰减振荡，则 R 应取多大？

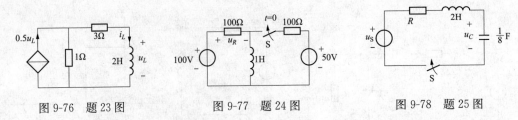

图 9-76　题 23 图　　　　　图 9-77　题 24 图　　　　　图 9-78　题 25 图

26. 电路如图 9-79 所示，当开关在 $t=0$ 时合上，则输出的零状态响应 $u_0 = (0.5 + 0.125\mathrm{e}^{-0.25t})\mathrm{V}$，若将 2F 电容换成 2H 电感，则输出的零状态响应 u_0 又为何值？

27. 电路如图 9-80 所示，激励在 $t=0$ 时施加，已知 $u_C(0)=0\mathrm{V}$，求 u_C。

28. 电路如图 9-81 所示，在 $t=0$ 时开关闭合，求 i_L 和直流电压源发出的功率。

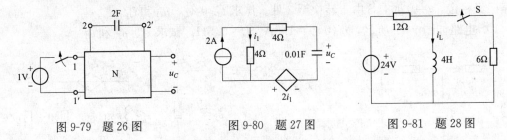

图 9-79　题 26 图　　　　　图 9-80　题 27 图　　　　　图 9-81　题 28 图

29. 电路如图 9-82 所示，电路开关原合在位置 1，已达稳态，在 $t=0$ 时开关由位置 1 合向位置 2，求 u_C。

30. 电路如图 9-83 所示，电路开关原合在位置 1，已达稳态，在 $t=0$ 时开关由位置 1 合向位置 2，求 u_L。

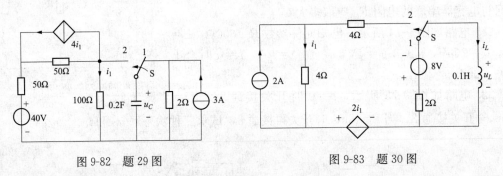

图 9-82　题 29 图　　　　　　　图 9-83　题 30 图

31. 电路如图 9-84 所示，电路开关原合在位置 1，已达稳态，在 $t=0$ 时开关由位置 1 合向位置 2，求 i_L。

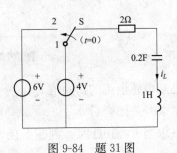

图 9-84　题 31 图

第 10 章 二 端 口 网 络

二端口网络在实际应用中有重要的作用。本章只研究线性内部不含独立源的二端口网络，二端口网络可连接激励源与负载，对外部电路的特性表现在端口的电压、电流关系上。本章主要内容有：二端口网络的概念；二端口的网络参数；二端口网络的等效电路；二端口网络的连接；多端元件。

学习重点

深刻理解二端口网络的概念；正确理解二端口各种网络参数的物理意义；掌握一般二端口网络的常见参数计算和等效电路；会分析复合二端口网络及其各种参数的计算；了解二端口网络的连接；会分析含有理想运算放大器和回转器的简单电路。

10.1 二端口网络的概念

研究二端口网络有其现实意义，对有些大型复杂的网络，例如集成电路，其内部结构及元件的特性是无法完全知道或难以确定的，而通常应用的仅局限于该网络的端口的电压、电流及其伏安方程所描述的特性，即外特性。也就是说，只需要对网络的端口进行分析和测试，并建立等效电路，不去研究网络内部结构和参数，这就成为讨论端口网络的专题。二端口网络在工程中应用广泛，例如互感器、变压器、晶体管放大器、滤波网络，通信网络的通话端与受话端等，当不研究内部形状时，都属于二端口网络。本章只讨论二端口网络的分析方法，其分析问题的思路和方法很容易推广到一般的多端口网络。

电网络是由电路元件按一定的方式连接而成的，通常又以一个端口或两个端口对外连接。一个端口对应两个端子，两个端口对应四个端子。如图 10-1 所示的电路网络，称为四端网络，该结构网络具有四个向外输出的端子，即 1、1′、2 和 2′。四端网络应用非常广泛，例如工程上经常用到的传输线、变压器、晶体管放大器、滤波器等。1、1′、2 和 2′这四个端子与外电路可以任意连接，设网络的两个端子 1、1′与外加正弦电源相连接时，该端称为输入端（或入口），电流 i_1 和电压 u_1 分别称为入口电流和入口电压；另两个端子 2、2′与负载相连接，该端称为输出端（或出口），电流 i_2 和电压 u_2 分别称为出口电流和出口电压。

对于图 10-1，根据电路基尔霍夫电流定律，有

$$i_1 + i_1' + i_2 + i_2' = 0$$

若 $i_1 = -i_1'$ 和 $i_2 = -i_2'$ 同时成立，即对每个端口而言，从一个端子流入的电流恒等于另一个端子的流出电流，这便是端口条件。只有两个端口都满足端口

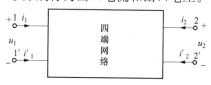

图 10-1 四端网络

条件的四端网络，则称这类四端网络为二端口网络。二端口网络表明通过端子 1 流入网络的电流等于从端子 1′离开网络的电流，通过端子 2 流入网络的电流等于从端子 2′离开网络的电流。显然，二端口网络是四端网络的特殊情形，即二端口网络一定是四端网络，但四端网络

不一定是二端口网络。当二端口网络的内部不含有独立电源时，称为无源二端口网络。如果组成双口网络的所有元件都是线性元件，则称这一网络是线性的。

本章仅讨论在正弦稳态工作下的二端口网络是由线性的电阻、电感（包括耦合电感）、电容和线性受控源所组成的无源线性二端口网络的工作特性。

思 考 题

1. 能成为一个端口的条件是，从一个端子流入的电流必须等于另一个端子的流出电流，对吗？
2. 四端口网络能成为二端口网络的条件是什么？

10.2　二端口网络的方程与参数

二端口网络的端口特性可用入口电流、入口电压、出口电流和出口电压四个电路变量来描述。四个变量中任选两个量作为自变量（或已知量），另外两个量作为因变量（或待求量）共有六种可能的组合形式，所以表征二端口网络有六种不同参数。下面主要讨论常用的四种参数。

10.2.1　导纳 Y 参数

如图 10-2（a）所示，把入口端电压 $\dot{U}_1$ 和出口端电压用 $\dot{U}_2$ 都用独立的恒压源代替（这种替代是不会改变电路中各处的电流和电压的），并作为自变量。对于无源二端口网络，电流 $\dot{I}_1$ 和 $\dot{I}_2$ 是由电压 $\dot{U}_1$ 和 $\dot{U}_2$ 共同产生的，对于线性二端口网络，可以采用叠加原理进行求解，等效为图 10-2（b）和图 10-2（c）。

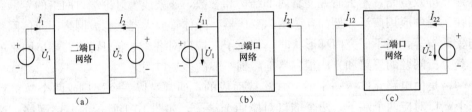

图 10-2　导纳参数二端口网络

(a) $\dot{U}_1$ 和 $\dot{U}_2$ 共同作用；(b) $\dot{U}_1$ 单独作用；(c) $\dot{U}_2$ 单独作用

根据线性电路的特点，对于图 10-2（b）可得

$$\begin{cases} \dot{I}_{11} = Y_{11}\dot{U}_1 \\ \dot{I}_{21} = Y_{21}\dot{U}_1 \end{cases} \tag{10-1}$$

对于图 10-2（c）可得

$$\begin{cases} \dot{I}_{22} = Y_{22}\dot{U}_2 \\ \dot{I}_{12} = Y_{12}\dot{U}_2 \end{cases} \tag{10-2}$$

由叠加原理

$$\dot{I}_1 = \dot{I}_{11} + \dot{I}_{12} = Y_{11}\dot{U}_1 + Y_{12}\dot{U}_2$$

$$\dot{I}_2 = \dot{I}_{22} + \dot{I}_{21} = Y_{22}\dot{U}_2 + Y_{21}\dot{U}_1$$

整理为矩阵式

$$\begin{bmatrix} \dot{I}_1 \\ \dot{I}_2 \end{bmatrix} = \begin{bmatrix} Y_{11} & Y_{12} \\ Y_{21} & Y_{22} \end{bmatrix} \begin{bmatrix} \dot{U}_1 \\ \dot{U}_2 \end{bmatrix} \qquad (10\text{-}3)$$

式（10-3）称为二端口网络的导纳参数方程。其中 Y_{11}、Y_{12}、Y_{21} 和 Y_{22} 称为二端口网络的导纳参数，记为 Y。从式（10-3）容易发现，导纳参数 Y 是仅由网络本身结构、元件参数及电源的频率所决定，当网络一旦给定，导纳参数 Y 随即确定，与外加电源的大小无关。导纳参数 Y 的各参数求解如下。

由式（10-1）得：

入口的输入导纳为

$$Y_{11} = \frac{\dot{I}_{11}}{\dot{U}_1} = \left.\frac{\dot{I}_1}{\dot{U}_1}\right|_{\dot{U}_2=0}$$

出口对入口的转移导纳为

$$Y_{21} = \frac{\dot{I}_{21}}{\dot{U}_1} = \left.\frac{\dot{I}_2}{\dot{U}_1}\right|_{\dot{U}_2=0}$$

由式（10-2）得：

出口的输出导纳为

$$Y_{22} = \frac{\dot{I}_{22}}{\dot{U}_2} = \left.\frac{\dot{I}_2}{\dot{U}_2}\right|_{\dot{U}_1=0}$$

入口对出口的转移导纳为

$$Y_{12} = \frac{\dot{I}_{12}}{\dot{U}_2} = \left.\frac{\dot{I}_1}{\dot{U}_2}\right|_{\dot{U}_1=0}$$

可见 Y_{11} 和 Y_{21} 是在 $\dot{U}_2=0$（即短路）时的电路计算得到，Y_{12} 和 Y_{22} 是在 $\dot{U}_1=0$（即短路）的电路计算得到，因此导纳参数 Y 又称短路导纳参数。

若参数 $Y_{12}=Y_{21}$，则该二端口网络称为互易网络。可见，对于互易网络的导纳参数 Y 中，只有 Y_{11}、Y_{12}（或 Y_{21}）、Y_{22} 三个是独立的。

【例 10-1】　电路如图 10-3（a）所示，试求二端口网络的导纳参数 Y。

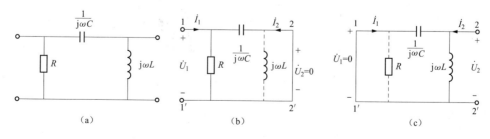

图 10-3　［例 10-1］图

（a）二端口网络电路；（b）$\dot{U}_2=0$ 的电路；（c）$\dot{U}_1=0$ 的电路

解　由题意可得

$$Y_{11} = \frac{\dot{I}_1}{\dot{U}_1}\bigg|_{\dot{U}_2=0} = \frac{1}{R} + j\omega C$$

$$Y_{12} = \frac{\dot{I}_1}{\dot{U}_2}\bigg|_{\dot{U}_1=0} = -j\omega C$$

$$Y_{21} = \frac{\dot{I}_2}{\dot{U}_1}\bigg|_{\dot{U}_2=0} = -j\omega C$$

$$Y_{22} = \frac{\dot{I}_2}{\dot{U}_2}\bigg|_{\dot{U}_1=0} = j\omega C + \frac{1}{j\omega L}$$

可见 $Y_{12} = Y_{21}$，则该二端口网络为互易网络。

10.2.2　阻抗 Z 参数

电路如图 10-4（a）所示，把入口端电流 $\dot{I}_1$ 和出口端电流用 $\dot{I}_2$ 都用独立的恒流源代替（这种替代是不会改变电路中各处的电流和电压的），并作为自变量。对于无源二端口网络，电压 $\dot{U}_1$ 和 $\dot{U}_2$ 是由电流 $\dot{I}_1$ 和 $\dot{I}_2$ 共同产生的，对于线性二端口网络，可以采用叠加原理进行求解，等效为图 10-4（b）和图 10-4（c）所示。

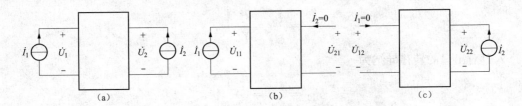

图 10-4　阻抗参数二端口网络

(a) $\dot{I}_1$ 和 $\dot{I}_2$ 共同作用；(b) $\dot{I}_1$ 单独作用；(c) $\dot{I}_2$ 单独作用

根据线性电路的特点，对于图 10-3（b）可得

$$\begin{cases} \dot{U}_{11} = Z_{11}\dot{I}_1 \\ \dot{U}_{21} = Z_{21}\dot{I}_1 \end{cases} \tag{10-4}$$

对于图 10-4（c）可得

$$\begin{cases} \dot{U}_{22} = Z_{22}\dot{I}_2 \\ \dot{U}_{12} = Z_{12}\dot{I}_2 \end{cases} \tag{10-5}$$

由叠加原理

$$\dot{U}_1 = \dot{U}_{11} + \dot{U}_{12} = Z_{11}\dot{I}_1 + Z_{12}\dot{I}_2$$

$$\dot{U}_2 = \dot{U}_{22} + \dot{U}_{21} = Z_{22}\dot{I}_2 + Z_{21}\dot{I}_1$$

整理为矩阵式

$$\begin{bmatrix} \dot{U}_1 \\ \dot{U}_2 \end{bmatrix} = \begin{bmatrix} Z_{11} & Z_{12} \\ Y_{21} & Y_{22} \end{bmatrix} \begin{bmatrix} \dot{I}_1 \\ \dot{I}_2 \end{bmatrix} \tag{10-6}$$

式（10-6）称为二端口网络的阻抗参数方程，其中 Z_{11}、Z_{12}、Z_{21} 和 Z_{22} 称为二端口网络的阻抗参数，记为 Z。从式（10-6）容易发现，阻抗参数 Z 仅由网络本身结构、元件参数及电源的频率所决定，网络一旦给定，阻抗参数 Z 随即确定，与外加电源的大小无关。阻抗参数 Z 的各参数求解如下。

由式（10-4）得：

入口的输入阻抗为

$$Z_{11} = \frac{\dot{U}_{11}}{\dot{I}_1} = \left. \frac{\dot{U}_1}{\dot{I}_1} \right|_{i_2=0}$$

出口对入口的转移阻抗为

$$Z_{21} = \frac{\dot{U}_{21}}{\dot{I}_1} = \left. \frac{\dot{U}_2}{\dot{I}_1} \right|_{i_2=0}$$

由式（10-5）得：

出口的输出阻抗为

$$Z_{22} = \frac{\dot{U}_{22}}{\dot{I}_2} = \left. \frac{\dot{U}_2}{\dot{I}_2} \right|_{i_1=0}$$

入口对出口的转移阻抗为

$$Z_{12} = \frac{\dot{U}_{12}}{\dot{I}_2} = \left. \frac{\dot{U}_1}{\dot{I}_2} \right|_{i_1=0}$$

可见 Z_{11} 和 Z_{21} 是在 $\dot{I}_2$（即开路）时的电路计算得到，Z_{12} 和 Z_{22} 是在 $\dot{I}_1=0$（即开路）时的电路计算得到，因此阻抗参数 Z 又称开路阻抗参数。

若参数 $Z_{12}=Z_{21}$，则该二端口网络称为互易网络。可见，对于互易网络的阻抗参数 Z 中，只有 Z_{11}、Z_{12}（或 Z_{21}）、Z_{22} 三个是独立的。

其实通过对式（10-3）进行整理，也可求解出阻抗参数 Z；也可以通过对式（10-6）进行整理，求解出导纳参数 Y，这里不赘述，读者可自己求解。需要注意的是，在整理换算时，$Z_{11} \neq \dfrac{1}{Y_{11}}$、$Z_{22} \neq \dfrac{1}{Y_{22}}$、$Z_{12} \neq \dfrac{1}{Y_{12}}$、$Z_{21} \neq \dfrac{1}{Y_{21}}$。

【例 10-2】 电路如图 10-5（a）所示，已知 $\mu=1/60$，试求二端口网络的阻抗参数 Z。

解 设图 10-5（b）中的 $\dot{I}_1=1\text{A}$，则根据 KVL 得

$$\dot{U}_2 = 30(1 - \mu\dot{U}_2) = 20(\text{V})$$

$$\dot{U}_1 = 10 \times 1 + (30+30)(1 - \mu\dot{U}_2) = 50(\text{V})$$

则

$$Z_{11} = \frac{\dot{U}_1}{\dot{I}_1} = 50(\Omega)$$

$$Z_{21} = \frac{\dot{U}_2}{\dot{I}_1} = 20(\Omega)$$

设图 10-5（c）中的 $\dot{I}_2 = 1A$，则根据 KVL 得

$$\dot{U}_2 = 30(1 - \mu\dot{U}_2) = 20(V)$$

$$\dot{U}_1 = 30(-\mu\dot{U}_2) + \dot{U}_2 = 10(V)$$

则

$$Z_{22} = \frac{\dot{U}_2}{\dot{I}_2} = 20(\Omega)$$

$$Z_{12} = \frac{\dot{U}_1}{\dot{I}_2} = 10(\Omega)$$

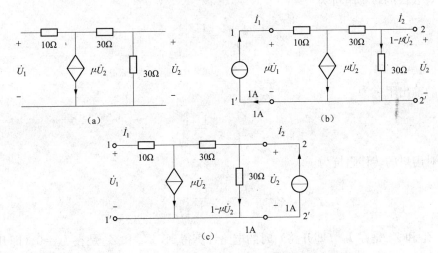

图 10-5　[例 10-2] 的图

（a）二端口网络电路；（b）$\dot{I}_2 = 0$ 的电路；（c）$\dot{I}_1 = 0$ 的电路

10.2.3　混合 *H* 参数

如果选用二端口网络的 $\dot{I}_1$ 和 $\dot{U}_2$ 作为自变量来表示因变量 $\dot{I}_2$ 和 $\dot{U}_1$，此时二端口网络的特性参数，称为混合参数。

由式（10-3）整理得

$$\dot{U}_1 = \frac{1}{Y_{11}}\dot{I}_1 - \frac{Y_{12}}{Y_{11}}\dot{U}_2$$

$$\dot{I}_2 = Y_{21}\left(\frac{1}{Y_{11}}\dot{I}_1 - \frac{Y_{12}}{Y_{11}}\dot{U}_2\right) + Y_{22}\dot{U}_2 = \frac{Y_{21}}{Y_{11}}\dot{I}_1 - \frac{Y_{12}Y_{21}}{Y_{11}}\dot{U}_2 + Y_{22}\dot{U}_2 = \frac{Y_{21}}{Y_{11}}\dot{I}_1 + \frac{\Delta Y}{Y_{11}}\dot{U}_2$$

其中

$$\Delta Y = Y_{11}Y_{22} - Y_{12}Y_{21}$$

同时，令

$$\frac{1}{Y_{11}} = H_{11}, \quad -\frac{1_{12}}{Y_{11}} = H_{12}, \quad \frac{Y_{21}}{Y_{11}} = H_{21}, \quad \frac{\Delta Y}{Y_{11}} = H_{22}$$

则有

$$\dot{U}_1 = H_{11}\dot{I}_1 + H_{12}\dot{U}_2$$

$$\dot{I}_2 = H_{21}\dot{I}_1 + H_{22}\dot{U}_2$$

整理为矩阵式

$$\begin{bmatrix} \dot{U}_1 \\ \dot{I}_2 \end{bmatrix} = \begin{bmatrix} H_{11} & H_{12} \\ H_{21} & H_{22} \end{bmatrix} \begin{bmatrix} \dot{I}_1 \\ \dot{U}_2 \end{bmatrix} \tag{10-7}$$

式（10-7）称为二端口网络的混合参数方程，其中 H_{11}、H_{12}、H_{21} 和 H_{22} 称为二端口网络的混合参数，记为 H。

【例 10-3】 电路如图 10-6 所示，试求二端口网络的混合参数 H。

解 根据 KVL 得

$$\dot{U} = R_1\dot{I}_1$$

$$\dot{I}_2 = \beta\dot{I}_1 + \frac{1}{R_2}\dot{U}_2$$

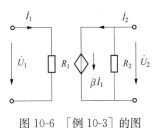

图 10-6 ［例 10-3］的图

整理得

$$\begin{bmatrix} \dot{U}_1 \\ \dot{I}_2 \end{bmatrix} = \begin{bmatrix} R_1 & 0 \\ \beta & \dfrac{1}{R_2} \end{bmatrix} \begin{bmatrix} \dot{I}_1 \\ \dot{U}_2 \end{bmatrix}$$

10.2.4 传输参数 A

如果选用二端口网络的 $-\dot{I}_2$ 和 $\dot{U}_2$ 作为自变量来表示因变量 $\dot{I}_1$ 和 $\dot{U}_1$，此时二端口网络的特性参数，称为传输参数。

由式（10-3）整理得

$$\dot{U}_1 = \frac{1}{Y_{21}}\dot{I}_2 - \frac{Y_{22}}{Y_{21}}\dot{U}_2 = -\frac{Y_{22}}{Y_{21}}U_2 + \frac{1}{Y_{21}}\dot{I}_2$$

$$\dot{I} = Y_{11}\left(-\frac{Y_{22}}{Y_{21}}\dot{U}_2 + \frac{1}{Y_{21}}\dot{I}_2\right) + Y_{12}\dot{U}_2 = \left(Y_{12} - \frac{Y_{11}Y_{22}}{Y_{21}}\right)\dot{U}_2 + \frac{Y_{11}}{Y_{21}}\dot{I}_2$$

令

$$-\frac{Y_{22}}{Y_{21}} = A_{11}, \ -\frac{1}{Y_{21}} = A_{12}, \ Y_{12} - \frac{Y_{11}Y_{22}}{Y_{21}} = A_{21}, \ -\frac{Y_{11}}{Y_{21}} = A_{22}$$

则有

$$\dot{U}_1 = A_{11}\dot{U}_2 + A_{12}(-\dot{I}_2)$$

$$\dot{I}_1 = A_{21}\dot{U}_2 + A_{22}(-\dot{I}_2)$$

矩阵形式为

$$\begin{bmatrix} \dot{U}_1 \\ \dot{I}_1 \end{bmatrix} = \begin{bmatrix} A_{11} & A_{12} \\ A_{21} & A_{22} \end{bmatrix} \begin{bmatrix} \dot{U}_2 \\ -\dot{I}_2 \end{bmatrix} \tag{10-8}$$

式（10-8）称为二端口网络的传输参数方程。其中 A_{11}、A_{12}、A_{21} 和 A_{22} 称为二端口网络的传输参数，记为 A。

【例 10-4】 电路如图 10-7 所示，试求二端口网络的传输参数 A。

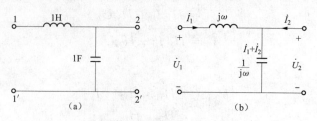

图 10-7 ［例 10-4］图

（a）二端口网络电路；（b）相量模型

解 根据 KVL 得

$$\left(j\omega + \frac{1}{j\omega}\right)\dot{I}_1 + \frac{1}{j\omega}\dot{I}_2 = \dot{U}_1$$

$$\frac{1}{j\omega}\dot{I}_1 + \frac{1}{j\omega}\dot{I}_2 = \dot{U}_2$$

整理得

$$A = \begin{bmatrix} -\omega^2 + 1 & j\omega \\ j\omega & 1 \end{bmatrix}$$

 思 考 题

1. 对于任何二端口网络，其导纳参数必然存在吗？

2. 对于任何二端口网络，其阻抗参数必然存在吗？

3. 若二端口网络阻抗参数存在，则其导纳参数必然存在？

4. 若一二端口网络的方程 $\begin{cases} \dot{U}_1 = 2\dot{I}_1 + 3\dot{U}_2 \\ \dot{I}_2 = 4\dot{I}_1 + 5\dot{U}_2 \end{cases}$，则 $\begin{bmatrix} 2 & 3 \\ 4 & 5 \end{bmatrix}$ 是什么参数？

5. 若一理想变压器的方程 $\begin{cases} \dot{U}_1 = n\dot{U}_2 \\ \dot{I}_1 = -\dfrac{1}{n}\dot{I}_2 \end{cases}$，则其传输参数为多少？

10.3 二端口网络的等效电路

对有些大型复杂的网络，例如集成电路，其内部结构及元件的特性是无法完全知道或难以确定的，只需要对网络的端口进行分析和测试，并建立等效电路，不去研究网络内部结构和参数。等效变换是网络分析的最主要的方法之一，与一端口网络等效相似，当两个二端口网络具有相同的端口伏安特性时，这两个二端口网络等效。对于互易二端口网络的每种参数的四个分量中，只有三个是独立的。因此，可用三个元件的等效电路来代替它。由于三个元件组成的二端口网络只有 Ⅱ 型和 T 型两种网络形式。通常，只要知道二端口网络的端口伏安特性，就可以给出该二端口网络的等效电路。如图 10-8 给出的就是二端口网络两种最基本的 Ⅱ 型和 T 型等效网络。

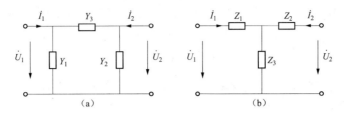

图 10-8　互易二端口网络

(a) Π 型等效网络；(b) T 型等效网络

下面分别研究这两种等效网络的三个元件参数与二端口网络参数之间的关系。

对于图 10-8（a）所示的 Π 型网络，根据 KCL 得

$$\left.\begin{aligned}\dot{I}_1 &= Y_1\dot{U}_1 + Y_3(\dot{U}_1 - \dot{U}_2) = (Y_1 + Y_3)\dot{U}_1 - Y_3\dot{U}_2\\\dot{I}_2 &= Y_2\dot{U}_2 + Y_3(\dot{U}_2 - \dot{U}_1) = -Y_3\dot{U}_1 + (Y_2 + Y_3)\dot{U}_2\end{aligned}\right\}\tag{10-9}$$

相应的导纳参数方程

$$\begin{bmatrix}\dot{I}_1\\\dot{I}_2\end{bmatrix} = \begin{bmatrix}Y_{11} & Y_{12}\\Y_{21} & Y_{22}\end{bmatrix}\begin{bmatrix}\dot{U}_1\\\dot{U}_2\end{bmatrix}\tag{10-10}$$

将式（10-10）中的两式看成两个互相分开的支路的节点 KCL 方程。其中，对于第一个式子可以将 $Y_{11}\dot{U}_1$ 看成是一条支路电流，$Y_{12}\dot{U}_2$ 看成是一条受控电流源；对于第二个式子可以将 $Y_{22}\dot{U}_2$ 看成是一条支路电流，$Y_{21}\dot{U}_1$ 看成是一条受控电流源。从而可得出与式（10-10）对应的等效受控源电路如图 10-9 所示。很明显，在这一等效电路中，输入电路和输出电路内各有一个受控源，代表输入、输出间的互相影响。

对比式（10-9）和式（10-10）可得

$$\left.\begin{aligned}Y_{11} &= Y_1 + Y_3\\Y_{22} &= Y_2 + Y_3\\Y_{12} &= Y_{21} = -Y_3\end{aligned}\right\}\tag{10-11}$$

将式（10-11）整理，也可得到

$$\left.\begin{aligned}Y_1 &= Y_{11} + Y_{12}\\Y_2 &= Y_{22} + Y_{12}\\Y_3 &= Y_{12} = -Y_{21}\end{aligned}\right\}\tag{10-12}$$

与式（10-12）对应的 Π 型等效导纳参数网络如图 10-10 所示。

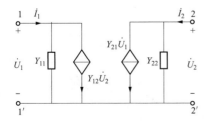

图 10-9　导纳参数方程等效受控源电路

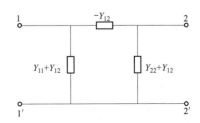

图 10-10　Π 型等效导纳参数网络

若 $Y_{11}=Y_{22}$，则 $Y_1=Y_2$，说明图 10-8（a）所示的 Π 型网络是对称的。

对于图 10-8（b）所示的 T 型网络，根据 KVL 得

$$\left.\begin{array}{l} \dot{U}_1 = Z_1\dot{I}_1 + Z_3(\dot{I}_1+\dot{I}_2) = (Z_1+Z_3)\dot{I}_1 + Z_3\dot{I}_2 \\ \dot{U}_2 = Z_2\dot{I}_2 + Z_3(\dot{I}_1+\dot{I}_2) = Z_3\dot{I}_2 + (Z_2+Z_3)\dot{I}_2 \end{array}\right\} \quad (10\text{-}13)$$

相应的阻抗参数方程

$$\begin{bmatrix} \dot{U}_1 \\ \dot{U}_2 \end{bmatrix} = \begin{bmatrix} Z_{11} & Z_{12} \\ Z_{21} & Z_{22} \end{bmatrix} \begin{bmatrix} \dot{I}_1 \\ \dot{I}_2 \end{bmatrix} \quad (10\text{-}14)$$

将式（10-14）中的两式看成两个互相分开的回路的 KVL 方程。其中，对于第一个式子可以将 $Z_{12}\dot{I}_2$ 看成受控电压源，而 Z_{11} 是回路的自阻抗，$\dot{I}_1$ 是回路的电流；对于第二个式子

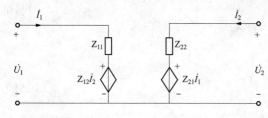

可以将 $Z_{21}\dot{I}_1$ 看成受控电压源，而 Z_{22} 是回路的自阻抗，$\dot{I}_2$ 是回路的电流。从而可得出与式（10-14）对应的等效受控源电路如图 10-11 所示。很明显，在这一等效电路中，输入电路和输出电路内各有一个受控源，代表输入、输出间的互相影响。

图 10-11　阻抗参数方程等效受控源电路

对比式（10-13）和式（10-14）可得

$$\left.\begin{array}{l} Z_{11} = Z_1+Z_3 \\ Z_{22} = Z_2+Z_3 \\ Z_{12} = Z_{21} = Z_3 \end{array}\right\} \quad (10\text{-}15)$$

将式（10-15）整理，也可得到

$$\left.\begin{array}{l} Z_1 = Z_{11}-Z_{12} \\ Z_2 = Z_{22}-Z_{12} \\ Z_3 = Z_{12}-Z_{21} \end{array}\right\} \quad (10\text{-}16)$$

与式（10-16）对应的 T 型等效阻抗参数网络如图 10-12 所示。

若 $Z_{11}=Z_{22}$，则 $Z_1=Z_2$，说明图 10-8（b）所示的 T 型网络是对称的。

【例 10-5】　如图 10-13 所示网络的开路阻抗参数 Z，并用这些参数求出该二端口网络的 T 型等效网络。

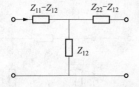

图 10-12　T 型等效阻抗参数网络

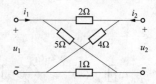

图 10-13　[例 10-5] 图

解　根据前面的开路阻抗参数 Z 求解方法，得

$$Z_{11} = \left.\frac{\dot{U}_1}{\dot{I}_1}\right|_{\dot{I}_2=0} = \frac{(2+4)\times(5+1)}{(2+4)+(5+1)} = 3\,(\Omega)$$

$$Z_{21} = \left. \frac{\dot{U}_2}{\dot{I}_1} \right|_{i_2=0} = \left. \frac{\frac{\dot{I}_1}{2} \times 4 - \frac{\dot{I}_1}{2} \times 1}{\dot{I}_1} \right|_{i_2=0} = 1.5(\Omega)$$

$$Z_{12} = \left. \frac{\dot{U}_1}{\dot{I}_2} \right|_{i_1=0} = \left. \frac{\frac{4+1}{2+5+4+1} \times \dot{I}_2 \times 5 - \frac{2+5}{2+5+4+1} \times \dot{I}_2 \times 1}{\dot{I}_2} \right|_{i_2=0} = 1.5(\Omega)$$

$$Z_{22} = \left. \frac{\dot{U}_2}{\dot{I}_2} \right|_{i_1=0} = \frac{(2+5) \times (4+1)}{(2+5) + (4+1)} = \frac{35}{12}(\Omega)$$

T 型等效阻抗参数网络如图 10-14 所示。

根据图 10-12 所示的 T 型等效阻抗参数网络结构，可得

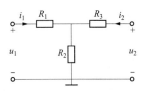

图 10-14　T 型等效阻抗参数网络

$$Z = \begin{bmatrix} R_1 + R_2 & R_2 \\ R_2 & R_2 + R_3 \end{bmatrix}$$

解得

$$R_1 = R_2 = 1.5\Omega, \quad R_3 = \frac{17}{12}\Omega$$

思　考　题

1. 如图 10-15 所示等效阻抗参数网络，试求二次电流的控制电压源的表达式。

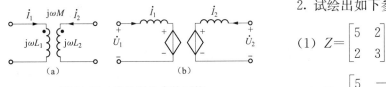

图 10-15　等效阻抗参数网络

（a）耦合电感；（b）等效电路

2. 试绘出如下参数对应的两种等效电路。

(1) $Z = \begin{bmatrix} 5 & 2 \\ 2 & 3 \end{bmatrix}$

(2) $Y = \begin{bmatrix} 5 & -2 \\ 0 & 3 \end{bmatrix}$

10.4　二端口网络的连接

对于一个结构比较复杂的二端口网络，要直接算出它的参数比较麻烦，通常把其看成是几个比较简单的二端口网络的复合，通过求解比较简单的二端口网络的参数，从而算出结构比较复杂的二端口网络的参数。二端口网络常见的连接方法有级联、串联和并联。计算复合二端口网络的参数时，为便于计算，针对不同的连接方式则应采用相应的网络参数。下面针对级联、串联和并联三种方式，分别采用传输参数、阻抗参数和导纳参数进行分析。

10.4.1　级联

二端口网络的级联是把前一个二端口网络的输出端口和下一个二端口网络的输入端口连接起来，如图 10-16 所示，是一个二级级联的二端口网络。分析级联的二端口网络

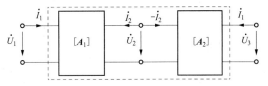

图 10-16　复合二端口网络的级联

时，采用传输参数分析最方便。

设第一个二端口网络传输参数 $[A_1]$，则传输方程的矩阵形式为

$$\begin{bmatrix} \dot{U}_1 \\ \dot{I}_1 \end{bmatrix} = [A_1] \begin{bmatrix} \dot{U}_2 \\ -\dot{I}_2 \end{bmatrix}$$

设第二个二端口网络传输参数 $[A_2]$，则传输方程的矩阵形式为

$$\begin{bmatrix} \dot{U}_2 \\ -\dot{I}_1 \end{bmatrix} = [A_2] \begin{bmatrix} \dot{U}_3 \\ -\dot{I}_3 \end{bmatrix}$$

合并整理得

$$\begin{bmatrix} \dot{U}_1 \\ \dot{I}_1 \end{bmatrix} = [A_1][A_2] \begin{bmatrix} \dot{U}_3 \\ -\dot{I}_3 \end{bmatrix} = [A] \begin{bmatrix} \dot{U}_3 \\ -\dot{I}_3 \end{bmatrix}$$

因此，图 10-16 的复合二端口网络的传输参数 $[A]$ 为

$$[A] = [A_1][A_2] \tag{10-17}$$

可以得到，当两个二端口网络级联连接时，级联后复合二端口网络的传输矩阵等于被级联的两个二端口网络传输矩阵之积。这个结论可以推广到多个二端口网络级联的情况，即设 N 个二端口网络级联时，级联后复合二端口网络的传输参数 $[A]$，等于被级联的各个二端口网络传输矩阵之积。

10.4.2 串联

图 10-17 所示是一个二级串联的二端口网络，即二端口网络的输入端口和输出端口分别串联，分析串联的二端口网络时，采用阻抗参数分析最方便。

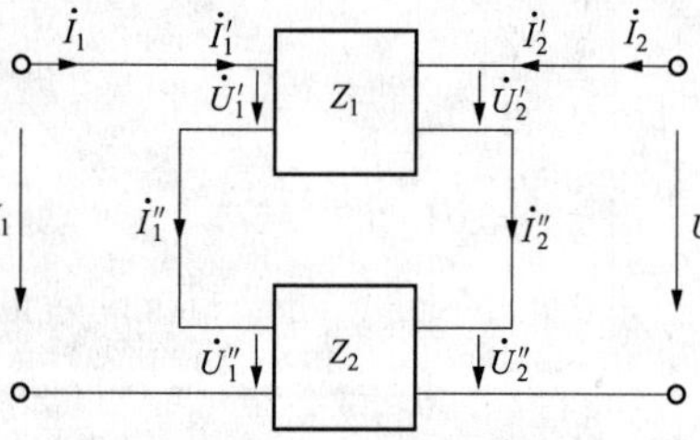

图 10-17 二端口网络的串联

设第一个二端口网络阻抗参数 $[Z_1]$，则阻抗方程的矩阵形式为

$$\begin{bmatrix} \dot{U}_1' \\ \dot{U}_2' \end{bmatrix} = [Z_1] \begin{bmatrix} \dot{I}_1' \\ \dot{I}_2' \end{bmatrix}$$

设第二个二端口网络阻抗参数 $[Z_2]$，则阻抗方程的矩阵形式为

$$\begin{bmatrix} \dot{U}_1'' \\ \dot{U}_2'' \end{bmatrix} = [Z_2] \begin{bmatrix} \dot{I}_1'' \\ \dot{I}_2'' \end{bmatrix}$$

从串联的结构，可得串联的二端口网络的电流和电压的关系满足

$$\dot{U}_1 = \dot{U}_1' + \dot{U}_1'' \quad \dot{U}_2 = \dot{U}_2' + \dot{U}_2''$$

$$\dot{I}_1 = \dot{I}_1' + \dot{I}_1'' \quad \dot{I}_2 = \dot{I}_2' + \dot{I}_2''$$

整理可得

$$\begin{bmatrix} \dot{U}_1 \\ \dot{U}_2 \end{bmatrix} = [Z_1] \begin{bmatrix} \dot{I}_1' \\ \dot{I}_2' \end{bmatrix} + [Z_2] \begin{bmatrix} \dot{I}_1'' \\ \dot{I}_2'' \end{bmatrix} = [Z] \begin{bmatrix} \dot{I}_1 \\ \dot{I}_2 \end{bmatrix}$$

因此

$$[Z]=[Z_1]+[Z_2] \tag{10-18}$$

可以得到，当两个二端口网络串联连接时，串联后复合二端口网络的阻抗矩阵等于被串联的两个二端口网络阻抗矩阵之和。这个结论可以推广到多个二端口网络串联的情况，即设 N 个二端口网络串联时，串联后复合二端口网络的阻抗参数 $[Z]$，等于被串联的各个二端口网络阻抗矩阵之和。

10.4.3　并联

图 10-18 所示是一个二级并联的二端口网络，即二端口网络的输入端口和输出端口分别并联。分析并联的二端口网络时，采用导纳参数分析最方便。

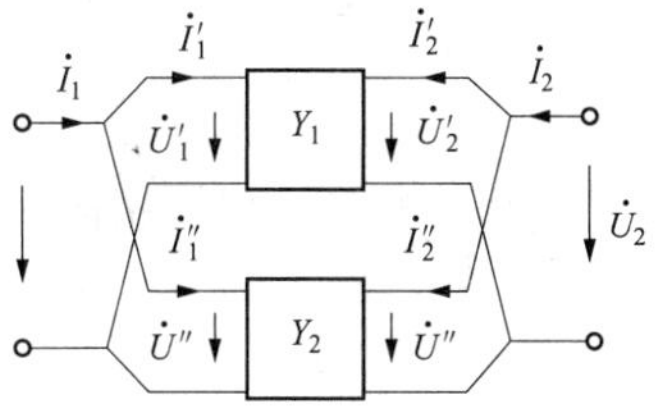

设第一个二端口网络导纳参数 $[Y_1]$，则导纳方程的矩阵形式为

图 10-18　二端口网络的并联

$$\begin{bmatrix} \dot{I}'_1 \\ \dot{I}'_2 \end{bmatrix} = [Y_1] \begin{bmatrix} \dot{U}'_1 \\ \dot{U}'_2 \end{bmatrix}$$

设第一个二端口网络导纳参数 $[Y_2]$，则导纳方程的矩阵形式为

$$\begin{bmatrix} \dot{I}''_1 \\ \dot{I}''_2 \end{bmatrix} = [Y_2] \begin{bmatrix} \dot{U}''_1 \\ \dot{U}''_2 \end{bmatrix}$$

从并联的结构，可得并联的二端口网络的电流和电压的关系满足

$$\dot{U}_1 = \dot{U}'_1 = \dot{U}''_1 \quad \dot{U}_2 = \dot{U}'_2 = \dot{U}''_2$$

$$\dot{I} = \dot{I}'_1 + \dot{I}''_1 \quad \dot{I}_2 = \dot{I}'_2 + \dot{I}''_2$$

整理可得

$$\begin{bmatrix} \dot{I}_1 \\ \dot{I}_2 \end{bmatrix} = [Y_1] \begin{bmatrix} \dot{U}'_1 \\ \dot{U}'_2 \end{bmatrix} + [Y_2] \begin{bmatrix} \dot{U}''_1 \\ \dot{U}''_2 \end{bmatrix} = [Y] \begin{bmatrix} \dot{U}_1 \\ \dot{U}_2 \end{bmatrix}$$

因此

$$[Y]=[Y_1]+[Y_2] \tag{10-19}$$

可以得到，当两个二端口网络并联连接时，并联后复合二端口网络的阻抗矩阵等于被并联的两个二端口网络导纳矩阵之和。这个结论可以推广到多个二端口网络串联的情况，即设 N 个二端口网络并联时，并联后复合二端口网络的导纳参数 $[Y]$，等于被并联的各个二端口网络导纳矩阵之和。

需要注意：当两个二端口网络作串联、并联连接时，只有在复合后每个二端口网络的端口条件都没有破坏的情况下（即在任一端口上由一端点流入的电流等于同一端口上从另一端点流出的电流）才有式（10-18）和式（10-19）的结论。

【例 10-6】　如图 10-19 所示由两个二端口网络连接成一个复合二端口网络，求原来两个二端口网络和复合二端口网络各自的阻抗参数。

解　求解二端口网络的阻抗矩阵。因为是串联连接，将图 10-19 可以等效为图 10-20 所示结构。

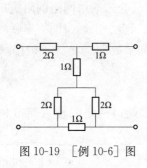 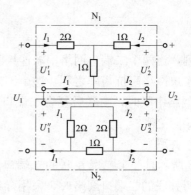

图 10-19 ［例 10-6］图　　　图 10-20　等效串联连接

设第一个二端口网络阻抗参数 $[Z']$，则

$$\begin{cases} U'_1 = 3I_1 + I_2 \\ U'_2 = I_1 + 2I_2 \end{cases}$$

整理得

$$Z' = \begin{pmatrix} 3 & 1 \\ 1 & 2 \end{pmatrix}\Omega$$

设第二个二端口网络阻抗参数 $[Z'']$，则

$$\begin{cases} \left(\dfrac{1}{2}+1\right)(-U''_1) - (-U''_2) = -I_1 \\ (-U''_1) - \left(\dfrac{1}{2}+1\right)(-U''_2) = -I_2 \end{cases}$$

整理得

$$\begin{cases} U''_1 = 1.2I_1 + 0.8I_2 \\ U''_2 = 0.8I_1 + 1.2I_2 \end{cases}$$

则

$$Z'' = \begin{pmatrix} 1.2 & 0.8 \\ 0.8 & 1.2 \end{pmatrix}\Omega$$

根据式（10-18），可得复合二端口网络的阻抗参数

$$Z = Z' + Z'' = \begin{pmatrix} 4.2 & 1.8 \\ 1.8 & 3.2 \end{pmatrix}\Omega$$

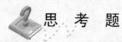 思 考 题

1. 两个二端口网络级联后的复合二端口网络的传输矩阵是否等于被级联的两个二端口网络传输矩阵之和?

2. 试求解如下参数对应的二端口网络级联后的传输参数。

(1) $A_1 = \begin{bmatrix} 1 & 2 \\ 3 & 3 \end{bmatrix}$

（2）$A_2 = \begin{bmatrix} 2 & 2 \\ 1 & 3 \end{bmatrix}$

3. 两个二端口网络串联后，复合二端口网络的阻抗矩阵是否等于被串联的两个二端口网络阻抗矩阵之和？

4. 两个二端口网络并联后，复合二端口网络的导纳矩阵是否满足 $[Y] = [Y_1][Y_2]$？

10.5　多　端　元　件

凡具有两个端子以上的元件称为多端元件，具有两个外接端口的元件称为二端元件。电路中存在大量的二端、三端、四端以及更多端的元件。电阻、电容、电感等都具有两个端点称为二端元件，晶体管具有三个端点称为三端元件，变压器具有四个端点称为四端元件，运算放大器具有两个输入端，一个输出端，即是一种三端二端口网络。下面仅就运算放大器和回转器的伏安特性进行介绍。

10.5.1　运算放大器

运算放大器是一种电压增益很高的经过耦合的多级放大器，是采用集成电路技术制造的多端器件。运算放大器在早期应用于模拟信号的运算，故名运算放大器，简称运放。其内部电路虽然各不相同，但其基本结构一般由输入级、中间级、输出级三个部分组成。尽管运算放大器内部结构复杂，但就其引外电路所表现出的伏安特性而言可建立相似的电路模型。

集成运算放大器是一种电压放大倍数高、输入电阻大、输出电阻小、共模抑制比高、抗干扰能力强、可靠性高、体积小、耗电少的通用型电子器件。集成运算放大器通常有圆形封装式和双列直插式两种形式。双列直插式运算放大器外形如图 10-21（a）所示。在使用集成运算放大器时，应知道各管脚的功能以及运算放大器的主要参数，这些可以通过查手册得到。运算放大器 μA741 的管脚如图 10-21（b）所示。

集成运算放大器的图形符号如图 10-22 所示。

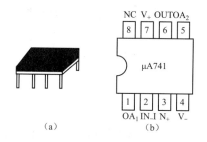

图 10-21　集成运算放大器的外形和管脚
（a）外形；（b）管脚

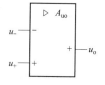

图 10-22　集成运算放大器的图形符号

集成运算放大器有两个输入端和一个输出端。其中长方形框右侧"＋"端为输出端，信号由此端对地输出。长方形框左侧"－"端为反相输入端，当信号由此端对地输入时，输出信号与输入信号反相位，所以此端称为反相输入端，反相输入端的电位用 u_- 表示。这种输入方式称为反相输入。长方形框左侧"＋"端为同相输入端，当信号由此端对地输入时，输出信号与输入信号同相位，所以此端称为同相输入端，同相输入端的电位用 u_+ 表示。这种输入方式称为同相输入。当两输入端都有信号输入时，称为差动输入方式。运算放大器在正常应用时，存在这三种基本输入方式。不论采用何种输入方式，运算放大器放大的是两输入信号的差。A_{uo}是运算放大器的开环电压放大倍数，则输出电压为

$$u_o = A_{uo}(u_+ - u_-) \tag{10-20}$$

在分析运算放大器时，一般可将它看成一个理想运算放大器。理想化的条件主要是：①开环电压放大倍数 $A_{uo} \to \infty$；②差模输入电阻 $r_{id} \to \infty$；③开环输出电阻 $r_o \to 0$；④共模抑制比 $K_{CMRR} \to \infty$。

由于实际运算放大器的上述技术指标接近理想化条件，因此在分析运算放大器的应用电

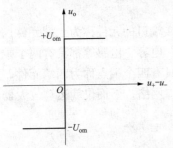

路时，用理想运算放大器代替实际运算放大器所产生的误差并不大，在工程上是允许的，这样可以使分析过程大大简化。若无特别说明，后面对运算放大器的分析，均认为集成运算放大器是理想的。

因为理想运算放大器的开环电压放大倍数 $A_{uo} \to \infty$，所以，理想运算放大器开环应用时不存在线性区，其输出特性如图 10-23 所示。当 $u_+ > u_-$ 时，输出特性为 $+U_{om}$；当

图 10-23　理想运算放大器的传输特性 $u_+ < u_-$ 时，输出特性为 $-U_{om}$。其传输特性如图 10-23 所示，图形符号如图 10-24 所示。

根据理想运算放大器的参数，工作在线性区时，可以得到下面两个重要特性：

（1）输入电流为零。由于理想运算放大器的输入电阻为无穷大，它就不会从外部电路吸取任何电流，所以，对于一个理想运算放大器来说，不管是同相输入端还是反相输入端，都可以看作不会有电流输入，即

$$i_+ = i_- \approx 0 \tag{10-21}$$

从式（10-21）看，运算放大器输入端像断路，但并不是真正的断路，因而称之为"虚断"。

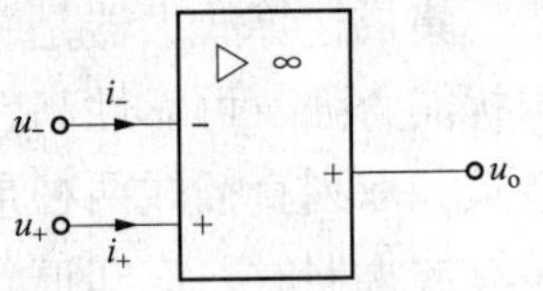

图 10-24　理想运算放大器图形符号

（2）两个输入端子间的电压为零。由于运算放大器的开环电压放大倍数接近无穷大，而输出电压是一个有限数值（不可能超过所供给的直流电源电压值），所以根据式（10-21）可知

$$u_+ - u_- = \frac{u_o}{A_{uo}} \approx 0$$

即

$$u_+ \approx u_- \tag{10-22}$$

由于同相端的电位等于反相端的电位，从某种意义上说，就好像同相端和反相端是用导线短接在一起的，因此通常称之为"虚短"。如果信号自反相输入端输入，且同相输入端接地时，即 $u_+ = 0$，根据上条结论可得 $u_- \approx 0$。这就是说反相输入的电位接近于"地"电位。也就是说，反相输入端是一个不接"地"的接地端，通常称之为"虚地"。

式（10-21）和式（10-22）是分析运算放大器线性应用时的两个重要依据。运用这两个特性，可大大简化集成运放应用电路的分析。

图 10-25 所示是反相比例运算电路。

输入信号 u_i 经电阻 R_1 引到运算放大器的反相输入端，而同相输入端经电阻 R_2 接地。反馈电阻 R_f 跨接于输出端和反相输入端之间，形成深度电压并联负反馈。根据运算放大器

工作在线性区时的两条分析依据式（10-21）和式（10-22）
可知

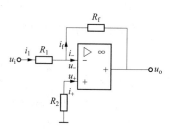

$$i_+ = i_- \approx 0, u_+ = u_- \approx 0$$

反相输入端为"虚地"端，从图 10-25 可得

$$i_1 = \frac{u_i}{R_1} = i_f$$

$$u_o = -R_f i_f = -R_f \frac{u_i}{R_1}$$

图 10-25　反相比例运算电路

所以
$$u_o = -\frac{R_f}{R_1} u_i \tag{10-23}$$

式（10-23）表明，输出电压与输入电压是比例运算关系，或者说是反相比例放大的关系。其比例系数也称为闭环放大倍数，即

$$A_f = \frac{u_o}{u_i} = -\frac{R_f}{R_1} \tag{10-24}$$

式（10-24）表明输出电压 u_o 与输入电压 u_i 极性相反，其比值由 R_f 和 R_1 决定，与集成运算放大器本身参数无关。适当选配电阻，可使 A_f 精度提高，且其大小可以方便地调节。

当 $R_f = R_1$ 时，$u_o = -u_i$，该电路称为反相器。

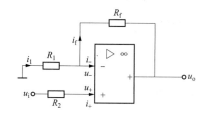

图 10-26　同相比例运算电路

图 10-26 所示是同相比例运算电路。

输入信号 u_i 经电阻 R_2 引到运算放大器的同相输入端，反相输入端经电阻 R_1 接地。反馈电阻 R_f 跨接于输出端和反相输入端之间，形成电压串联负反馈。

根据式（10-21）和式（10-22）可得
$$i_+ = i_- \approx 0, u_+ = u_- \approx u_i$$

从图 10-26 可得

$$i_1 = \frac{0 - u_i}{R_1} = i_f$$

$$i_f = \frac{u_i - u_o}{R_f}$$

所以

$$u_o = \left(1 + \frac{R_f}{R_1}\right) u_i \tag{10-25}$$

可见，u_o 与 u_i 也是成正比的。其同相比例系数也即电压放大倍数

$$A_f = \frac{u_o}{u_i} = 1 + \frac{R_f}{R_1} \tag{10-26}$$

式（10-26）表明输出电压 u_o 与输入电压 u_i 同相位，其比值取决于电阻 R_f 和 R_1。

当 $R_f = 0$ 或 $R_1 = \infty$ 时，$u_o = u_i$，$A_f = 1$，这就是电压跟随器。

10.5.2　回转器

回转器是用运算放大器实现的，能够把一个端口的电压或电流回转成另一端口的电流或电压。其电路符号如图 10-27 所示。

理想回转器的电流、电压满足下列关系

$$\left.\begin{array}{l} i_1 = gu_2 \\ i_2 = -gu_1 \end{array}\right\} \qquad (10\text{-}27)$$

或

$$\left.\begin{array}{l} u_1 = -ri_2 \\ u_2 = ri_1 \end{array}\right\} \qquad (10\text{-}28)$$

图 10-27　回转器　　　式中：g 为回转电导，S；r 为回转电阻，Ω。

　　式（10-28）中，$r=1/g$，g 和 r 统称回转系数。由式（10-27）和式（10-28）可得回转器能够把一个端口的电压或电流回转成另一端口的电流或电压，理想回转器的电路模型可用受控源表示，如图 10-28 所示。

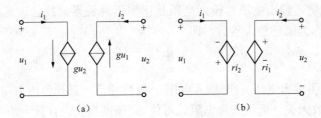

图 10-28　理想回转器的电路模型

（a）受控流源电路模型；（b）受控压源电路模型

把式（10-27）和式（10-28）写成矩阵形式为

$$\begin{bmatrix} i_1 \\ i_2 \end{bmatrix} = \begin{bmatrix} 0 & g \\ -g & 0 \end{bmatrix} \begin{bmatrix} u_1 \\ u_2 \end{bmatrix} \qquad (10\text{-}29)$$

$$\begin{bmatrix} u_1 \\ u_2 \end{bmatrix} = \begin{bmatrix} 0 & -r \\ r & 0 \end{bmatrix} \begin{bmatrix} i_1 \\ i_2 \end{bmatrix} \qquad (10\text{-}30)$$

　　回转器的一个重要性质是能把电容元件回转成电感元件，或者把电感元件回转成电容元件。例如把电容 C 接至回转器的一个端口上，如图 10-29 所示。

　　根据 C 的伏安关系，可得

$$i_2 = -C\frac{\mathrm{d}u_2}{\mathrm{d}t}$$

又由式（10-28）的第一式，可得

$$u_1 = rC\frac{\mathrm{d}u_2}{\mathrm{d}t}$$

又由式（10-28）的第二式，可得

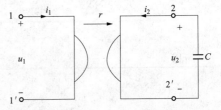

图 10-29　回转器接入 C 的电路模型

$$u_1 = r^2 C\frac{\mathrm{d}i_1}{\mathrm{d}t} \qquad (10\text{-}31)$$

　　由此可见，从端口 1-1′ 看进去，电压 u_1 与电流 i_1 之间的关系相当于电感上电压与电流的关系，而等效电感 L 为

$$L = r^2 C \qquad (10\text{-}32)$$

　　若取电容 $C=0.5\mu F$，$r=20k\Omega$，则 $L=200H$。即通过回转器可把 $0.5\mu F$ 的电容回转成 $200H$ 的电感，因此可用于模拟集成电路制造（微小晶体）中实现不易制造的电感元件。

　　任意瞬间输入回转器的功率为

$$p = u_1 i_1 + u_2 i_2 = (-r i_2)i_1 + (r i_1)i_2 = 0 \qquad (10\text{-}33)$$

式（10-33）表明回转器在任意瞬间吸收的功率等于零，或者说，回转器既不吸收功率，也不发出功率，因此，它是一个无源无损元件。当回转器的回转系数 g 或 r 为常数时，它还是一个线性元件。一般来说，回转器不满足互易原理，是非互易元件。

思 考 题

1. 试运用反向比例和同相比例运算电路组成一个可以实现减法的运算电路。
2. 回转器在任意瞬间吸收的功率是否等于发出的功率？

(1) $A_1 = \begin{bmatrix} 1 & 2 \\ 3 & 3 \end{bmatrix}$

(2) $A_2 = \begin{bmatrix} 2 & 2 \\ 1 & 3 \end{bmatrix}$

3. 回转器能变换电容或电感的大小吗？
4. 回转器的传输参数 $[A]$ 是多少？

应用小知识

在许多应用中，回转器除了能把电容元件回转成电感元件，或者把电感元件回转成电容元件外，也可以实现阻抗逆变功能。如图 10-30 所示，当接入阻抗时，则 1-1′ 端的输入阻抗为

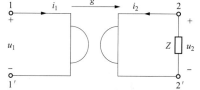

$$Z_i = \frac{\dot{U}_1}{\dot{I}_1} = \frac{-\dfrac{1}{g}}{g} \times \frac{\dot{I}_2}{\dot{U}_2} = \frac{1}{g^2 Z} = \frac{r^2}{Z}.$$

可见，回转器输入阻抗与负载阻抗成反比。

图 10-30　回转器接阻抗的电路模型

本 章 小 结

(1) 设四端网络的四个端口电流分别为 i_1、i_1'、i_2 和 i_2'。当这四个端口电流满足端口条件，即

$$i_1 = -i_1' \text{和} i_2 = -i_2'$$

则称该四端网络为二端口网络。

(2) 设二端口网络的入口电压为 $\dot{U}_1$、电流为 $\dot{I}_1$；出口电压为 $\dot{U}_2$，电流为 $\dot{I}_2$。若在这四个变量中任选其中两个量作为自变量，另外两个量作为因变量，则可得常用的四种参数方程

1) 导纳参数方程

$$\begin{bmatrix} \dot{I}_1 \\ \dot{I}_2 \end{bmatrix} = \begin{bmatrix} Y_{11} & Y_{12} \\ Y_{21} & Y_{22} \end{bmatrix} \begin{bmatrix} \dot{U}_1 \\ \dot{U}_2 \end{bmatrix}$$

2) 阻抗参数方程

$$\begin{bmatrix} \dot{U}_1 \\ \dot{U}_2 \end{bmatrix} = \begin{bmatrix} Z_{11} & Z_{12} \\ Z_{21} & Z_{22} \end{bmatrix} \begin{bmatrix} \dot{I}_1 \\ \dot{I}_2 \end{bmatrix}$$

3) 混合参数方程

$$\begin{bmatrix} \dot{U}_1 \\ \dot{I}_2 \end{bmatrix} = \begin{bmatrix} H_{11} & H_{12} \\ H_{21} & H_{22} \end{bmatrix} \begin{bmatrix} \dot{I}_1 \\ \dot{U}_2 \end{bmatrix}$$

4) 传输参数方程

$$\begin{bmatrix} \dot{U}_1 \\ \dot{I}_1 \end{bmatrix} = \begin{bmatrix} A_{11} & A_{12} \\ A_{21} & A_{22} \end{bmatrix} \begin{bmatrix} \dot{U}_2 \\ -\dot{I}_2 \end{bmatrix}$$

（3）若两个不同结构二端口网络的同一种参数方程所对应的参数相同，则这两个二端口网络互为等效。已知一个二端口网络可做出两种常见的等效电路（Ⅱ型和 T 型等效电路）。对于互易二端口网络可以用只含三个元件的Ⅱ型或 T 型等效电路来代替。

Ⅱ型等效网络

$$\left. \begin{array}{l} Y_1 = Y_{11} + Y_{12} \\ Y_2 = Y_{22} + Y_{12} \\ Y_3 = Y_{12} = -Y_{21} \end{array} \right\}$$

T 型网络

$$\left. \begin{array}{l} Z_1 = Z_{11} - Z_{12} \\ Z_2 = Z_{22} - Z_{12} \\ Z_3 = Z_{12} = -Z_{21} \end{array} \right\}$$

（4）二端口网络进行级联、串联、并联等复合连接时：N 个二端口网络级联时，级联后复合二端口网络的传输矩阵等于被级联的各个二端口网络传输矩阵之积。

若各网络的端口条件没有受到破坏：当两个二端口网络串联时，串联后复合二端口网络的复阻抗矩阵，等于被串联的二端口网络的复阻抗矩阵之和；两个二端口网络并联时，并联后复合二端口网络的复导纳矩阵，等于被并联的两个二端口网络复导纳矩阵之和。

（5）凡具有两个端子以上的元件称为多端元件。电路中存在大量的二端、三端、四端以及更多端的元件。运算放大器具有两个输入端，一个输出端，即是一种三端二端口网络，它的电压增益很高。理想的运算放大器工作在线性区时，输入电流为零，即 $i_+ = i_- \approx 0$，称之为“虚断”；两个输入端子间的电压为零，即 $u_+ \approx u_-$，称之为“虚短”。

（6）回转器能够把一个端口的电压（或电流）回转成另一端口的电流（或电压）。回转器的一个重要性质是能把电容元件回转成电感元件，或者把电感元件回转成电容元件。

理想回转器的电流、电压满足下列关系

$$\left. \begin{array}{l} i_1 = g u_2 \\ i_2 = -g u_1 \end{array} \right\}$$

或者

$$\left. \begin{array}{l} u_1 = -r i_2 \\ u_2 = r i_1 \end{array} \right\}$$

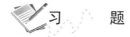

习　　题

1. 已知图 10-31 所示电路，试求二端口网络的导纳参数 Y。

2. 已知图 10-32 所示电路，试求二端口网络的导纳参数 Y。

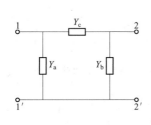

图 10-31　题 1 图

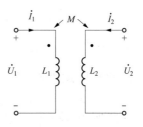

图 10-32　题 2 图

3. 已知图 10-33 所示电路，试求二端口网络的导纳参数 Y。

4. 已知图 10-32 所示电路，试求二端口网络的阻抗参数 Z。

5. 已知图 10-34 所示电路，试求二端口网络的导纳参数 Y。

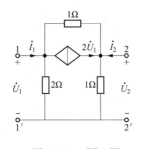

图 10-33　题 3 图

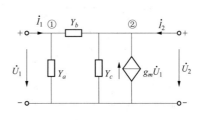

图 10-34　题 5 图

6. 已知图 10-35 所示电路，试求二端口网络的阻抗参数 Z。

7. 已知图 10-33 所示电路，试求二端口网络的混合参数 H。

8. 已知图 10-33 所示电路，试求二端口网络的传输参数 A。

9. 已知图 10-36 所示电路，试求二端口网络的导纳参数 Y。

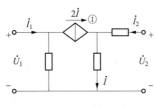

图 10-35　题 6 图

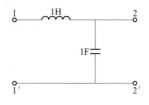

图 10-36　题 9 图

10. 已知图 10-37 所示电路，试求二端口网络的参数 Y、H。

11. 已知图 10-38 所示电路，试求二端口网络的参数 H、A。

12. 已知二端口网络的参数 $Y = \begin{bmatrix} 1.5 & -1.2 \\ -1.2 & 1.8 \end{bmatrix}$，试求二端口网络的 Π 型等效电路。

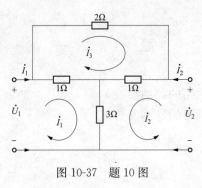

图 10-37　题 10 图

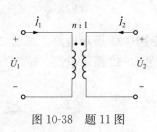

图 10-38　题 11 图

13. 已知二端口网络的参数 $Z=\begin{bmatrix} 40 & j20 \\ j30 & 50 \end{bmatrix}$，试求二端口网络的 T 型等效电路。

14. 已知图 10-39 所示电路，二端口网络的参数 $H=\begin{bmatrix} 40 & 0.4 \\ 10 & 0.1 \end{bmatrix}$，试求 I_1 和 U_2。

15. 已知回转器的回转电导 g，试写出回转器的阻抗参数和导纳参数。

16. 试证明两个理想回转器级联而成的二端口网络等效于一个理想变压器，导出用回转电导 g 表示的变压比 n。

17. 已知图 10-40 所示电路，试求二端口网络的参数 A。

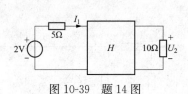

图 10-39　题 14 图

图 10-40　题 17 图

18. 如图 10-41 所示电路，已知 $r=1\Omega$，$C_1=0.1F$，$n=2$，$C_2=0.2F$，$R_1=2\Omega$，$R_2=8\Omega$，$R_3=2\Omega$，$\omega=10rad/s$，试求阻抗 Z_i。

19. 如图 10-42 所示电路，已知 $R_1=1\Omega$，$R_2=1\Omega$，$R_3=3\Omega$，试求二端口网络的阻抗参数 Z。

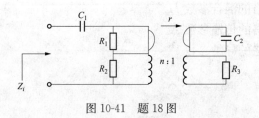

图 10-41　题 18 图

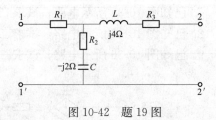

图 10-42　题 19 图

20. 已知图 10-43 所示电路，试证明两个二端口网络关于端口是等值的。

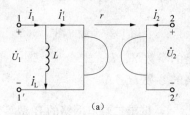

（a）

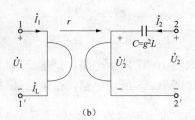

（b）

图 10-43　题 20 图

第 11 章　NI Multisim 10 电路仿真

Multisim 10 界面直观，电路元件操作方便，是众多受欢迎的电子设计自动化（Electronics Design Automation，EDA）技术中的一种。本章主要内容有：Multisim 10 的特点和操作环境；Multisim 10 的基本操作；Multisim 10 在电路中的仿真；Multisim 10 的综合应用。

 学习重点

熟练掌握 Multisim 10 的操作环境；理解掌握 Multisim 10 的基本操作；熟练掌握应用 Multisim 10 在电路中建立仿真分析；会应用 Multisim 10 的进行实际综合仿真。

11.1　NI Multisim 10 操作环境

1988 年，加拿大图像交互技术（Interactive Image Technologies，IIT）公司推出基于 EDA 技术的 Multisim，具有数字、模拟电路、VHDL 模块的仿真和设计能力，界面直观、操作方便、仿真分析功能强大、易学易用等突出优点，是专门用于电路设计和仿真的 EDA 工具软件。

NI Multisim 10 是美国国家仪器（National Instruments，NI）公司推出的 Multisim 版本。Multisim 10 含了许多虚拟仪器，如示波器、万用表、函数发生器、逻辑分析仪、网络分析仪等，提供了强大的电子仿真设计界面。其最突出的特点之一是用户界面友好，图形输入易学易用，可以进行交互式仿真，它既适合高级的专业开发使用，也适合 EDA 初学者使用，是一款具有工业品质、使用灵活、功能强大的电子仿真软件。

11.1.1　Multisim 10 工作主窗口

安装好 Multisim 10 后，首先在电脑桌面生成一个应用程序快捷图标，如图 11-1 所示。

双击"Multisim 10 快捷图标"或者选择"开始"→"程序"→"National Instruments"→"Circuit Design Suite 10.0"→"Multisim"，就可以打开 Multisim 10 工作平台，可以看到图 11-2 所示的 Multisim 10 主窗口，此时该文件的名称默认为"Circuit1"。

图 11-1　Multisim 10
快捷图标

Multisim 10 是基于 Windows 的仿真软件，与 Windows 的其他应用软件有着相似的工作界面。Multisim 10 的工作主窗口就像是模拟一个实际的电子工作台，中间的电路窗口是工作主窗口中最大的区域，可将各种电子元器件和测试仪器仪表连接成实验电路，进行电路的设计、仿真和分析。

Multisim 10 主窗口各部分功能如下：

（1）标题栏：用于显示应用程序名和当前的文件名。

（2）主菜单：包含所有的操作命令。

（3）系统工具栏：包含所有对目标文件的建立、保存等系统操作的功能按钮。

（4）主工具栏：包含所有对目标文件进行测试、仿真等操作的功能按钮。

（5）观察工具栏：包含对主工作窗内的视图进行放大、缩小等操作的功能按钮。

（6）电路标注工具栏：提供在编辑文件时，插入图形、文字的工具。

（7）元件工具栏：通过单击相应的元件工具条可以方便快速地选择和放置元件。

（8）仪表工具栏：包含可能用到的所有电子仪器，可以完成对电路的测试。

（9）设计工作窗：是展现目标文件整体结构和参数信息的工作窗，完成项目管理功能。

（10）电路窗口：是主工作窗口。使用者可以在该窗口中，进行元器件放置、连接电路、调试电路等工作。

（11）仿真运行开关：由仿真运行/停止和暂停按钮组成。

（12）运行状态条：用以显示仿真状态、时间等信息。

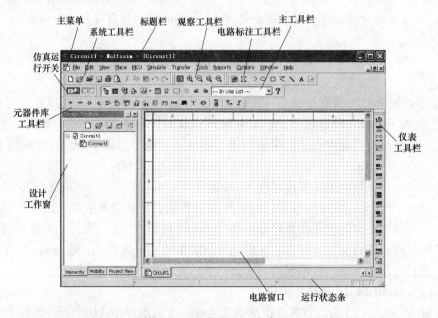

图 11-2　Multisim 10 主窗口

电路窗口上面和两侧是命令菜单、设计、元器件和虚拟仪器等各类工具栏。通过鼠标操作可以很方便地使用各种命令和提取实验所需的各种元器件及仪器仪表到电路工作窗口并连接成实验电路，单击电路工作窗口左上方的" 仿真运行开关" 按钮可以方便地控制实验的进程。

11.1.2　Multisim 10 菜单命令

Multisim 10 有 12 个主命令菜单，位于主窗口的上方，菜单中提供了软件几乎所有的功能命令。

1. File（文件）菜单

File（文件）菜单包括如 Open（打开）、Save（保存）和 Print（打印）等基本文件操作命令，主要用于管理所创建的电路文件，如图 11-3 所示。

2. Edit（编辑）菜单

Edit（编辑）菜单包括如 Cut（剪切）、Copy（复制）和 Paste（粘贴）等最基本的编辑操作命令和如 Orientation（定位）等对元件的位置操作命令，如图 11-4 所示。

图 11-3　File 菜单　　　　　　　　图 11-4　Edit 菜单

3. View（窗口显示）菜单

View（窗口显示）菜单包括调整窗口视图的命令如 Zoom In（放大）或 Zoom Out（缩小），以及用于添加和隐藏元件库栏和状态栏等，如图 11-5 所示。

4. Place（放置）菜单

Place（放置）菜单包括放置 Component（元件）、Junction（节点）、Wire（线）、Text（文本）等绘图元素，也包括 New Subcircuit（新建子电路）等关于层次化电路设计的选项，如图 11-6 所示。

5. MCU（微控制器）菜单

MCU（微控制器）菜单包括 Debug View Format（调试视图格式）等调试操作命令，如图 11-7 所示。

6. Simulate（仿真）菜单

Simulate（仿真）菜单包括 Run（运行）、Pause（暂停）、Stop（停止）等与电路仿真相关的操作命令，如图 11-8 所示。

7. Transfer（文件传输）菜单

Transfer（文件传输）菜单包括所搭建的电路及分析结果传输给其他应用程序的命令，如图 11-9 所示。

Full Screen	全屏
Parent Sheet	层次
Zoom In F8	放大视图
Zoom Out F9	缩小视图
Zoom Area F10	局部放大
Zoom Fit to Page F7	放大到适合的页面
Zoom to magnification F11	按比例放大
Zoom Selection F12	放大选择
Show Grid	显示栅格
Show Border	显示边界
Show Page Bounds	显示页边界
Ruler Bars	标尺栏
Statusbar	运行状态栏
Design Toolbox	设计工具箱
Spreadsheet View	电子数据表
Circuit Description Box Ctrl+D	电路描述工具箱
Toolbars	工具栏
Show Comment/Probe	注释/标注
Grapher	仿真图形记录仪

图 11-5   View 菜单

Component... Ctrl+W	元件
Junction Ctrl+J	节点
Wire Ctrl+Q	导线
Bus Ctrl+U	总线
Connectors	输入/输出端口连接器
New Hierarchical Block...	新建电路层次模块
Replace by Hierarchical Block Ctrl+Shift+H	替换电路层次模块
Hierarchical Block from File... Ctrl+H	来自文件的层次模块
New Subcircuit Ctrl+B	新建子电路
Replace by Subcircuit Ctrl+Shift+B	替换子电路
Multi-Page	多页设置
Merge Bus...	合并总线
Bus Vector Connect...	总线矢量连接
Comment	注释
Text Ctrl+T	文字
Graphics	图形
Title Block...	图纸标题栏

图 11-6   Place 菜单

No MCU Component Found	没有创建MCU器件
Debug View Format	调试格式
MCU Windows...	MCU窗口
Show Line Numbers	显示线路数目
Pause	暂停
Step into	进入
Step over	跨过
Step out	离开
Run to cursor	运行到指针
Toggle breakpoint	设置断点
Remove all breakpoints	移出所有的断点

图 11-7   MCU 菜单

Run F5	运行
Pause F6	暂停
Stop	停止
Instruments	仪器仪表选择
Interactive Simulation Settings...	交互式仿真设置
Digital Simulation Settings...	数字仿真设置
Analyses	分析方法选择
Postprocessor...	启动后处理器
Simulation Error Log/Audit Trail	仿真出错记录
XSpice Command Line Interface	XSpice命令行输入界面
Load Simulation Settings...	导入仿真设置
Save Simulation Settings...	保存仿真设置
Auto Fault Option...	自动故障设置
VHDL Simulation	VHDL仿真
Dynamic Probe Properties	动态探针属性
Reverse Probe Direction	探针反向测量
Clear Instrument Data	清除仪器已存数据
Use Tolerances	使用公差

图 11-8   Simulate 菜单

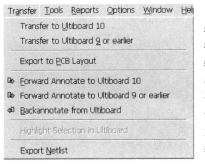

图 11-9　Transfer 菜单

8. Tools（工具）菜单

Tools（工具）菜单包括元件编辑器、元件数据库、变量管理器、元件重新命名/编号等关于电路元件编辑或管理命令，如图 11-10 所示。

9. Reports（报表）菜单

Reports（报告）菜单包括各种与报表相关的命令，如图 11-11 所示。

10. Options（选项）菜单

Options（选项）菜单包括对电路程序的运行和界面的设定命令，如图 11-12 所示。

11. Window（窗口）菜单

Window（窗口）菜单包括与窗口显示方式相关的操作命令，如图 11-13 所示。

12. Help（帮助）菜单

Help（帮助）菜单为用户提供帮助文件，按键盘上的 F1 键也可获得帮助文件，如图 11-14所示。

图 11-10　Tools 菜单

图 11-11　Reports 菜单　　　图 11-12　Options 菜单

11.1.3　Multisim 10 常用工具栏

1. 系统工具栏

系统工具栏包括新建、打开、打印、保存、放大、剪切、复制、粘贴、撤销等常见的功能按钮，如图 11-15 所示。

图 11-13　Window 菜单

图 11-14　Help 菜单

图 11-15　系统工具栏

2. 主工具栏

设计工具栏是 Multisim 10 的核心，使用它可进行电路的建立、仿真、分析，并最终输出设计数据（虽然菜单栏中也已包含了这些设计功能，但使用该设计工具栏进行电路设计将会更方便快捷），如图 11-16 所示。

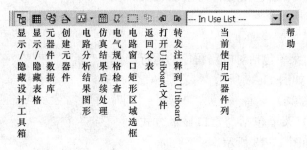

图 11-16　主工具栏

3. 元器件库工具栏

Multisim 10 提供了元件数据库，是用户在电路仿真中可以使用的所有元器件符号库，在元器件库 Database（数据库）窗口下，元器件库被分为 Master Database（主数据库）、Corporate Database（公共数据库）、User Database（用户数据库）3 类。Master Database 的内部元件是不能改动的；Corporate Database 是共享设计专用的数据库；User Database 是用户自定义数据库，用户可以将常用的器件和自己编辑的器件放在此数据库中。

在 Multisim 10 的主数据库中，元件被分为 18 个组（Group），每一个组中又包含数个元件族（Family），同一类型的元件放在同一个族中。图 11-17 所示元器件库工具栏即为主数据库的元件工具栏，在取用其中的某一个元器件符号时，实质上是调用了该元器件的数学模型。

图 11-17　元器件库工具栏

用鼠标单击图 11-17 所示工具栏中的任何一个元器件的按钮，均会弹出一个元器件库操作界面窗口，该窗口所展示的信息基本相似。图 11-18 所示是一个元器件库操作界面，在此窗口下可以选择要放置的器件。

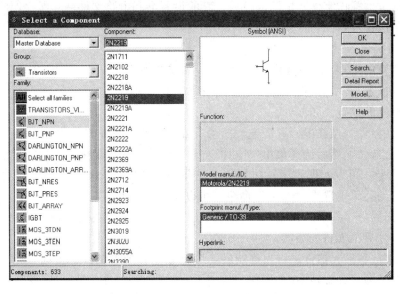

图 11-18　元器件库操作界面

选择和放置元器件时，只需单击"Component"下拉列表框中相应的元器件组符号，当确定找到了所要的元器件后，单击对话框中的"OK"按钮即可，如果要取消放置元器件，则单击"Close"按钮。元器件组界面关闭后，鼠标移到电路窗口后将变成需要放置的元器件的图标，这时单击鼠标，该元器件就可以被放置。

4. 仪表工具栏

Multisim 10 提供了 21 种用来对电路工作状态进行测试的仪器、仪表，其外观和使用方法与真实仪器相当。仪表工作栏如图 11-19 所示。

图 11-19　仪表工作栏

11.2　NI Multisim 10 基本操作

11.2.1　创建电路

1. 创建电路窗口

启动 Multisim 10，软件自动打开一个空白的电路窗口，或者通过单击系统工具栏中▯

图标新建一个空白的电路窗口，电路文件默认命名为"Circuit1"。初次创建一个电路窗口时，使用的是默认选项，用户可以通过选择"Options"→"Global Preferences"菜单命令打开参数设置选择"Global Preferences"窗口，可以选择各种设置，如界面大小、网格、页边框、符号标准、标识字体、电路颜色等，新的设置会和电路文件一起保存，此时电路文件的默认命名可以被重新命名。

2. 元器件操作

(1) 元器件的选取。通过元器件工具栏或者选择菜单"Place"→"Component"从元器件系列选取或者从"In Use List"下拉列表中选取。

(2) 元器件的放置。

1) 选中元器件，按住鼠标左键进行拖动，可以实现元器件的移动。

2) 选中元器件，然后选择菜单"Edit"→"Copy"，或者鼠标右击，从弹出的菜单中选择"Copy"命令，可以实现元器件的复制，选择菜单"Edit"→"Paste"命令，或是鼠标右击，在弹出的菜单中选择"paste"命令，可以实现元器件的粘贴。

3) 选中元器件，然后选择菜单"Edit"→"Properties"在属性对话框中，单击"Replace"选项，实现元器件的替换。

4) 如要对放置的元器件进行角度旋转，当拖动正在放置的元器件时，按下 Ctrl＋R 键即可实现元器件顺时针旋转 90°的操作，或按下 Ctrl＋Shift＋R 键即可实现元器件逆时针旋转 90°的操作。或者选中元器件，鼠标右击进行相应操作。

(3) 元器件的属性。

1) 选中元器件，选择菜单"Edit"→"Properties"在"Properties（属性）"对话框中对 Label、Display、Pins 等属性进行设置。

2) 选中元器件，右击鼠标，选择"Change Color"选项可以更改元器件的颜色。

(4) 接地端元器件：任何电路必须进行接地。

3. 连线

把元器件在电路窗口中放好以后，就需要用线把它们连接起来。所有的元器件都有引脚，可以选择自动连线或手动连线，通过引脚用连线将元器件或仪器仪表连接起来。

(1) 自动连线：在两个元器件之间自动连线。把光标放在第一个元器件的引脚上，单击，移动鼠标，就会出现一根连线随光标移动；在第二个元器件的引脚上单击，Multisim 10 将自动完成连接，自动放置导线，而且自动连成合适的形状。

(2) 修改连线：改变已经画好的连线的路径。

1) 选中连线，在线上会出现一些拖动点，把光标放在任一点，按住鼠标左键拖动此点，可以更改连线路径，或者在连线上移动鼠标箭头，当它变成双箭头时按住左键并拖动，也可以改变连线的路径。

2) 选中连线，右击鼠标，选择"Delete"选项可以删除连线。

3) 选中连线，右击鼠标，选择"Color Segment"选项可以修改连线的颜色。

11.2.2　虚拟仪器

Multisim 10 软件中提供许多虚拟仪器，与仿真电路同处在一个桌面上。用虚拟仪器来测量仿真电路中的各种电参数和电性能，就像在实验室使用真实仪器测量真实电路一样，这也是 Multisim 10 软件最具特色的地方。

1. 虚拟仪器接入到电路

用鼠标单击仪器工具栏中需要使用的仪器图标后松开，移动鼠标到电路设计窗口中，再单击鼠标，仪器图标变成了仪器接线符号在设计窗口中显示；或者用鼠标单击主菜单上"View"→"Toolbars"→"Instruments"选项；或"Simulate"→"Instruments"选项在出现的仪器栏中进行选择。

2. 虚拟仪器使用介绍

（1）电压表和电流表。电压表和电流表主要用于测量直流或交流电路中两点间的电压和电流，如图 11-20 所示。

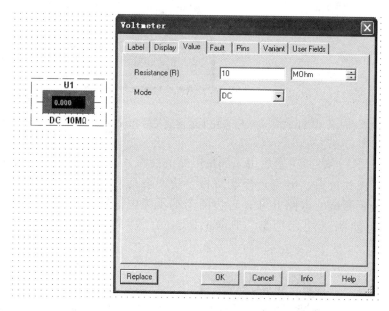

图 11-20　电压表接线符号和设置对话框

（2）数字万用表。数字万用表主要用于测量直流或交流电路中两点间的电压、电流和阻抗等。如图 11-21 所示。测量量程可以主动修正，所以在测量过程中可以不调整量程。

（3）函数信号发生器。函数信号发生器是用来产生正弦波、三角波和方波的电压源。Multisim 10 提供的函数信号发生器能给电路提供与现实中完全一样的模拟信号，而且波形、频率、幅值、占空比、

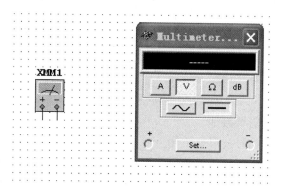

图 11-21　数字万用表接线符号和设置对话框

直流偏置点都可以随时更改。函数信号发生器产生的频率可以从一般音频信号到无线电波信号。

函数信号发生器通过 3 个接线柱将信号送到电路中去。其中"Common（公共端）"接线柱是信号的参考点，若信号以地作为参照点，则将公用接线柱接地。正接线柱"＋"提供

的波形是正极性信号，负接线柱提供的波形是负极性信号，两个信号极性相反，幅度相等。函数信号发生器接线符号和设置对话框如图 11-22 所示。

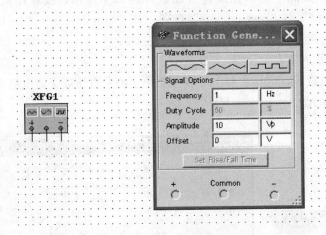

图 11-22　函数信号发生器接线符号和设置对话框

（4）功率（瓦特）表。功率表用来测量电路的交流、直流功率。所以，功率表有 4 个引线端：电压正极和负极、电流正极和负极。功率表有两组端子，左边两个端子为电压输入端子，与所要测试的电路并联；右边两个端子为电流输入端子，与所要测试的电路串联。功率表也能测量功率因数（Power Factor）。功率表接线符号和设置对话框如图 11-23 所示。

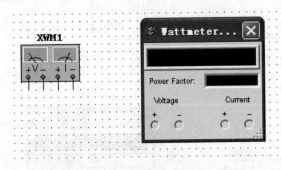

图 11-23　功率表接线符号和设置对话框

（5）双踪示波器。Multisim 10 中双踪示波器用来显示电信号的波形，可以观察一路或两路信号随时间变化的波形，可分析被测周期信号的幅值、周期和频率，其扫描时间可在纳秒与秒之间的范围内选择。示波器接线符号有 4 个连接端子：A 通道输入、B 通道输入、外触发端 T 和接地端 G，如图 11-24 所示。在使用时一般可以不画接地线，其默认是接地的，但电路中一定需要接地。

信号波形显示颜色与 A、B 通道端子相连导线的颜色相同，可通过改变通道连接导线的颜色进行设置。单击"Reverse"按钮可以更改示波器背景颜色。

（6）博德图仪。博德图仪（Bode Plotter）能产生一个频率范围很宽的扫描信号，用以测量和显示电路幅频特性和相频特性，有"IN"和"OUT"两对端口，分别接输入端和输出端，如图 11-25 所示。

3. 后处理

后处理功能可以对分析的数据结果进行各种运算处理，可以将已经设计好的电路传输到布线软件进行 PCB 设计，也可以导出各种电路数据。

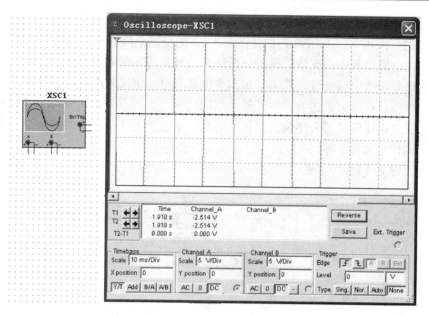

图 11-24　双踪示波器接线符号和设置对话框

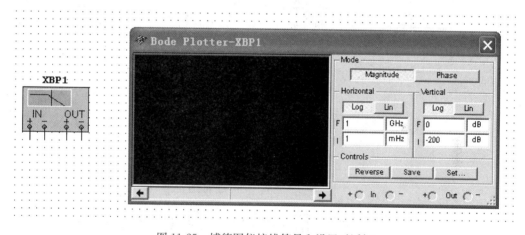

图 11-25　博德图仪接线符号和设置对话框

11.3　NI Multisim 10 在电路中的仿真应用

NI Multisim 10 电路分析主要包括直流电路分析、交流电路分析和动态电路的暂态分析。充分运用 NI Multisim 10 的仿真实验和仿真分析功能不仅有助于建立电路分析的基本概念，掌握电路分析的基本原理、基本方法和基本实验技能，而且可以加深对电路特性的理解，提高分析和解决问题的能力。基本的操作步骤如下：

（1）创建电路：从元器件库中选择元器件。

（2）参数设置：双击各元件进行参数设置。

（3）启动仿真开关：双击各万用表可得各电流值和电压值。

（4）结果分析：是否和理论分析结果一致。

下面采用 NI Multisim 10 对本书中部分例题进行验证。

【例 11-1】 采用 NI Multisim 10 对 [例 3-1] 的支路电流法进行仿真验证。

解析： 在电路分析中，支路电流法分析法是一种最基本的电路方程分析方法，它是以支路电流和支路电压为电路变量，应用基尔霍夫电流和电压定律列出电路方程，直接求解的方法。基尔霍夫电流定律可表述为：在任何电路的任何一个节点上，同一瞬间电流的代数和等于零。基尔霍夫电压定律可表述为：在任一时刻，沿电路的任一闭合回路循行一周，回路中各部分电压的代数和等于零。

解　首先建立 [例 3-1] 的仿真电路，如图 11-26 和图 11-27 所示。

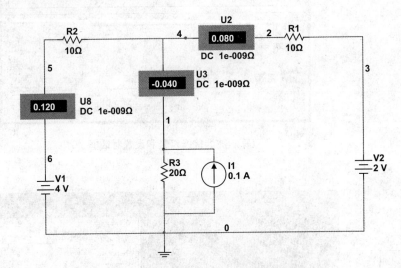

图 11-26　基尔霍夫电流定律仿真电路

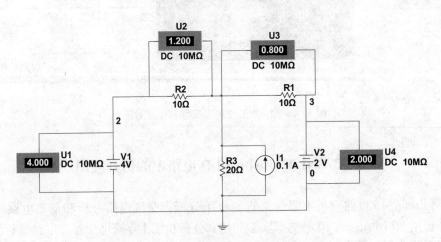

图 11-27　基尔霍夫电压定律仿真电路

单击仿真开关 或单击 "Simulate（仿真）" 菜单的 "Run（运行）" 选项，用电流表 U1、U2 和 U3 分别测量图 11-26 中三个支路的电流，各表显示电流为 0.12A、0.08A 和 −0.04A，这与 [例 3-7] 的理论计算值一样，且可以发现 0.12A＋0.08A＋（−0.04A）＝ 0A，即满足基尔霍夫电流定律；用电压表 U1、U2、U3 和 U4 分别测量图 11-27 中 V1-R2-

R1-V2-V1 回路的各元件的端电压，各表显示电流为 4V、1.2V、0.8V 和 2V，选顺时针方向，可列写出 $-4V+1.2V+0.8V+2V=0V$，即满足基尔霍夫电压定律。

【**例 11-2**】　采用 NI Multisim 10 对［例 3-7］的节点电压法求各支路电流进行仿真验证。

解析： 在电路分析中，节点电压法是以节点电压作为电路的独立变量进行电路分析的一种方法。任意选择或假设电路中的某一节点作为参考节点，其余节点与此参考节点之间的电压称为对应节点的节点电压。以节点电压为变量，并对独立节点用 KCL 列出用节点电压表达的有关支路电流方程。对于具有 n 个节点的电路，节点电压法是以（$n-1$）个独立节点的节点电压为求解变量。

首先建立［例 3-7］的仿真电路，如图 11-28 所示。

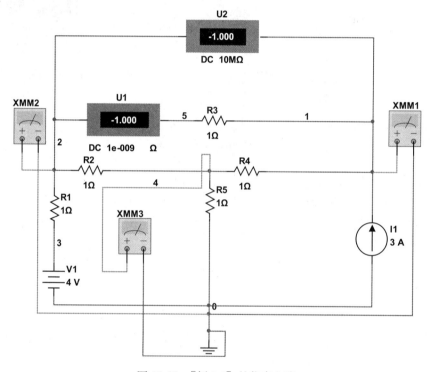

图 11-28　［例 3-7］的仿真电路

选节点 d（0 点）为参考节点，单击仿真开关或单击 "Simulate（仿真）" 菜单的 "RUN（运行）"，用万用电表 XMM1 测量 c 节点（1 点）的电压，显示电压为 5V，即 $U_c=$ 5V；用万用电表 XMM2 测量 a 节点（2 点）的电压，显示电压为 4V，即 $U_a=4V$，用电压表 U2 测量 R_3 的端电压，显示电压为 $-1V$，即 $U_{R_3}=-1V$，用电流表 U1 测量 R_3 的电流，显示电压为 $-1A$，这与［例 3-7］的理论分析结果一致；同理，分别用电流表测量其他支路电流，其结果与［例 3-7］的理论分析结果一致。

【**例 11-3**】　采用 NI Multisim 10 对［例 4-1］的叠加原理进行仿真验证。

解析： 在电路分析中，叠加定理可以表述为：在含有多个电源的线性电路中，根据可加性，任一支路的电流或电压等于电路中各个电源分别单独作用时在该支路中产生的电流或电压的代数和。利用叠加原理可将一个多电源的复杂电路问题简化成若干个单电源的简单电路问题。叠加原理只适用于电路中电流和电压的计算，不能用于功率和能量的计算。

解 首先建立〔例 4-1〕原电路的仿真电路，如图 11-29 所示。

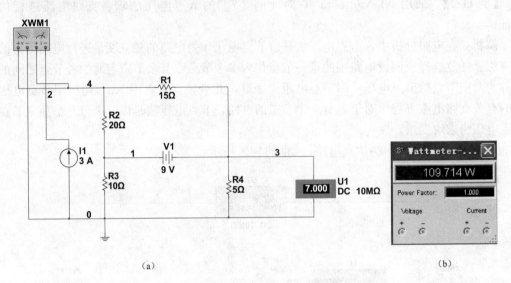

(a)

(b)

图 11-29 〔例 4-1〕的仿真电路

(a) 仿真电路；(b) 测量值

在图 11-29 (a) 所示的仿真电路中，电压源和电流源是同时作用的，单击仿真开关
▢▢▢或单击 "Simulate（仿真）" 菜单的 "RUN"（运行），用功率表 XMM1 测量电流源的
功率，双击打开其面板，可以看见读数为 109.714W（与〔例 4-1〕的值近似相等），用电压
表测量 U 的值为 7V。

(1) 当 9V 电压源单独作用时的仿真等效电路如图 11-30 (a) 所示。

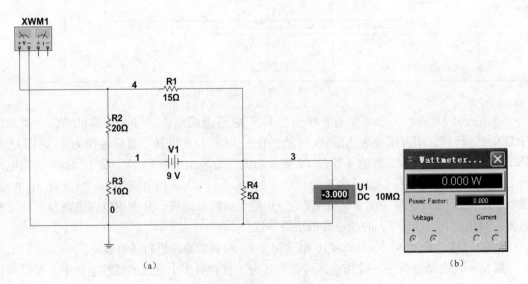

(a)

(b)

图 11-30 9V 电压源单独作用时的仿真电路

(a) 仿真电路；(b) 测量值

在图 11-30（a）所示的仿真电路中，仅有电压源作用，单击仿真开关 [o |] 或单击 "Simulate（仿真）" 菜单的 "RUN（运行）"，用功率表 XMM1 测量电流源的功率，双击打开其面板，可以看见读数为 0W［见图 11-30（b）］，用电压表测量 U 的值为 $-3V$。

（2）当 3A 电流源单独作用时的仿真电路如图 11-31（a）所示。

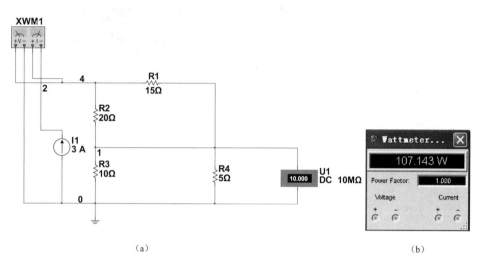

（a）　　　　　　　　　　　　　　（b）

图 11-31　3A 电流源单独作用时的仿真电路

(a) 仿真电路；(b) 测量值

在图 11-31（a）所示的仿真电路中，仅有电流源作用，单击仿真开关 [o |] 或单击 "Simulate（仿真）" 菜单的 "RUN（运行）"，用功率表 XMM1 测量电流源的功率，双击打开其面板，可以看见读数为 107.143W［见图 11-31（b）］，用电压表测量 U 的值为 10V。

可见，$-3V+10V=7V$ 满足叠加原理，而 $0W+107.143W \neq 109.714W$ 不满足叠加原理，验证其结果与［例 4-1］的理论分析结果一致。

【例 11-4】 采用 NI Multisim 10 对［例 4-6］戴维南定理求解桥式电路中的电阻 R_1 上的电流 I 进行仿真验证。

解析： 在电路分析中，戴维南定理是一项重要内容，利用戴维南定理可将有源二端网络表示为：任何一个线性有源二端口网络 N_S，对外电路而言，它可以用一个电压源 u_S 和电阻 R_0 的串联组合电路来等效。该等效电压源的电压 u_S 等于该有源二端网络在端口处的开路电压 u_{oc}，其等效电阻 R_0 等于该有源二端网络 N_S 对应的令独立源为零时二端网络 N_0 的等效电阻。

解　（1）建立［例 4-6］原电路的仿真电路，如图 11-32（a）所示，单击仿真开关 [o |] 或单击 "Simulate（仿真）" 菜单的 "RUN（运行）"，测量电阻 R_1 上的电流 I 为 153.847mA，如图 11-32（b）所示。

（2）用戴维南定理求解电阻 R_1 上的电流 I，进行仿真验证，步骤如下。

1）建立［例 4-6］原电路的开路电压仿真电路，如图 11-33（a）所示，用万用表 XMM1 测量开路电压，双击打开其面板，可以看见读数为 $-2V$ 如图 11-33（b）所示，即 $u_{oc}=-2V$。

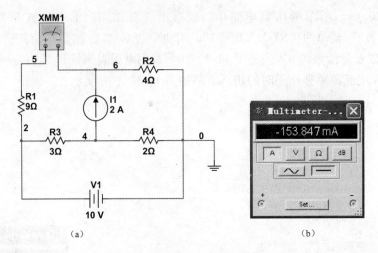

(a)　　　　　　　　　　　(b)

图 11-32　原电路电流测量的仿真电路

(a) 仿真电路；(b) 测量值

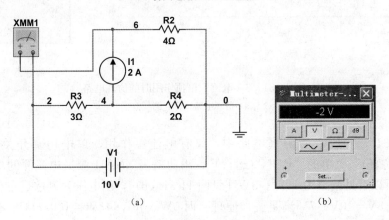

(a)　　　　　　　　　　　(b)

图 11-33　［例 4-6］的仿真电路

(a) 仿真电路；(b) 测量值

2）将有源二端网络除源后，建立如图 11-34（a）所示的仿真电路，将万用表 XMM1 选

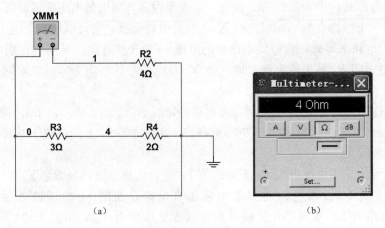

(a)　　　　　　　　　　　(b)

图 11-34　求等效电阻的仿真电路

(a) 仿真电路；(b) 测量值

择欧姆挡，可测量等效电阻，双击打开其面板，可以看见读数为 4Ω，如图 11-34（b）所示，
即 $R_0=4\Omega$。

3）建立戴维南等效电路的仿真电路，如图 11-35（a）所示，万用表 XMM1 测量电阻
R_1 上的电流 I 为－153.847mA，如图 11-35（b）所示，其读数和原电路的读数相同。

综上，仿真验证结果与［例 4-6］的理论分析结果一致。

【例 11-5】　采用 NI Multisim 10 对
［例 5-3］的 RLC 串联的正弦稳态交流电
路的计算进行仿真验证。

解析：所谓正弦稳态交流电路，是指
激励和响应均按正弦规律变化的电路。在
生产和日常生活中所用的交流电，一般都
是指正弦稳态交流电，因此，研究正弦稳
态交流电路具有重要的现实意义。分析各
种正弦稳态交流电路，主要是确定稳态电
路中电压与电流之间的关系，包括有效值
（或幅值）大小和相位。

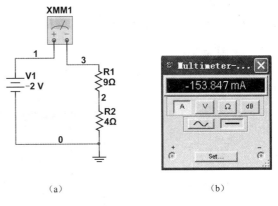

图 11-35　戴维南等效电路的仿真电路
(a) 仿真电路；(b) 测量值

解　建立［例 5-3］原电路的仿真电
路，如图 11-36 所示，用万用表 XMM1、XMM2、XMM3 和 XMM4 分别测量 RLC 串联电
路的电流、R 的电压、L 的电压和 C 的电压，注意万用表应当设置为交流挡。

单击仿真开关或单击"Simulate（仿真）"菜单的"RUN（运行）"，各表的测量值
如图 11-37 所示，容易发现各表的测量值与［例 5-3］的理论计算值一致。

注意，图 11-37 所示电压表的测量值之和不等于输入端交流电压表的测量值，不满足基
尔霍夫电压定律。这是因为交流电压表的测量值只反映了被测元件端电压的有效值，在正弦
稳态电路中，基尔霍夫电压定律只对电压或电流的相量和瞬时值成立，对有效值不成立。

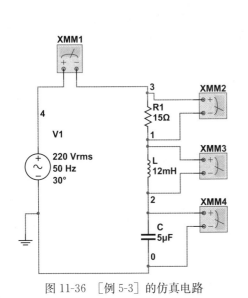

图 11-36　［例 5-3］的仿真电路

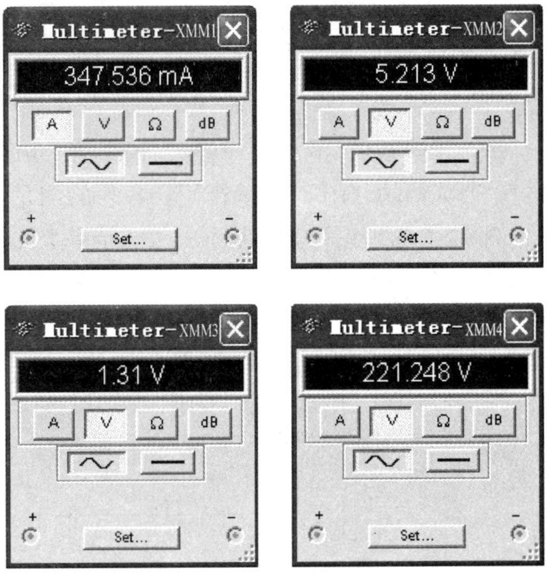

图 11-37　［例 5-3］的测量值

【例 11-6】 采用 NI Multisim 10 对［例 6-2］的耦合电感电路的计算进行仿真验证。

解析： 如果两种线圈绕制的芯子是由非铁磁材料制成或是空心的，这种变压器就称作空心变压器。为了定量地描述两个线圈耦合程度，一般取耦合系数 k 进行衡量，k 越大说明耦合越紧密，当 $k=1$ 时，说明两线圈是全耦合，此时两线圈处于重叠状态。

解　［例 6-2］中 ω 的值是未知的，因此可取频率 $f=50\mathrm{Hz}$，此时 $\omega=2\pi f=100\pi$，$L_1=5/(100\pi)\approx0.0159$（H）$=15.9$（mH），$L_2=6/(100\pi)\approx0.01908$（H）$=19.08$（mH），$M=3/(100\pi)\approx0.00954$（H）$=9.54$（mH），$C=1/(4\times100\pi)\approx0.00079578$（F）$=795.78$（$\mu$F），又因为 $k=\dfrac{M}{\sqrt{L_1L_2}}$，计算可得 $k=0.548$。选取的耦合电感器件和设置结果如图 11-38 所示。

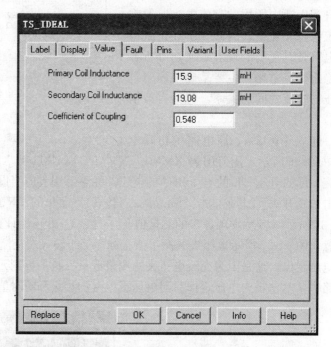

图 11-38　耦合电感器件和设置结果

建立［例 6-2］的仿真电路，如图 11-39 所示，单击仿真开关 或单击 "Simulate（仿真）" 菜单的 "RUN（运行）"，各表的测量值如图 11-39 所示，容易发现各表的测量值与［例 6-2］的理论计算值基本一致，结果上的偏差是由于计算精度引起的。

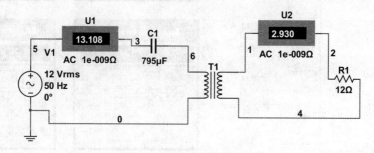

图 11-39　耦合电感仿真电路

图 11-40 所示是 $k=1$ 时，其他电路参数未发生变化时的仿真结果。

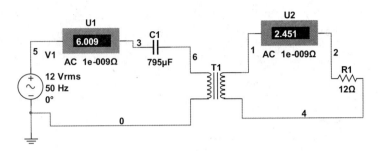

图 11-40　$k=1$ 耦合电感仿真电路

图 11-41 所示是 $k=0.05$ 时，其他电路参数未发生变化时的仿真结果。

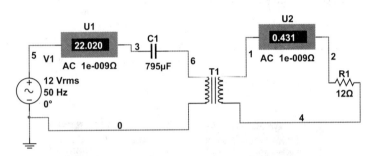

图 11-41　$k=0.05$ 耦合电感仿真电路

对比图 11-40 和图 11-41 的结果，可知两个线圈耦合程度影响着一次侧线圈电流 I_1 和二次侧线圈电流 I_2。因为 $k=\dfrac{M}{\sqrt{L_1 L_2}}$，所以 k 增大，M 增大，$Z_{f1}=\dfrac{(\omega M)^2}{Z_{22}}$ 增大，$\dot{I}_1=\dfrac{\dot{U}_S}{Z_{11}+Z_{f1}}$ 必然减小；反之，k 减小，M 减小，$Z_{f1}=\dfrac{(\omega M)^2}{Z_{22}}$ 减小，$\dot{I}_1=\dfrac{\dot{U}_S}{Z_{11}+Z_{f1}}$ 必然增大。关于 I_2 的变化可以通过能量转换或者公式计算的方式去分析，因此仿真结果和理论分析一致。

【例 11-7】　采用 NI Multisim 10 对［例 7-1］的三相稳态交流电路的计算进行仿真验证。

解析：对称三相电路的电源对称，当三相负载对称时，无论接法如何，其各处的相电压、相电流和线电压线电流均对称。在星形连接的对称三相电路中，每相的相电流仅由该相的相电压和阻抗决定。

解　建立［例 7-1］原电路的仿真电路，如图 11-42 所示，用万用表 XMM1、XMM2、XMM3 和 XMM4 分别测量中性线电流和 A 相、B 相、C 相的相电流，注意万用表应当设置为交流挡。

单击仿真开关 ⬚ 或单击 "Simulate（仿真）"菜单的 "RUN（运行）"，各表的测量值如图 11-43 所示，容易发现各表的测量值与［例 7-1］的理论计算值一致。

可采用二表法来测量三相电路的总功率，接线如图 11-44 所示。

单击仿真开关 ⬚ 或单击 "Simulate（仿真）"菜单的 "RUN（运行）"，功率表 XWM1 和 XWM2 的测量值如图 11-45 所示。

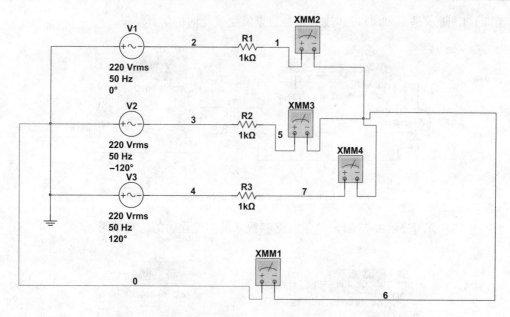

图 11-42 ［例 7-1］仿真电路

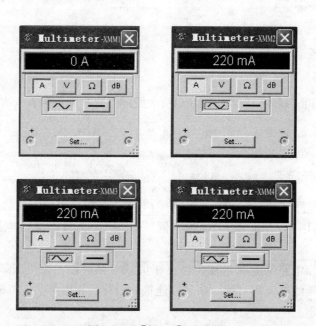

图 11-43 ［例 7-1］测量值

根据二表法来测量三相电路的总功率的算法可得

$$P = P_1 + P_2 = 72.598 + 72.598 = 145.196(\text{W})$$

而理论计算的负载功率 $P = \sqrt{3}U_l I_l \cos\varphi = \sqrt{3} \times 380 \times 0.22 \times 1 = 144.799$（W），说明仿真结果同理论计算基本一致，产生的偏差主要由于仿真计算的精度与理论计算的精度不同造成的。

【例 11-8】 采用 NI Multisim 10 对［例 8-6］的三相稳态交流电路的计算进行仿真验证。

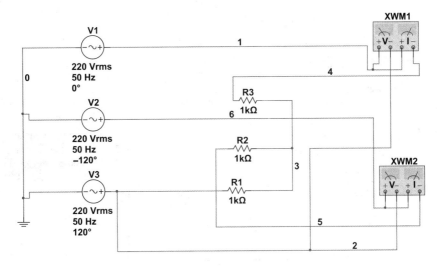

图 11-44　［例 7-1］功率的测量

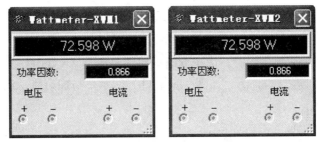

图 11-45　三相对称电路的功率

解析：对非正弦周期电压或电流激励下的线性电路的计算，当直流分量单独作用时，是按直流电路计算，此时电容相当于开路，电感相当于短路；当各次谐波单独作用时，不同次谐波的阻抗值会随谐波次数而变。

解　本题中 ω 的值是未知的，因此可取频率 $f=50\mathrm{Hz}$，此时 $\omega=2\pi f=100\pi$，$L=10/(100\pi)\approx0.0318$（H）$=31.8$（mH），$C=1/(40\times100\pi)\approx0.000079578$（F）$=79.578$（μF）。

（1）当 70V 直流电压源单独作用时，仿真电路如图 11-46（a）所示，此时电流读数为

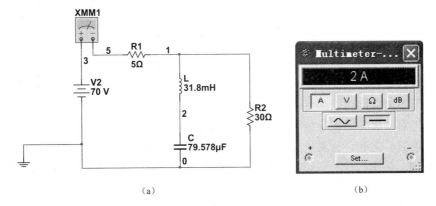

(a)　　　　　　　　　　　　　(b)

图 11-46　直流电压源单独作用的仿真电路

(a) 仿真电路；(b) 测量值

2A，如图 11-46（b）所示，和理论值一致。

（2）当 1 次谐波分量单独作用时，仿真电路如图 11-47（a）所示，此时电流读数为 2A，如图 11-47（b）所示，与理论值一致。

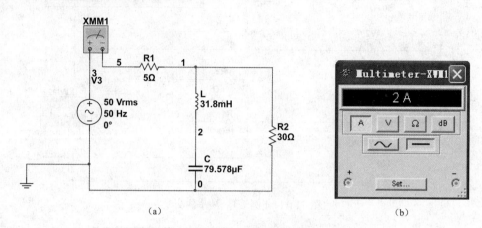

图 11-47　一次谐波分量单独作用的仿真电路
(a) 仿真电路；(b) 测量值

（3）2 次谐波分量单独作用时，由于此时电路的频率是 $f=100\text{Hz}$，仿真电路如图 11-48（a）所示，此时电流读数约为 1A，如图 11-48（b）所示，与理论值一致。

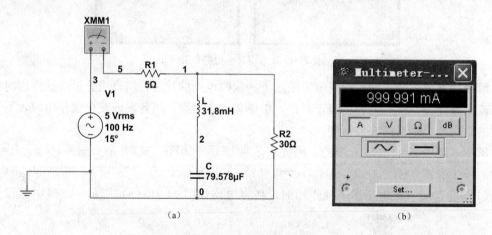

图 11-48　二次谐波分量单独作用的仿真电路
(a) 仿真电路；(b) 测量值

需要注意的是，千万不要建立如图 11-49 所示的仿真电路，这是错误的建模方式，不同频率的电源是不可以同时作用于同一个电路中。对非正弦周期电压或电流激励下的线性电路的计算，只是对其进行傅里叶级数展开，获得等效的一系列不同频率的正弦量（即恒定直流分量和各次谐波）之和，其实质是方便用相量法根据线性电路的叠加定理进行求解。

【例 11-9】　采用 NI Multisim 10 对一阶电路中零输入响应、零状态响应和全状态响应进行仿真验证。

解析：所谓一阶电路，是指除电压源或电流源及电阻元件外，只含有一个或经化简后只剩下一个独立的储能元件（电容或电感）的电路，在电路发生换路（电路的结构改变或元件参数变化）时，则电路出现过渡过程（暂态）。
采用 NI Multisim 10 分别对 RC 电路的零输入
响应、零状态响应和全状态响应进行仿真，用
虚拟示波器来观察电容两端的电压变化。

解　（1）RC 电路的零输入响应仿真。

若电路的外部输入信号为零或无外加激励
情况下，仅由电路中储能元件上的初始状态所
得的响应称为零输入响应。以〔例 9-4〕进行
仿真，假设电源 $U_j=24\mathrm{V}$，时间常数 $\tau=RC$ 中，
$R=\dfrac{R_1R_2}{R_1+R_2}$，当 $\tau_1=\dfrac{500\times500}{500+500}\times10\times10^{-6}=$
$250\times10\times10^{-6}=2.5\times10^{-3}$ （s）仿真时，开关
的切换由空格键 Space 控制，按下一次空格键，
开关从一个触点切换到另一个触点，反复切换
开关，就得到电容的充放电波形，零输入响应

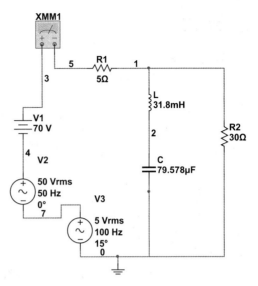

图 11-49　错误的建模方式仿真电路

仿真如图 11-50 所示。从示波器的波形可以看出，电源给电容充电，能充到最大值 24V，放
电波形与时间常数有关，因此可以调整电路参数改变时间常数，当 $\tau_2=\dfrac{1\times1}{1+1}\times10\times10^{-6}=$
$0.5\times10^3\times10\times10^{-6}=5\times10^{-3}$ （s），即时间常数增大时，零输入响应仿真如图 11-51 所示，
比较可知放电过程变缓，这与 τ 越大、过渡过程就越长的理论结论一致。

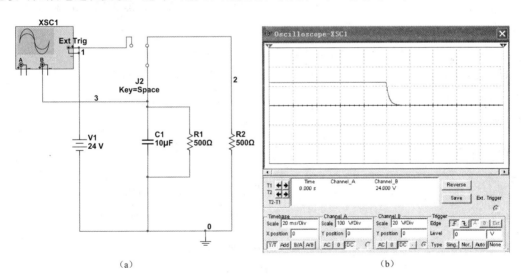

（a）　　　　　　　　　　　　　　　　（b）

图 11-50　RC 电路的零输入响应的仿真电路 1

（a）仿真电路；（b）示波器观察波形

（2）RC 电路的零状态响应仿真。

若电路中储能元件上的初始储能状态为零（即零状态），仅在外部输入信号或外加激励
下，电路中的响应称为零状态响应。以〔例 9-6〕进行仿真，本例题中，由于 $\tau=\dfrac{100\times100}{100+100}\times$

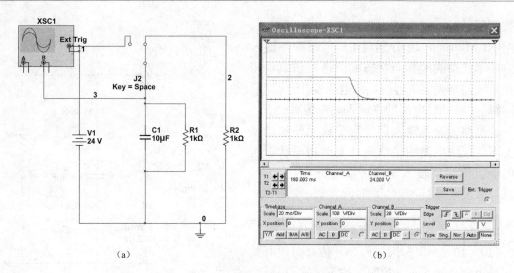

图 11-51 *R-C* 电路的零输入响应的仿真电路 2

(a) 仿真电路；(b) 示波器观察波形

$10^{-6}=50\times10^{-6}=5\times10^{-5}$（s），$\tau$ 太小，充电太快，在进行仿真时，根本看不到过渡过程，为了能够看清楚充电过渡过程，这里将电路参数进行调整，使 $\tau=\dfrac{1000\times1000}{1000+1000}\times100\times10^{-6}=500\times100\times10^{-6}=5\times10^{-2}$（s），建立仿真电路如图 11-52 所示。

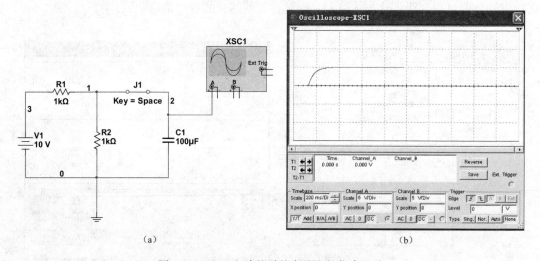

图 11-52 *R-C* 电路的零状态响应的仿真电路

(a) 仿真电路；(b) 示波器观察波形

仿真时，电路的暂态过程快慢与时间常数大小有关，电路的参数大小选择要合理，时间常数越大，则暂态过程越慢；时间常数越小，则暂态过程越快。电路中其他参数不变时，电容容量大小就代表时间常数的大小。

（3）*RC* 电路的全响应仿真。

既有外加激励电源，同时又有初始储能（初始条件不为零）的一阶电路的响应，称为全响应。以图 9-28 所示电路进行仿真，仿真电路如图 11-53 所示。反复按下空格键使开关反

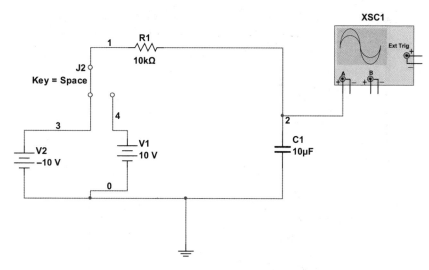

图 11-53　RC 电路的全响应的仿真电路

复切换，通过示波器 XSC1 就可观察到电容电压全响应波形如图 11-54 所示。

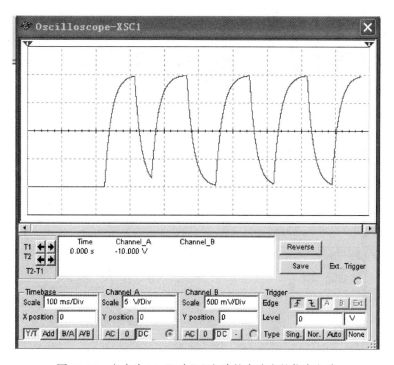

图 11-54　电容为 $10\mu F$ 时 RC 电路的全响应的仿真电路

　　通过改变电容的大小，观察电容的充放电过程。当电容容量较小时（$C=1\mu F$），如图 11-55 所示的电容充放电波形，该波形近似为矩形波，充放电加快，上升沿和下降沿变陡；当电容容量较大时（$C=100\mu F$），如图 11-56 所示的电容充放电波形，该波形相当平缓，充放电变慢。

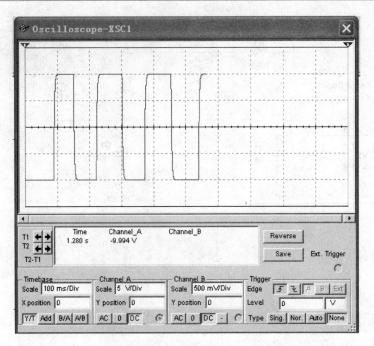

图 11-55　电容为 $1\mu F$ 时 R-C 电路的全响应的仿真电路

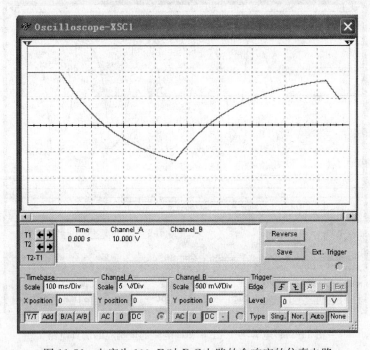

图 11-56　电容为 $100\mu F$ 时 R-C 电路的全响应的仿真电路

 本 章 小 结

（1）Multisim 10 是基于 Windows 的仿真软件，其界面与 Windows 的其他应用软件有

着相似的工作界面。Multisim 10 主窗口各部分功能如下：

1）主菜单：里面包含了所有的操作命令。

2）系统工具栏：包含了所有对目标文件的建立、保存等系统操作的功能按钮。

3）主工具栏：包含了所有对目标文件进行测试、仿真等操作的功能按钮。

4）观察工具栏：包含了对主工作窗内的视图进行放大、缩小等操作的功能按钮。

5）电路标注工具栏：提供了在编辑文件时，插入图形、文字的工具。

6）元件工具栏：通过单击相应的元件工具条可以方便快速地选择和放置元件。

7）仪表工具栏：包含了可能用到的所有电子仪器，可以完成对电路的测试。

8）设计工作窗：是展现目标文件整体结构和参数信息的工作窗，完成项目管理功能。

9）电路窗口：是软件的主工作窗口。在该窗口中，可以进行元器件放置、连接电路、调试电路等工作。

10）仿真运行开关：由仿真运行/停止和暂停按钮组成。

11）运行状态条：用以显示仿真状态、时间等信息。

（2）Multisim 10 有 12 个主命令菜单，位于主窗口的上方，包括 File（文件）菜单、Edit（编辑）菜单、View（窗口显示）菜单、Place（放置）菜单、MCU（微控制器）菜单、Simulate（仿真）菜单、Transfer（文件传输）菜单、Tools（工具）菜单、Reports（报表）菜单、Option（选项）菜单、Windows（窗口）菜单、Help（帮助）菜单。

（3）Multisim 10 常用工具栏有：

1）系统工具栏。系统工具栏包括新建、打开、打印、保存、放大、剪切、复制、粘贴、撤销等常见的功能按钮。

2）设计工具栏。设计工具栏是 Multisim 10 的核心，可进行电路的建立、仿真、分析并最终输出设计数据。

3）元器件库工具栏。Multisim 10 提供了元件数据库，是用户在电路仿真中可以使用的所有元器件符号库。在元器件库 Database（数据库）窗口下，元器件库被分为 Master Database（主数据库）、Corporate Database（公共数据库）、User Database（用户数据库）3 类。Master Database 是主数据库，其内部元件是不能改动的；Corporate Database 是共享设计专用的数据库；User Database 是用户自定义数据库，用户可以将常用的器件和自己编辑的器件放在此数据库中。

4）仪表工具栏。Multisim 10 提供了 21 种用来对电路工作状态进行测试的仪器、仪表，其外观和使用方法与真实仪器相当。

（4）Multisim 10 在电路中的仿真应用。Multisim 10 电路分析主要包括直流电路分析、交流电路分析和动态电路的暂态分析，充分运用 Multisim 10 的仿真实验和仿真分析功能不仅有助于建立电路分析的基本概念，掌握电路分析的基本原理、基本方法和基本实验技能，而且可以加深对电路特性的理解，提高分析和解决、问题的能力。基本的操作步骤如下：

1）创建电路：从元器件库中选择元器件。

2）参数设置：双击各元件进行参数设置。

3）启动仿真开关，双击各万用表可得各电流值和电压值。

4）结果分析：是否和理论分析结果一致。

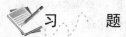

习 题

1. 在 Multisim 环境中，创建电路如图 11-57 所示，进行基尔霍夫定理验证。

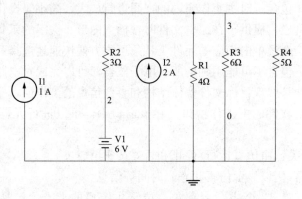

图 11-57 题 1 图

2. 在 Multisim 环境中，创建电路如图 11-58 所示，对电阻 R4 上的电流进行叠加定理验证。

3. 在 Multisim 环境中，创建电路如图 11-59 所示，对 *RLC* 串联电路的谐振现象进行观察。

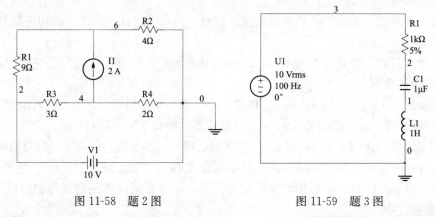

图 11-58 题 2 图   图 11-59 题 3 图

4. 在 Multisim 环境中，创建电路如图 11-60 所示，对电阻 R1 上的电流进行戴维南定理验证。

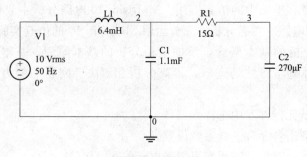

图 11-60 题 4 图

5. 在 Multisim 环境中，创建电路如图 11-61 所示，电路原已达到稳态，试分析当开关合到 1 处以后，对电容 C1 上的电压进行暂态过程观察。

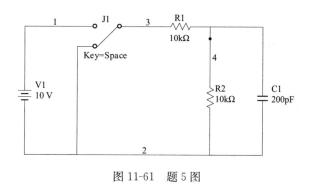

图 11-61　题 5 图

6. 在 Multisim 环境中，创建电路如图 11-62 所示，求解电阻 R1 上的功率。

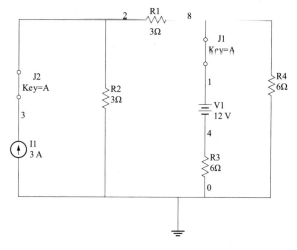

图 11-62　题 6 图

7. 在 Multisim 环境中，创建电路如图 11-63 所示，用电源等效求解。

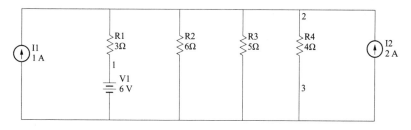

图 11-63　题 7 图

8. 在 Multisim 环境中，创建电路如图 11-64 所示，用节点电压法求解各支路电流。

9. 在 Multisim 环境中，创建电路如图 11-65 所示，改变耦合系数，观察各线圈电流如何变化。

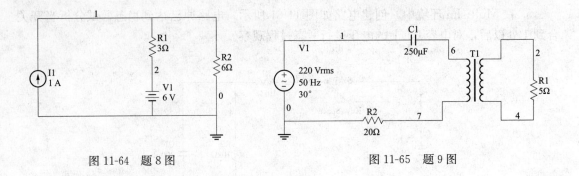

图 11-64　题 8 图　　　　　　　　　　　　　　　　图 11-65　题 9 图

附录 A 阻抗星形-三角形连接转换

阻抗星形连接和三角形接如图 A-1 所示。阻抗星形连接和三角形连接点通过①、②、③三个端子与外部相连接。

阻抗星形-三角形等效变换的端子条件：在①、②、③三个端子之间施加相同的电压 $\dot{U}_{12}$、$\dot{U}_{23}$ 和 $\dot{U}_{31}$，且流入对应端子的电流分别相等，即 $\dot{I}_1 = \dot{I}_1'$，$\dot{I}_2 = \dot{I}_2'$，$\dot{I}_3 = \dot{I}_3'$，则它们彼此等效。

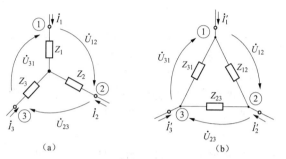

图 A-1 阻抗的星形连接与三角形连接
(a) 阻抗的星形连接；(b) 阻抗的三角形连接

对丁图 A-1 (a)。根据 KCL 和 KVL，可列出端子电压和电流之间的关系方程为

$$\dot{U}_{12} = Z_1 \dot{I}_1 - Z_2 \dot{I}_2$$

$$\dot{U}_{23} = Z_2 \dot{I}_2 - Z_3 \dot{I}_3$$

$$\dot{U}_{31} = Z_3 \dot{I}_3 - Z_1 \dot{I}_1$$

$$\dot{I}_1 + \dot{I}_2 + \dot{I}_3 = 0$$

联立上述式子，解出端子电流为

$$\left.\begin{aligned}
\dot{I}_1 &= \frac{Z_3}{Z_1 Z_2 + Z_2 Z_3 + Z_3 Z_1}\dot{U}_{12} - \frac{Z_2}{Z_1 Z_2 + Z_2 Z_3 + Z_3 Z_1}\dot{U}_{31} \\
\dot{I}_2 &= \frac{Z_1}{Z_1 Z_2 + Z_2 Z_3 + Z_3 Z_1}\dot{U}_{23} - \frac{Z_3}{Z_1 Z_2 + Z_2 Z_3 + Z_3 Z_1}\dot{U}_{12} \\
\dot{I}_3 &= \frac{Z_2}{Z_1 Z_2 + Z_2 Z_3 + Z_3 Z_1}\dot{U}_{31} - \frac{R_1}{Z_1 Z_2 + Z_2 Z_3 + Z_3 Z_1}\dot{U}_{23}
\end{aligned}\right\} \tag{A-1}$$

对于图 A-1 (b)，根据 KCL 和欧姆定律，①、②、③三个端子电压 $\dot{U}_{12}$、$\dot{U}_{23}$ 和 $\dot{U}_{31}$ 和电流 $\dot{I}_1'$、$\dot{I}_2'$、$\dot{I}_3'$ 之间的关系方程为

$$\left.\begin{aligned}
\dot{I}_1' &= \frac{\dot{U}_{12}}{Z_{12}} - \frac{\dot{U}_{31}}{Z_{31}} \\
\dot{I}_2' &= \frac{\dot{U}_{23}}{Z_{23}} - \frac{\dot{U}_{12}}{Z_{12}} \\
\dot{I}_3' &= \frac{\dot{U}_{31}}{Z_{31}} - \frac{\dot{U}_{23}}{Z_{23}}
\end{aligned}\right\} \tag{A-2}$$

根据 $\dot{I}_1 = \dot{I}_1'$，$\dot{I}_2 = \dot{I}_2'$，$\dot{I}_3 = \dot{I}_3'$，则式（A-1）和式（A-2）中的对应系数分别相等，可得到星形→三角形连接等效变换的阻抗转换关系式

$$Z_{12} = \frac{Z_1 Z_2 + Z_2 Z_3 + Z_3 Z_1}{Z_3}$$

$$Z_{23} = \frac{Z_1 Z_2 + Z_2 Z_3 + Z_3 Z_1}{Z_1} \right\} \qquad \text{(A-3)}$$

$$Z_{31} = \frac{Z_1 Z_2 + Z_2 Z_3 + Z_3 Z_1}{Z_2}$$

三角形→星形连接等效变换的阻抗转换关系式

$$Z_1 = \frac{Z_{12} Z_{31}}{Z_{12} + Z_{23} + Z_{31}}$$

$$Z_2 = \frac{Z_{23} Z_{12}}{Z_{12} + Z_{23} + Z_{31}} \right\} \qquad \text{(A-4)}$$

$$Z_3 = \frac{Z_{31} Z_{23}}{Z_{12} + Z_{23} + Z_{31}}$$

若星形连接电路是对称的，即三个阻抗相等，$Z_1 = Z_2 = Z_3 = Z_Y$，由式（A-3）可知，等效三角形电路的阻抗也相等，即

$$Z_\triangle = Z_{12} = Z_{23} = Z_{31} = 3Z_Y$$

若三角形电路是对称的，即三个阻抗相等，$Z_{12} = Z_{23} = Z_{31} = Z_\triangle$，由式（A-4）可知，等效星形电路的阻抗也相等，即

$$Z_Y = Z_1 = Z_2 = Z_3 = \frac{1}{3} Z_\triangle$$

附录 B 线性电路动态过程拉普拉斯变换法

用拉普拉斯变换（简称拉氏变换）法解电路动态过程可以将解电路微分方程的运算转化为求解代数方程的运算，且在列写方程的同时将电路的初始条件考虑进去，从而省去了由初始条件确定积分常数的麻烦。当电路激励是指数函数、冲激函数、斜坡函数等其他函数时，用拉普拉斯变换法求解比经典法也更为方便。

B.1 变 换 定 义 和 性 质

拉普拉斯变换的定义（简称拉氏变换）和反变换定义分别为

$$F(s) = \int_{0_-}^{\infty} f(t) e^{-st} dt \text{ 和 } f(t) = \frac{1}{2\pi j} \int_{\delta - j\omega}^{\delta + j\omega} F(s) e^{st} ds$$

式中：$f(t)$ 为原函数；$F(s)$ 为象函数；$s = \delta + j\omega$，是复数，为复频率。

上述两式分别简记为

$$F(s) = L[f(t)] \text{ 和 } f(t) = L^{-1}[F(s)]$$

拉普拉斯变换是一种将时间函数化为复频率函数的变换，因此拉普拉斯变换法也叫复频域分析法。

常见原函数和对应象函数的拉普拉斯变换见表 B-1。

表 B-1 常见拉普拉斯变换表

原函数 $f(s)$	象函数 $F(s)$	原函数 $f(s)$	象函数 $F(s)$
$\delta(t)$	1	te^{-at}	$\dfrac{a}{(s+a)^2}$
$\delta'(t)$	s	$\sin\omega t$	$\dfrac{\omega}{s^2+\omega^2}$
1	$\dfrac{1}{s}$	$\cos\omega t$	$\dfrac{s}{s^2+\omega^2}$
t	$\dfrac{1}{s^2}$	$e^{-at}\sin\omega t$	$\dfrac{\omega}{(s+a)^2+\omega^2}$
e^{-at}	$\dfrac{1}{s+a}$	$e^{-at}\cos\omega t$	$\dfrac{s+a}{(s+a)^2+\omega^2}$
$1-e^{-at}$	$\dfrac{a}{s(s+a)}$	.	

常见部分拉普拉斯变换的性质见表 B-2。

表 B-2 常见拉普拉斯变换的性质

序号	性质名称	$f(t)\varepsilon(t)$	$f(s)$
1	唯一性	$f(t)$	$F(s)$
2	齐次性	$Af(t)$	$AF(s)$
3	叠加性	$f_1(t) + f_2(t)$	$F_1(s) + F_2(s)$

序号	性质名称	$f(t)\varepsilon(t)$	$f(s)$
4	线性	$A_1 f_1(t)+A_2 f_2(t)$	$A_1 F_1(s)+A_2 F_2(s)$
5	尺度性	$f(at),a>0$	$\dfrac{1}{a}F\left(\dfrac{s}{a}\right)$
6	时移性	$f(t-t_0)\varepsilon(t-t_0),t_0>0$	$F(s)e^{-t_0 s}$
7	时域微分	$f(t)e^{-at}$	$F(s+a)$
8	复频微积分	$f'(t)$ $f''(t)$ $\vdots$ $f^{(n)}(t)$	$sF(s)-f(0-)$ $s^2 F(s)-sf(0-)-f'(0-)$ $\vdots$ $s^n F(s)-s^{n-1}f(0-)-\cdots-f^{(n-1)}(0-)$
9	复频移性	$tf(t)$ $tf'(t)$ $\vdots$ $tf^{(n)}(t)$	$(-1)^1\dfrac{\mathrm{d}F(s)}{\mathrm{d}s}$ $(-1)^2\dfrac{\mathrm{d}^2 F(s)}{\mathrm{d}s^2}$ $\vdots$ $(-1)^1\dfrac{\mathrm{d}^n F(s)}{\mathrm{d}s^n}$

　　根据拉普拉斯变换的定义和性质可以求出许多原函数和象函数的关系，用拉普拉斯变换法求解电路的动态过程就变得非常方便。用拉普拉斯变换法求解电路的动态过程，需要获得原电路的复频域模型，与相量模型类似，复频域模型是一种运用象函数方便地对动态电路进行分析和计算的一种假想模型。

B. 2　电路元件的复频域形式

B. 2. 1　电阻

电阻元件的时域和频域的电路特征模型如图 B-1 所示。

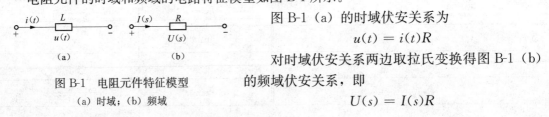

（a）　　　　　　　　（b）

图 B-1　电阻元件特征模型
（a）时域；（b）频域

图 B-1（a）的时域伏安关系为
$$u(t) = i(t)R$$
对时域伏安关系两边取拉氏变换得图 B-1（b）的频域伏安关系，即
$$U(s) = I(s)R$$

B. 2. 2　电感

电感元件的时域和频域的电路特征模型如图 B-2 所示。

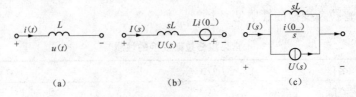

（a）　　　　　　（b）　　　　　　（c）

图 B-2　电感元件特征模型
（a）时域；（b）频域串联形式；（c）频域并联形式

图 B-2（a）所示的时域伏安关系为

$$u(t) = L\frac{\mathrm{d}i(t)}{\mathrm{d}t}$$

对时域伏安关系两边取拉氏变换，得图 B-2（b）所示的频域伏安关系为

$$U(s) = sLI(s) - Li(0_-)$$

也可以整理为

$$I(s) = \frac{U(s)}{sL} + \frac{i(0_-)}{s}$$

即为图 B-2（c）所示的频域伏安关系。

B.2.3　电容

电容元件的时域和频域的电路特征模型如图 B-3 所示。

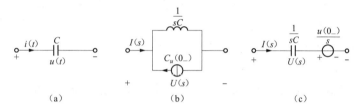

图 B-3　电容元件特征模型

（a）时域；（b）频域串联形式；（c）频域并联形式

图 B-3（a）所示的时域伏安关系为

$$i(t) = C\frac{\mathrm{d}u(t)}{\mathrm{d}t}$$

对时域伏安关系两边取拉氏变换得图 B-3（b）所示的频域伏安关系为

$$I(s) = sCU(s) - Cu(0_-)$$

也可以整理为

$$U(s) = \frac{I(s)}{sC} + \frac{u(0_-)}{s}$$

即为图 B-3（c）所示的频域伏安关系。

B.3　电路定理的复频域形式

（1）基尔霍夫电流定理的时域形式为

$$\sum i(t) = 0$$

该式表明在电路中，任何时刻的流入任一节点的电流之和为零。

对基尔霍夫电流定理的时域形式两边取拉氏变换得

$$\sum I(s) = 0$$

该式表明在电路中，任何时刻的流入任一节点的电流的象函数之和为零。

（2）基尔霍夫电压定理的时域形式

$$\sum u(t) = 0$$

该式表明在电路中，任何时刻沿任一回路循行一周，电路的各电压之和为零。

对基尔霍夫电压定理的时域形式两边取拉氏变换得

$$\sum U(s) = 0$$

该式表明在电路中，任何时刻沿任一回路循行一周，电路的各电压的象函数之和为零。

（3）其他电路定理。由基尔霍夫定理导出的节点电压法、回路法，以及欧姆定理、叠加定理和戴维南定理都适用于拉普拉斯变换法。

B.4 拉普拉斯变换法求解步骤

（1）动态电路中的电路参数用象函数表示，电路符号不变，参考方向不变。对于原电路需将时域中的 R、L、C 和电源等电路元件变换为 s 域中的相应的等效元件；其他电路参数也分别用 s 域模型替换。

（2）根据换路前的电路工作状态，计算获得电感的 $i(0_-)$ 值和电容的 $u(0_-)$ 值。

（3）根据前两步，画出原电路的复频域等效电路模型。

（4）选择对电路的求解方法和电路定理对复频域等效电路模型求解，解得电流 $I(s)$ 或电压 $U(s)$。

（5）对电流 $I(s)$ 或电压 $U(s)$ 经逆变换可得到时域中的电流 $i(t)$ 或电压 $u(t)$。注意，有时此步骤一般要拉普拉斯变换的定义和性质进行结合求得。

如图 B-4 所示是一个一阶电路的动态求解过程，即求当开关闭合后的 u_{ab}。

在图 B-4 中，设已知 $R_1=R_2=200\Omega$，$R_3=400\Omega$，$U_1=50\mathrm{V}$，$U_2=40\mathrm{V}$，$L=2\mathrm{H}$。根据拉普拉斯变换法求解步骤，R、L、C 和电源等电路元件需变换为 s 域模型，同时计算电感的 $i(0_-)$ 值为

$$i_L(0_-) = \frac{U_2}{R_1 + R_2} = \frac{40}{400} = 0.1(A)$$

此时，画出原电路的复频域等效电路模型如图 B-5 所示。

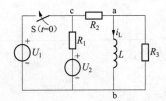

图 B-4 一阶电路

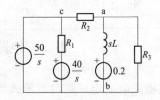

图 B-5 电路复频域等效电路

对图 B-5 采用节点电压法求解，选 b 点为参考点，可得：

对于 a 节点

$$\left(\frac{1}{2} + \frac{1}{R_3} + \frac{1}{sL}\right)U_{\mathrm{a}}(s) - \frac{U_{\mathrm{c}}(s)}{R_2} = \frac{0.2}{sL}$$

对于 c 节点：

$$U_{\mathrm{c}}(s) = \frac{50}{s}$$

可解得

$$U_a(s) = \frac{20}{s + 66.7}$$

经拉氏反变换得

$$U_a(t) = 20e^{-66.7t}\,(\mathrm{V})$$

　　可见，拉普拉斯变换法求解一方面将解电路微分方程的微积分运算，转化为求解代数方程的运算；另一方面在画原电路的复频域等效电路时，同时将电路的初始条件考虑进去，直接采用电路的适合求解方法，后经拉普拉斯逆变换可得到时域中的电流 $i(t)$ 或电压 $u(t)$，省去了由初始条件确定的解电路微分方程的积分常数的麻烦。

附录 C 常用物理量及其主单位

物理量		SI 主单位	
名称	符号	名称	符号
电阻	R, r	欧	Ω
电导	G	西门子	S
电感	L	亨	H
互感	M	亨	H
电容	C	法	F
电流源	I_j, i_j	安	A
电流	I	安	A
电压源	U_j, u_j	伏	V
电压	U, u	伏	V
电位	φ	伏	V
电动势	E, e	伏	V
电荷	Q, q	库	C
电能	W	焦耳	J
电量	A	千瓦·时	kWh
电功率	P	瓦	W
时间	t	秒	s
时间常数	τ	秒	s
磁通量	Φ	韦伯	Wb
磁链	ϕ	韦伯	Wb
受控电流源	I_d	安	A
受控电压源	U_d	伏	V
初相位	φ	弧度（度）	rad（°）
角频率	$\omega=2\pi f$	弧度/秒	rad/s（1/s）
频率	f	赫	Hz
周期	$T=\dfrac{1}{f}$	秒	s
复阻抗	$Z=R+jX$	欧	Ω
阻抗膜	$|Z|=\sqrt{R^2+X^2}$	欧	Ω
感抗	X_L	欧	Ω

续表

物理量		SI 主单位	
名称	符号	名称	符号
容抗	X_C	欧	Ω
电抗	$X=X_L-X_C$	欧	Ω
复导纳	$Y=G+jB$	西门子	S
感纳	B_L	西门子	S
容纳	B_C	西门子	S
电纳	$B=X_C-X_L$	西门子	S
阻抗角	$\varphi=\arctan\dfrac{X}{R}$	度	(°)
导纳角	$\varphi'=\arctan\dfrac{B}{G}$	度	(°)
相位差	$\varphi_u-\varphi_i=\varphi\ (\varphi')$	度	(°)
复功率	$\widetilde{S}$	伏·安	VA
有功功率	P	瓦	W
无功功率	Q	乏	var
视在功率	S	伏·安	VA
功率因数	$\cos\varphi$	—	—
谐振角频率	$\omega_0=\dfrac{1}{\sqrt{LC}}$	弧度/秒	rad/s
品质因数	$Q=\dfrac{\omega_0 L}{R}$	—	—
特性阻抗	$\rho=\sqrt{\dfrac{L}{C}}$	欧	Ω
通频带	$B=f_2-f_1$	赫	Hz

部分习题参考答案

第 1 章

1. (1) C (2) A (3) A (4) B (5) B

2. $(-560-540+600+320+180)$ $W=0$

3. $I_3=-2\text{mA}$, $U_3=60\text{V}$

4. $U_A=U_B=8\text{V}$

5. $P_R=20\text{W}(消耗)$, $P_{U_{S1}}=15\text{W}(供出)$, $P_{U_{S2}}=10\text{W}(吸收)$, $P_{IS}=15\text{W}(供出)$

6. (a)：$I_1=I_2=1\text{A}$

(b)：$I_1=I_2=1\text{A}$

(c)：$I_1=I_2=4\text{A}$

8. A、C 是电源

第 2 章

1. $U=0.667\text{V}$, $I=2\text{A}$

2. $I_3=\dfrac{2}{3}\text{A}$, $I_4=\dfrac{8}{9}\text{A}$

3. S 打开，$R_{ab}=200\Omega$；S 闭合，$R_{ab}=200\Omega$

4. (1) $R_{ab}=2.5\Omega$

(2) $R_{ab}=1.5\Omega$

(3) $R_{ab}=1\Omega$

5. (a) $R_{ab}=10\Omega$, $R_{cd}=3.9\Omega$

(b) $R_{ab}=2\Omega$, $R_{cd}=0\Omega$

7. $R_S=0.1\Omega$, $U_S=10\text{V}$, $I_S=100\text{A}$

8. (1) $I_{R_L}=-1\text{A}$

(2) $P_{U_{S1}}=-36\text{W}$

(3) $P_{I_S}=-8\text{W}$

9. $R_S=2\Omega$, $U_S=-6\text{V}$

10. $I=0.2\text{A}$

11. $I_S=26.2\text{mA}$

13. $u_o/u_S=0.3$

14. (a) $R_{ab}=R_2+(1-\mu)R_1$

(b) $R_{ab}=R_1+(1+\beta)R_2$

第 3 章

3. $I_1=4.85\text{A}$, $I_2=-0.27\text{A}$, $I_3=5.12\text{A}$, $I_4=-1.88\text{A}$, $I_5=-2.15\text{A}$

6. (a) $I_1=0$, $I_2=I_3=\dfrac{2}{3}\text{A}$

(b) $I_1=\dfrac{2}{3}\text{A}$, $I_2=\dfrac{1}{3}\text{A}$, $I_3=-1\text{A}$, $I_4=1\text{A}$

7. $U=80\text{V}$

9. $U=276.25\text{V}$

10. $i=\dfrac{11}{54}\text{A}$, $u=\dfrac{115}{3}\text{V}$

11. $i=0.02\text{A}$, $P=-80\text{mW}$

12. 3.83A（方向向左）

14. $I_1=1\text{A}$, $I_2=2\text{A}$, $I_3=3\text{A}$, $I_4=1\text{A}$, $I_5=1\text{A}$

15. $I_1=2\text{A}$, $I_2=1\text{A}$, $I_3=1\text{A}$, $I_4=3\text{A}$, $I_5=4\text{A}$

16. $U_1=-17.14\text{V}$

18. $U=32\text{V}$

第 4 章

1. (a) $i=1\text{A}$, $u=-5\text{V}$

(b) $i=1.4\text{A}$, $u=7.2\text{V}$

2. (a) $I=6.5\text{A}$；(b) $I=3.25\text{A}$

3. $\Delta U=1\text{V}$

4. $I_1=2\text{A}$, $I_2=-1\text{A}$, $I_3=9\text{A}$

5. $I=-6\text{A}$

6. $I_L=6.38\text{A}$

7. $I_{ab}=5.27\text{A}$

8. $R_L=10\Omega$, $U_S=6.4\text{V}$, $R_0=\dfrac{2}{3}\Omega$

9. $R=4\Omega$, $P_{\max}=484\text{W}$

10. $I=-\dfrac{14}{3}\text{A}$

11. $U=3.5\text{V}$

13. $I_2=0.75\text{A}$

14. $P_{U_S}=8\text{W}$（吸收）, $P_{I_S}=12\text{W}$（供出）

15. $P_{I_S}=8\text{W}$（吸收）, $P_{U_S}=30\text{W}$（供出）

第 5 章

3. (1) 10Ω, 0.1s, 1000W, 0, 1000VA, 1

(2) $34.64+j20\Omega$, 866.03W, 500var, 1000VA, 0.866

4. (a) PA0：2A

(b) PV0：80V

(c) PA0：14.14A

(d) PV0：14.14V

5. $i_R=10\sin(2t+180°)\text{A}$, $i_C=30\sin(2t+270°)\text{A}$, $i_L=20\sin(2t+90°)\text{A}$, $L=125\text{mH}$

6. $Z_{ab}=11.54-j12.3\Omega$

7. (1) $PV2$：14V; $PV4$：15.23V

(2) $60+j80\Omega$

8. $\dot{I}_1=3\underline{/-53.1°}$ A, $\dot{I}_2=3\underline{/20.9°}$ A, $\dot{I}_3=3.6\underline{/-106°}$ A

9. 同相条件：$\omega=\dfrac{1}{R_C}$

$\dfrac{\dot{U}_i}{\dot{U}_o}=3$

10. (a) $Z_{ab}=-j10\Omega$

(b) $Z_{ab}=1.5+j0.5\Omega$

12. $I=10\sqrt{2}A$, $P=1000\sqrt{2}W$, $\cos\varphi=1$

13. $I=3.84A$, $\cos\varphi=0.988$

14. $R=33.33\Omega$, $X_L=28.9\Omega$, $X_C=57.67\Omega$

15. (1) $u=220\sqrt{2}\sin(314t+56.9°)$ V

(2) $R=3.52\Omega$, $L=8.4mH$

16. (1) 1000 盏

(2) 500 盏

17. $C=3\mu F$

18. (1) $I=40.9A$

(2) $C=369.5\mu F$

(3) 121 盏

第 6 章

1. (a) $u_1=L_1\dfrac{di_1}{dt}-M\dfrac{di_2}{dt}$

$\qquad u_2=L_2\dfrac{di_2}{dt}-M\dfrac{di_1}{dt}$

(b) $u_1=L_1\dfrac{di_1}{dt}+M\dfrac{di_2}{dt}$

$\qquad u_2=-L_2\dfrac{di_2}{dt}-M\dfrac{di_1}{dt}$

(c) $u_1=-L_1\dfrac{di_1}{dt}-M\dfrac{di_2}{dt}$

$\qquad u_2=L_2\dfrac{di_2}{dt}+M\dfrac{di_1}{dt}$

2. $u_{de}=M\dfrac{di_1}{dt}=\begin{cases}10V, & 0<t\leqslant1 \\ -10V, & 1<t\leqslant2 \\ 0, & t\leqslant0,\ t>2\end{cases}$

3. 7.5W

4. $\dot{U}_2=32\underline{/0°}$ V

5. $R_L=40\Omega$, $P_{max}=2.5W$

6. 1250W

7. (1) 0.64W

(2) $n=4:1$，1W

8. $R_i=200\Omega$

9. (a) $L_{ab}=9H$

(b) $L_{ab}=7H$

10. (a) 0.667H

(b) 0.667H

(c) 0.667H

(d) 0.667H

11. (a) $Z=0.2+j0.6\Omega$

(b) $Z=-j1\Omega$

(c) $Z=\infty$

12. $\omega=\dfrac{1}{\sqrt{MC}}$

13. $\dot{U}=125\underline{/-36.87°}$ V

14. 开关 S 打开时 $\dot{I}_1=10.85\underline{/-77.47°}$ A，开关 S 闭合时 $\dot{I}_1=43.85\underline{/-37.88°}$ A

15. 从 96mH 减小至 0mH

16. $u_2=0.41\sqrt{2}\sin(t+78.2°)$ V

17. (1) $\dot{U}_{oc}=50\sqrt{2}\underline{/45°}$ V，$Z_0=500+j500\Omega$

(2) $\dot{I}_1=1\underline{/0°}$ A

18. $\dot{I}_2=2.5\underline{/0°}$ A

19. $L_1=0.274H$，$L_2=0.047H$，$M=0.113H$

20. (a) 8A

(b) 16A

21. $Z_{ab}=16+j17.5\Omega$

22. 0.25W

23. $Z_{ab}=2.5+j0.5\Omega$

24. 12.5mW

25. $U_2=10V$

26. $\dot{U}_C=8\underline{/-36.9°}$ V

27. (1) $\dot{I}_1=0.101\underline{/-45°}$ A，$\dot{I}_2=1.01\underline{/45°}$

(2) $Z=1-j1\Omega$

第7章

1. (1) 7.3A

(2) 10.7A

2. $\dot{I}_A=11\sqrt{2}\underline{/-45°}$ A，$\dot{I}_B=11\sqrt{2}\underline{/-165°}$ A，$\dot{I}_C=11\sqrt{2}\underline{/75°}$ A

3. $\dot{I}_A=1.56\underline{/-45°}$ A；$\dot{U}_{AB}=281.37\underline{/58.3°}$ V

4. (1) PA1：0A；PA2、PA3：8.6A

(2) PA1、PA2：5.7A；PA3：10A

(3) PA1：0A；PA2、PA3：5.7A

5. $17.32 \angle{-30°}$ A

6. $\dot{I}_A = 22 \angle{-30°}$ A，$\dot{I}_B = 22 \angle{-150°}$ A，$\dot{I}_C = 22 \angle{90°}$ A，$\dot{I}_N = 0$A

7. $\dot{I}_A = 6.8 \angle{-85.95°}$ A，$\dot{I}_B = 5.67 \angle{-143.53°}$ A，$\dot{I}_C = 10.94 \angle{68.1°}$ A

9. $P = 13.33$kW，$Q = 19.99$kvar，$S = 24$kVA，$\cos\varphi = 0.56$

10. $\dot{I}_A = 5.6 \angle{-31.62°}$ A，$\dot{I}_B = 5.86 \angle{-179.6°}$ A，$\dot{I}_C = 3.11 \angle{75°}$ A

11. $P_1 = 0.68$kW，$P_2 = 1.72$kW

12. $P_1 + P_2 = \sqrt{3}U_1I_1\cos\varphi$，表示三相负载吸收的有功功率。

13. 1.207A

14. $Z = 15 + j16.09\Omega$

15. $\omega L = \dfrac{1}{\omega C} = \sqrt{3}R$

16. $\dot{I}_{A1} = 10 \angle{-30°}$ A，$\dot{I}_{AB} = \dfrac{10\sqrt{3}}{3} \angle{60°}$ A

17. (1) $I_A = I_B = I_C = 5.05$A

(2) $I'_A = 41.1$A；$I'_B = 43.1$A；$I'_C = 5.05$A

18. 22A

19. (1) 220V

(2) 220V

(3) 190V

20. (1) 将 b、c、e 接在一起，由 a、d、f 三端输出可形成一个星形对称三相电源。

(2) 将 ae、bd、cf 接在一起，可形成一个三角形对称三相电源。

21. (1) $\dot{I}_{phA} = 15.2 \angle{0°}$ A，$\dot{I}_{phB} = 15.2 \angle{-120°}$ A，$\dot{I}_{phC} = 15.2 \angle{120°}$ A；

$\dot{I}_{lA} = 15.2\sqrt{3} \angle{-30°}$ A；$\dot{I}_{lB} = 15.2\sqrt{3} \angle{-150°}$ A；$\dot{I}_{lC} = 15.2\sqrt{3} \angle{90°}$ A

(2) $\dot{I}_{phA} = 0$A，$\dot{I}_{phB} = 15.2 \angle{-120°}$ A，$\dot{I}_{phC} = 15.2 \angle{120°}$ A；

$\dot{I}_{lA} = -\dot{I}_{phC} = 15.2 \angle{-60°}$ A；$\dot{I}_{lB} = \dot{I}_{phB} = 15.2 \angle{-120°}$ A；$\dot{I}_{lC} = 15.2\sqrt{3} \angle{90°}$ A

22. 1735W

23. 14.14A

24. (1) A 相：22A；B 相：22A；C 相：22A；中性线电流：16.1A。

(2) 三个相电流不对称，因为相位关系不满足要求。

25. (1) $U_{BN'} = 327.8$V，$U_{N'N} = 88$V

(2) $U_{BN'} = 220$V，$U_{N'N} = 0$V

26. (1) PA2、PA4、PA6：0.91A；PA1、PA3、PA5：1.58A

(2) PA1：3.28A；PA2：0.91V；PA3：2.41V；PA4：1.82A；PA5 = 3.97A；PA6：2.73A

27. (1) $U_N = 380$V

(2) $I_{ph}=3.51A$，$I_l=6.077A$

(3) $Z=64.92+j86.56\Omega$

28. (1) 8000W，14.2A

(2) $U_{NN'}=67.6V$，$U_{AN'}=220V$，$U_{BN'}=172.6V$，$U_{CN'}=28.4V$

29. (1) $Z=13.84+j10.38\Omega$

(2) $I_l=12.72A$，$P=6.72kW$

第8章

1. $i_L=2.67\sqrt{2}\sin\omega t+0.167\sqrt{2}\sin(2\omega t-90°)A$，$I_L=2.675A$

2. $i=1+4.7\sqrt{2}\sin(\omega t-19.6°)+0.21\sqrt{2}\sin(3\omega t+116°)+2.3\sqrt{2}\sin(5\omega t-21.3°)A$

$u_L(t)=16.8\sqrt{2}\sin(\omega t+70°)+29.9\sqrt{2}\sin(3\omega t+26°)+18.8\sqrt{2}\sin(5\omega t-110°)V$

3. 228.8W

4. $i(t)=2.5+\dfrac{10}{\pi}\sum\limits_{n=1}^{\infty}\dfrac{1}{\sqrt{1+n^2}}\cos(2nt-90°-\arctan n)A$　（n 为奇数）

5. $u=20+30.3\sin(314t-72.3°)+7.4\sin(942t-83.9°)V$

6. $i_0=2.5+18.4\sqrt{2}\cos(\omega t-13°)+8.74\sqrt{2}\cos(3\omega t+52.6°)A$

$i_1=2.5+20\sqrt{2}\cos(\omega t-36.9°)+5.08\sqrt{2}\cos(3\omega t-36°)A$

$i_2=8.08\sqrt{2}\cos(\omega t+76°)+10\sqrt{2}\cos(3\omega t+83.1°)A$

R_1 支路消耗的功率为 1727.7W

7. $I=9.1A$，$P=1031.3W$

8. $L=\dfrac{1}{49\omega^2}$、$C=\dfrac{1}{9\omega^2}$或者$C=\dfrac{1}{49\omega^2}$、$L=\dfrac{1}{9\omega^2}$

9. $u_R=2+1.8\cos(2t-33.69°)V$，$P=5.62W$

10. $U=55.71V$，$I=5.56mA$，$P=185.48mW$

11. $U=2\sqrt{65}V$，$P=150W$

12. $i_L=4+6\sin(t-45°)A$；$I_L=5.83A$

13. $i_A=[32.05\sqrt{2}\cos(\omega_1 t-26.57°)-1.054\sqrt{2}\cos(3\omega_1 t-71.57°)$

$\qquad+0.62\sqrt{2}\cos(5\omega_1 t-68.2°)]A$

$\quad i_B=[32.05\sqrt{2}\cos(\omega_1 t-146.57°)-1.054\sqrt{2}\cos(3\omega_1 t-71.57°)$

$\qquad+0.62\sqrt{2}\cos(5\omega_1 t+51.8°)]A$

$\quad i_C=[32.05\sqrt{2}\cos(\omega_1 t+93.43°)-1.054\sqrt{2}\cos(3\omega_1 t-71.57°)$

$\qquad+0.62\sqrt{2}\cos(5\omega_1 t-188.2°)]A$

$i_N=3.16\sqrt{2}\sin(3\omega_1 t-71.57°)A$

$P=18517W$

14. $U_1=77.14V$，$U_3=63.64V$

15. $R=10\Omega$，$L=31.86mH$，$C=318.34\mu F$，$\theta=-99.45°$

16. 15.98A，187.52V

17. 8.9V

18. 550V

19. 3.12W

第 9 章

1. $u_C(0_+)=4\text{V}$, $u_{R_1}(0_+)=0\text{V}$, $u_{R_2}(0_+)=4\text{V}$, $u_{R_3}(0_+)=6\text{V}$, $u_L(0_+)=6\text{V}$; $i_L(0_+)=1\text{A}$, $i_1(0_+)=4\text{A}$, $i_2(0_+)=1\text{A}$, $i_3(0_+)=3\text{A}$

2. $u_C(\infty)=4\text{V}$, $i(\infty)=1\text{mA}$

3. $i_R(0_+)=6\text{A}$, $u_L(0_+)=-12\text{V}$, $i_C(0_+)=0\text{A}$, $i_L(0_+)=6\text{A}$

4. $\tau=10^{-4}\text{s}$

5. $u_L(t)=1.5\text{e}^{-0.5t}\text{V}$

$i(t)=2-1.75\text{e}^{-0.5t}\text{A}$

$i_L(t)=3(1-\text{e}^{-0.5t})\text{A}$

6. $u_C(t)=i_S R(1-\text{e}^{-\frac{t}{2RC}})$

$p_S=i_S(Ri_C+u_C)=i_S^2 R(1-0.5\text{e}^{-\frac{t}{2RC}})$

7. $u_C=8+16\text{e}^{-10^6 t}\text{V}$

$i_1=2.67(1-\text{e}^{-10^6 t})\text{A}$

$i_2=2.67+5.33\text{e}^{-10^6 t}\text{A}$

$i_C=-8\text{e}^{-10^6 t}$

8. $i_L=3+\text{e}^{-8t}\text{A}$

$u_L=-16\text{e}^{-8t}\text{V}$

9. $i=25-21.1\text{e}^{-2t}\text{A}$

$u_L=84.2\text{e}^{-2t}\text{V}$

10. $u_C=6-2\text{e}^{-25t}\text{V}$

$i_C=0.5\text{e}^{-25t}\text{mA}$

11. $u_C=-12+18\text{e}^{-5t}\text{V}$

$u=-12+3.6\text{e}^{-5t}\text{V}$

12. $i_L=4-2\text{e}^{-2t}\text{A}$

$i_1=2\text{e}^{-2t}\text{A}$

13. $i_1=3-2\text{e}^{-2t}\text{A}$

$i_2=2+2\text{e}^{-2t}\text{A}$

$u_{ab}=6-4\text{e}^{-2t}\text{V}$

14. $i_L=40\text{e}^{-24t}\varepsilon(t)\text{A}$

$u_L=4\delta(t)-96\text{e}^{-24t}\varepsilon(t)\text{V}$

15. $u_C=6-0.81\text{e}^{-2(t-2)}\text{V}(t\geqslant 2)$

16. $i=10(1-\text{e}^{-0.5t})\varepsilon(t)-10(1-\text{e}^{-0.5(t-2)})\varepsilon(t-2)\text{A}$

17. $i_K=6\sin(2t+30°)-1.1\text{e}^{-\frac{t}{0.25}}\text{A}$

18. $u_C=2-4\text{e}^{-3t}+3\text{e}^{-4t}\text{V}$

$i_L=1+\text{e}^{-3t}-1.5\text{e}^{-4t}\text{A}$

19. $i_1 = 0.5e^{-4t}$ A

$u_L = 3e^{-4t}$ V

$i_L = 1.5e^{-4t}$ A

20. $R_C \geqslant 1828\Omega$

21. $u_C = 5e^{-100t} - e^{-500t}$ V

$i_L = 0.01 \, (e^{-100t} - e^{-500t})$ A

22. 开关在 1 处：$u_C = 10 \, (1 - e^{-200t})$ V，$i_C = 0.1e^{-200t}$ mA

开关在 2 处：因 30ms$> 5\tau$，则 $u_C = 10$V，$i_C = 0$A

开关在 3 处：$u_C = 10e^{-100t}$ V，$i_C = -0.05e^{-100t}$ mA

23. $u_L = -16e^{-4t}$ V

24. $u_R = 100 - 25e^{-50t}$ V

25. 当 $R = 10\Omega$ 时，因 $R > 2\sqrt{\dfrac{L}{C}}$，所以 u_C 是指数衰减规律；若使 u_C 为衰减振荡，则

$R < 2\sqrt{\dfrac{L}{C}}$，则 $0 < R < 8\Omega$；当 $R = 0$，u_C 为等幅振荡。

26. $u_0 = \dfrac{5}{8} - \dfrac{1}{8}e^{-t}$ V

27. $u_C = 12(1 - e^{-10t})$ V

28. $i_L = 2$A，$P = 48$W

29. $u_C = 10 - 4e^{-0.2t}$ V

30. $u_L = 52e^{-100t}$ V

31. $i_L = e^{-t}\sin 2t$ A

第 10 章

1. $Y_{11} = Y_a + Y_c$，$Y_{21} = -Y_c$，$Y_{12} = -Y_c$，$Y_{22} = Y_b + Y_c$

2. $Y = \begin{bmatrix} \dfrac{jL_2}{\omega \, (-M^2 + L_1L_2)} & -\dfrac{jM}{\omega \, (-M^2 + L_1L_2)} \\ -\dfrac{jM}{\omega \, (-M^2 + L_1L_2)} & \dfrac{jL_1}{\omega \, (-M^2 + L_1L_2)} \end{bmatrix}$

3. $Y = \begin{bmatrix} 3.5 & -1 \\ -3 & 2 \end{bmatrix}$ S

4. $Z = \begin{bmatrix} j\omega L_1 & j\omega M \\ j\omega M & j\omega L_2 \end{bmatrix}$

5. $Y_{11} = Y_a + Y_b$，$Y_{21} = - \, (Y_b + g_m)$，$Y_{22} = -Y_b$，$Y_{22} = Y_b + Y_c$

6. $Z = \begin{bmatrix} 1 & 2 \\ 0 & 1 \end{bmatrix}\Omega$

7. $H = \begin{bmatrix} 0.286 & 0.286 \\ -0.857 & 1.143 \end{bmatrix}$

8. $A = \begin{bmatrix} 0.667 & 0.333 \\ 1.334 & 1.167 \end{bmatrix}$

9. $Y = \begin{bmatrix} \dfrac{1}{j\omega} & -\dfrac{1}{j\omega} \\ -\dfrac{1}{j\omega} & j\omega + \dfrac{1}{j\omega} \end{bmatrix}$

10. $Y = \begin{bmatrix} \dfrac{15}{14} & -\dfrac{13}{14} \\ -\dfrac{13}{14} & \dfrac{15}{14} \end{bmatrix} S, \quad H = \begin{bmatrix} \dfrac{14}{15} & \dfrac{13}{15} \\ -\dfrac{13}{15} & \dfrac{4}{15} \end{bmatrix}$

11. $H = \begin{pmatrix} 0 & n \\ -n & 0 \end{pmatrix}, \quad T = \begin{pmatrix} n & 0 \\ 0 & \dfrac{1}{n} \end{pmatrix}$

12. $\begin{cases} Y_{11} = Y_a + Y_b = 1.5 \\ Y_{12} = Y_{21} = -Y_b = -1.2 \\ Y_{22} = Y_b + Y_c = 1.8 \end{cases} \Rightarrow \begin{cases} Y_a = 0.3S \\ Y_b = 1.2S \\ Y_c = 0.6S \end{cases}$

13. $\begin{cases} Z_{11} = Z_1 + Z_3 = 40 \\ Z_{12} = Z_{21} = Z_3 = j20 \\ Z_{22} = Z_2 + Z_3 = 50 \end{cases} \Rightarrow \begin{cases} Z_1 = 40 - j20\,\Omega \\ Z_2 = 50 - j20\,\Omega \\ Z_3 = j20\,\Omega \end{cases}$

14. $I_1 = 80\text{mA}, \quad U_2 = -4\text{V}$

15. $Z = \begin{bmatrix} 0 & \dfrac{1}{g} \\ \dfrac{1}{g} & 0 \end{bmatrix}, \quad Y = \begin{bmatrix} 0 & g \\ -g & 0 \end{bmatrix}$

16. $A = \begin{bmatrix} 0 & \dfrac{1}{g_1} \\ \dfrac{1}{g_1} & 0 \end{bmatrix} \begin{bmatrix} 0 & \dfrac{1}{g_2} \\ \dfrac{1}{g_2} & 0 \end{bmatrix} = \begin{bmatrix} \dfrac{g_2}{g_1} & 0 \\ 0 & \dfrac{g_1}{g_2} \end{bmatrix}, \quad \dfrac{g_2}{g_1} = \dfrac{N_1}{N_2} = n$

17. $T = T_1 \cdot T_2 \cdot T_3 = \begin{bmatrix} 1 & j\omega L \\ j\omega C & (1 - \omega^2 LC) \end{bmatrix} \begin{bmatrix} 1 & j\omega L \\ j\omega C & (1 - \omega^2 LC) \end{bmatrix} \begin{bmatrix} 1 & 0 \\ j\omega C & 1 \end{bmatrix}$

18. $Z_i = 5\Omega$

19. $Z = \begin{bmatrix} 2-j2 & 1-j2 \\ 1-j2 & 4+j2 \end{bmatrix}$

参 考 文 献

[1] 刘健，徐炜，尹均萍，等. 电路分析. 北京：电子工业出版社，2005.

[2] 孙宪君. 工程电路分析学习指导. 南京：东南大学出版社，2007.

[3] 杜普选，高岩，闻跃. 现代电路分析. 北京：北京交通大学出版社，2002.

[4] 范世贵. 电路分析基础. 西安：西北工业大学出版社，2003.

[5] 刘青松，赵兴勇，王玲桃. 电路基本分析学习指导. 北京：高等教育出版社，2003.

[6] 张兢. 电路. 重庆：重庆大学出版社，2003.

[7] 陈小强，罗映红，刘建丽，等. 电路分析基础. 兰州：兰州大学出版社，2004.

[8] 燕庆明. 电路分析教程. 北京：高等教育出版社，2012.

[9] 吴锡龙.《电路分析》教学指导书. 北京：高等教育出版社，2004.

[10] 王仲奕，蔡理.《电路》习题解析. 西安：西安交通大学出版社，2007.

[11] 王玫，宋卫菊，徐国峰.《电路原理》学习指导与习题详解. 北京：中国电力出版社，2012.

[12] 陈晓平，殷春芳.《电路原理》试题库与题解. 北京：机械工业出版社，2010.

[13] 何琴芳. 电路分析基础. 北京：高等教育出版社，2009.

[14] 单潮龙，王向军. 电路. 2 版. 北京：国防工业出版社，2014.

[15] 康巨珍，康晓明. 电路分析. 北京：国防工业出版社，2003.

[16] 蔡启仲，梁奇峰. 电路基础. 北京：清华大学出版社，2013.

[17] 范承志，江传桂. 电路原理. 北京：机械工业出版社，2001.

[18] 张新喜，许军. Multisim 10 电路仿真及应用. 北京：机械工业出版社，2014.

[19] 王冠华. Multisim 10 电路设计及应用. 北京：国防工业出版社，2008.

[20] 罗映红. 电工技术. 北京：中国电力出版社，2010.

[21] 陈小强，罗映红. 电路分析基础. 兰州：兰州大学出版社，2004.

[22] 王春生，张兢. 电路原理. 重庆：重庆大学出版社，2002.

[23] 沈元隆，刘陈. 电路分析. 北京：人民邮电出版社，2004.